소음진동실무지침서 – 1

작업환경 소음진동학

아시아소음진동연구소

도서출판 와이북

머 리 말

소음의 어원은 배멀미, 두통, 현기증 등을 의미하는 nausea이며, "(내가) 원하지 않는 소리(unwanted sound)" 로 정의된다.

오늘날 산업현장에서의 작업환경소음뿐만 아니라 도로교통소음, 철도소음, 항공기소음, 공사장소음, 아파트 층간소음, 그리고 심야 영업장의 생활소음 등은 점차 심각한 사회문제화 되고 있다.

이러한 소음은 많은 사람들의 활동에 기인하는 활동지수로서의 엔트로피 현상으로 더 이상 존재해서는 안된다. 물론 소음발생원의 종류가 다양하여 문제해결의 접근 방법상 어려운 점이 있기는 하지만, 기술적, 행정적, 그리고 심리적 방법으로의 대책을 꾸준하게 적용한다면 공해로서의 소음은 최대한 제어할 수 있다. 그러나, 무엇보다도 가장 큰 문제는 소음 현상 또는 피해영향 등을 대부분의 사람들이 아직도 무시하고 있다는 점일 것이다.

저자는 그동안 실제 현장에서 소음의 문제점이 무엇이며, 어떻게 제어할 수 있는가를 다양한 경험으로 접근 하였던 바, 특히, 작업환경 관리적인 측면에서 그 방법을 필요로 하는 분들에게 다소나마 도움이 되도록 하기 위하여 이 책을 보완하게 되었다.

이 책은 전체 7장으로 나누어져 있으며, 실제 응용이 용이하도록 기본이론을 요약 정리하였고, 예제를 통하여 충분한 이해가 되도록 보강 하였으며, 간단한 방음대책 사례를 제시하여 유사한 활용이 가능하도록 하였다.

이 책을 쓰면서, 자연의 소리만이 인위적인 소음을 근본적으로 제어할 수 있다는 확신을 느꼈다. 책의 내용상 여러모로 부족한 점에 대해서는 많은 지도를 부탁드리며, 또한 지속적으로 보완되도록 하겠다. 특히, 1991년에 초판이 출간된 후, 20여년의 시간이 지나 보완의 필요성을 절감하던 중, 이제야 정리를 할 수 있게 되었다.

끝으로 이 책을 재출판 할 수 있도록 수고하여준 연구소와 출판사 직원들에게 진심으로 감사를 드린다.

2013년 1월, 靑靈書院 에서

아시아소음진동연구소장 이출재

(교수 · 기술사 · 시인)

차 례

제1장

제 1 장 서론

제2장

제 2 장 소음의 기본이론

제3장

제 3 장 음향생리 및 피해영향

제4장

제 4 장 소음진동의 측정 및 평가

제5장

제 5 장 소음방지대책

제6장

제 6 장 방음대책 사례

제7장

제 7 장 방음 보호구

부록

부 록

제1장 서 론

1.1 작업환경소음 현황

작업환경중 고소음에 노출되는 근로자의 피해가 통계적으로 점차 증가추세에 있다.

표(1.1)은 우리나라의 근로자 건강진단 실시 결과에 따른 직업병 유소견자(D1)의 질병 종류별 실태로서, 소음성난청이 93%로 가장 많음을 알 수 있다.

표(1.1) 우리나라 직업병유소견자(D_1)의 질병 종류

구 분		전 체	진폐증 등	소음성 난 청	유기화합물 중 독	산, 알칼리, 가스상물질	금속 중금속중독	기타질환
직업병 유소견자 (명, %)	전 체	6,030 (100.0)	197 (3.3)	5,607 (93.0)	76 (1.3)	9 (0.1)	131 (2.2)	10 (0.2)
	특 수 건강진단	5,426 (90.0)	135 (68.5)	5,065 (90.3)	76 (100.0)	9 (100.0)	131 (100.0)	10 (100.)
	진 폐 건강진단	604 (10.0)	62 (30.1)	542 (9.7)	-	-	-	-
	임 시 건강진단	-	-	-	-	-	-	-

(고용노동부, 2010년)

또한, 표(1.2)는 직업병유소견자(D_1)와 요관찰자(C_1)에 대한 종류별, 과년도 대비 증감추세를 나타내고 있는데, 소음성난청이 가장 많이 나타나고 있으며, 계속 증가하는 추세를 보이고 있다.

표(1.2) 2009년도 및 2010년도 특수건강진단 직업병 요관찰자(C_1) 및 유소견자(D_1)의 질병 종류 증감 대비

구분			전 체	진폐증 등(1)	소음성 난 청	유 기 화합물 중 독	산,알칼리, 가스상 물질중독	금속류중독			기타 질환(3)
								소 계	연	기타(2)	
발생자 (명, %)	소계	'10년	122,696 (100.0)	2,325 (1.9)	113,278 (92.3)	3,058 (2.5)	1,005 (0.8)	2,224 (1.8)	502 (0.4)	1,722 (1.4)	806 (0.7)
		'09년	109,963 (100.0)	1,841 (1.7)	100,850 (91.7)	2,803 (2.5)	1,279 (1.2)	2,266 (2.1)	461 (0.4)	1,805 (1.6)	924 (0.8)
		전년 대비	12,733 〈11.6〉	484 〈26.3〉	12,428 〈12.3〉	255 〈9.1〉	△274 〈△21.4〉	△42 〈△1.9〉	41 〈8.9〉	△83 〈△4.6〉	△118 〈12.8〉
	직업병 요관찰자(C_1)	'10년	117,270 (100.0)	2,190 (1.9)	108,213 (92.3)	2,982 (2.5)	996 (0.8)	2,093 (1.8)	420 (0.4)	1,673 (1.4)	796 (0.7)
		'09년	105,445 (100.0)	1,734 (1.6)	96,569 (91.6)	2,768 (2.6)	1,279 (1.2)	2,191 (2.1)	409 (0.4)	1,782 (1.7)	904 (0.9)
		전년 대비	11,825 〈11.2〉	456 〈26.3〉	11,644 〈12.1〉	214 〈7.7〉	△283 〈△22.1〉	△98 〈△4.5〉	11 〈2.7〉	△109 〈△6.1〉	△108 〈11.9〉
	직업병 유소견자(D_1)	'10년	5,426 (100.0)	135 (2.5)	5,065 (93.3)	76 (1.4)	9 (0.17)	131 (2.4)	82 (1.5)	49 (0.9)	10 (0.2)
		'09년	4,518 (100.0)	107 (2.4)	4,281 (94.8)	35 (0.8)	-	75 (1.7)	52 (1.2)	23 (0.5)	20 (0.4)
		전년 대비	908 〈20.1〉	28 〈26.2〉	784 〈18.3〉	41 〈117.1〉	9 〈900.0〉	56 〈74.7〉	30 〈57.7〉	26 〈113.0〉	△10 〈△50.0〉

(고용노동부, 2010년)

한편, 직업병 유소견자(D_1)의 유해인자별 및 산업별 발생 현황을 보면, 소음인자는 대부분 제조업과 건설업에서 발생되고 있어, 소음개선에 대한 필요성이 더욱 가중되어야 함을 알 수 있다.

일반적으로 작업장의 경우, 근로자가 1일 8시간 작업시 노출이 허용되는 소음도는 90dB(A)이나, 소음성난청 유소견자에 대한 통계적 평가 결과, 표(1.4)에서 보는바와 같이 85dB(A)에서도 8%, 90dB(A)에서 18%, 95dB(A)에서 28% 등으로 나타나고 있음이 보고된 바 있어 주의가 요망된다.

표(1.5)는 우리나라의 주요업종별 소음원의 소음도와 현장내 문제점을 요약 정리한 것으로서, 작업환경에 대한 개선 인식의 전환에 따라, 소음 개선이 점차 이루어지고 있음은 바람직한 현상이라 하겠다.

표(1.3) 직업병 유소견자(D_1)의 유해인자별 및 산업별 발생 현황

구분		계	농업 임업	어업	광업	제조업	전기 가스 증기 수도 사업	하수 폐기물처리 원료재생 환경복원업	건설업	도매 소매업	운수업	숙박 음식 점업	통신업
		산 업 별											
합 계		5,426	3	–	177	4,215	35	18	577	72	26	4	7
소 음		5,065	3	–	153	3,957	35	17	539	68	24	4	7
이상기압		2	–	–	–	–	–	–	2	–	–	–	–
분 진	소 계	135	–	–	24	68	–	1	28	1	2	–	–
	광물성	115	–	–	24	56	–	1	23	1	1	–	–
	석 면	3	–	–	–	–	–	–	2	–	1	–	–
	면	–	–	–	–	–	–	–	–	–	–	–	–
	기 타	17	–	–	–	12	–	–	3	–	–	–	–
유기화합물		76	–	–	–	70	–	–	1	–	–	–	–
금 속	소 계	131	–	–	–	106	–	–	7	–	–	–	–
	연	82	–	–	–	70	–	–	1	–	–	–	–
	수 은	–	–	–	–	–	–	–	–	–	–	–	–
	크 롬	9	–	–	–	7	–	–	1	–	–	–	–
	카드뮴	4	–	–	–	4	–	–	–	–	–	–	–
	기 타	36	–	–	–	25	–	–	5	–	–	–	–
산알카리·가스상 물질		9	–	–	–	6	–	–	–	–	–	–	–
진 동		3	–	–	–	3	–	–	–	–	–	–	–
유해광선		–	–	–	–	–	–	–	–	–	–	–	–
기 타		5	–	–	–	5	–				–	–	–

(고용노동부, 2010년)

표(1.4) 노출소음도별 소음성난청 유소견자별 발생율 현황

노출소음도(dB(A))	계	소음성 기여율(%)	기타요인(%)
80	24	0	24
85	32	8	24
90	42	18	24
95	52	28	24
100	64	40	24
105	78	54	24
110	88	64	24
115	94	70	24

(자료) Richard K. Miller: Handbook of Industrial Noise Management, The Fairmont Press, 73, 1976.

표(1.5) 우리나라의 주요업종별 소음원 및 문제점 현황

업종명	주소음발생원별 소음도현황 (dB(A),@1m)	현장내 문제점
1. 건설업종	브레이커(98-115), 굴삭기(95-100), 크롤러드릴(100-110), 불도저(96-100), 공기압축기(95-100), 펌프카(95-98), 항타기(105-115), 절단기(97-110), 발전기(90-95), 덤프(95-110), 압쇄기(95-99), 기타	• 충격성 소음 특성 → 고주파성, 고소음도 • 청력보호구가 불필요하다는 인식 • 소음성난청 유소견자 증가추세
2. 목재업종	절단톱(95-110), 자동대패(96-98), 라우터(95-105), 치핑(93-98), 바이브레이터(90-95), 파쇄기(105-110), 샌딩기(92-98), 리화이너(93-100), 낙하충격(95-105), 기타	• 고속회전 가공 고주파성, 고소음도 • 집진장치의 높은 배경소음 • 공장건물의 반사성 마감
3. 석유화학업종	고압배기(110-120), 펌프류(92-105), 유체이송(95-110), 냉각탑(85-98), 반응기(85-105), 터빈류(98-105), 압축기류(95-110), 송풍기류(쿨러)(95-110), 기타	• 설비류들의 중고주파성 소음특성 및 배경소음 요인 • 유체소음 및 부속설비의 소음특성 • 일부업체들의 우수한 소음개선 접근
4. 섬유업종	방사기(105-110), 직기류(100-105), 제포기(95-105), 설비류(95-115), 라벨기(96-105), 기타	• 고속회전체 → 고주파성, 고소음도 • 좁은공간내 다량의 기계배치 • 공장건물의 반사성 재질 마감
5. 시멘트업종	크러셔(103-111), 밀(분쇄기)(103-106), 공기압축기(95-118), 펌프류(95-110), 송풍기류(98-108), 스크린(99-110), 버켓 엘리베이터(79-85), 컨베이어류(79-85), 킬른(90-108), 포장실(75-92), 기타	• 고소부에 위치 → 원거리 전파 용이 • 중고음역 특성(송풍기계열) • 공장건물의 부실 및 반사성 마감 • 소음개선 노력
6. 식품업종	건조기(85-95), 교반기류(85-90), 과립기(92-95), 포장기(91-98), 발전기(90-95), 분쇄기(88-105), 송풍기류(85-105), 압축기(92-100), 펌프류(95-105), 원심분리기(92-98), 기타	• 복잡한 공정, 기계배치밀도 집중 • 설비류들의 높은 배경소음 • 공장건물의 반사성 마감 • 자동화 추세, 소음개선노력
7. 인쇄출판업종	윤전기(105-115), 인쇄기(85-97), 접지기(95-110), 제본기(88-97), 집진기(84-97), 파쇄기(94-97), 압축기((95-105), 기타	• 고속이동, 고압기류 흡착 및 벤트 • 고주파성, 고소음도 • 작업공정의 협소 • 공장건물의 반사성 재질 마감 • 일부기계들의 방음카바형 팩케이지 설치 추세, 소음개선 노력

(계속)

업종명	주소음발생원별 소음도현황 (dB(A),@1m)	현장내 문제점
8. 자동차업종	프레스(95-110), 제품이송(85-95), 도금(95-105), 부품생산(88-98), 조립(임팩트렌치)(95-108), 기타	• 고압기류 벤트, 조립공구 소음 • 고주파성, 고소음도 • 공장건물의 반사성 마감 • 로봇 자동화 추세, 소음개선 노력
9. 전기전자업종	에어노즐(92-97), 프레스류(95-105), 보울피더(88-93), 모울드(성형)(85-92), 용접라인(87-95), 포장라인(88-96), 조립라인(85-95), 압축기류(95-100), 송풍기류(89-98), 기타	• 공기분출 및 흡입소음 → 고주파성, 고소음도 • 장비의 집중배치 → 공간여유 없음 • 공장건물의 반사성 마감 • 공조라인의 높은 배경소음 • 일부업체들의 우수한 소음개선 접근
10. 제지업종	초지기(95-108), 압축기(93-110), 송풍기류(95-118), 펌프류(95-115), 절단톱/바커(95-103), 절단기(90-105), DIP(75-98), 기관실(70-104), 소각로(80-100), 기타	• 공정의 혼재 및 복잡 • 고소음도 → 중고주파 특성 • 공장건물의 반사성 마감 • 설비류들의 높은 배경소음 요인 • 근무자용 조정실 대책 우선 권장 • 소음개선 노력
11. 제철, 제강 금속가공업	열연라인(85-110), 냉연라인(86-108), 소성라인(92-103), 산세라인(85-105), 절단톱(95-120), 프레스(105-110), 공기분사(95-118), 도금라인(95-112), 설비류(95-110), 낙하충격(105-120), 천정배기휀(92-102), 어니일링라인(95-105), 기타	• 작업공정의 혼잡 → 개방공간전파 • 고주파성 고소음도 (충격성, 고속회전, 에어분사) • 공장건물의 반사성 마감 • 일부업체들의 우수한 소음개선 접근
12. 조선업종	망치(90-108), 연마(90-113), 용접(85-95), 재료낙하(94-125), 치핑(102-118), 곡직(95-110), 숏블라스트(95-104), 에어노즐(95-105), 전처리기(90-98), 도장라인(92-98), 기타	• 작업공정의 혼잡 • 고주파성 → 고소음도, 충격성 • 공장건물의 반사성 마감 • 자재취급 부주의 • 소음개선 노력

(자료) ANVI(Asia Noise & Vibration Institute), www.anvi.co.kr, 2012.

1.2 소음 관리체계의 필요성

소음관리체계의 목적은 작업장에서 소음이 기준치 미만의 일정 수준으로 제어됨으로써, 작업환경이 좋아지고 근로자의 건강을 해치는 영향이 미치지 않으며, 작업능률도 증가되는 형태를 만드는 것이라 하겠다. 즉 가장 좋은 관리 체계는 소음을 발생원에서 억제하는 것이나 현장여건이 어렵다면 1차적으로 수음자에게 미치는 영향을 최소화해야 하고, 2차적으로 공정개선을 할 수 있는 방법을 신중히 검토하여야 한다. 한편, 최근 들어 대부분의 작업장에서 스스로의 문제점에 대하여 구체적이고 공학적인 분석에 의하여 적절한 대책을 적용하고자 하는 노력이 고조되고 있음은 바람직한 현상이라 하겠다.

사실 대부분 작업공정의 특성상 근본적으로 소음을 제어하기는 어렵다. 따라서, 소음을 효과적으로 관리하는 소음관리체계를 통하여 소음을 효율적으로 제어 할 수 있도록 인식을 전환하는 것이 중요한 것이다.

미국의 경우, EPA를 중심으로 1973-1975년도에 항공기소음, 교통기관소음, 소음피해영향과 산업현장의 업종별 소음연구 (소음원, 영향, 소음방지, 연구개발 등)를 정립하였고, 일본의 경우, 1977~1978년도에 소음환경 시스템 연구학회를 구성하여 도시거주자의 소음피해, 작업환경에 의한 청력손실 및 소음에 의한 인간성 상실까지 고려, 집중적 정책개발이 이루어진 점을 본 받아야 할 것이다.

1 단계 : 작업장의 전반적인 소음진단

소음 측정 자료는 방지대책의 기본자료가 되므로 정확한 측정이 요구된다. 즉 이 수치는 그 공정의 대표치가 되어야 한다는 것이다. 따라서 그 공정의 대표치가 설정이 되면, 소음폭로량계(noise dosimeter)로 개인의 폭로량과 영향을 측정함으로써 좀더 확실한 자료를 축적하여 전반적인 소음진단이 가능하도록 하여야 한다. 특히, 작업공정이 생산 가동율에 따라 편차가 있는 경우에는 최대치를 기준으로 평가하도록 하여 포괄적 접근이 되도록 하여야 한다.

2 단계 : 필요대책방안의 수립(기술적, 행정적) 및 필요예산의 확보

작업장의 전반적인 소음진단후 이에 따른 대책을 수립해야 하는데, 이는 크게 기술적인 대책과 행정적인 대책으로 나눌 수 있다. 기술적인 대책은 소음원, 전파경로 및 수음자로 나누어 기술적인 저감대책을 수립하는 것을 말하며, 행정적인 대책은 작업 절차 및 방법상의 소음폭로빈도와 강도를 줄이는 방법이다. 또한 이에 따르는 비용도 검토하여 필요한 예산도 확보하여야 한다.

3 단계 : 청력관리체계의 수립

청력관리체계의 수립은 아래의 3단계로 구성한다.

① 개인보호구 착용 : 공학적 대책이 현실적으로 어렵다면 가장 적은 비용을 가지고 할 수 있는 효율적인 방법이다.

② 책임관리부서 선정 : 해당 공정의 보호구 관리 등의 책임을 부여하여, 문제점을 해결하도록한다.

③ 정기적 청력진단 : 개인의 청력을 평가하는 가장 좋은 방법으로 지속적 관리가 유지되도록 통계적 기법에 의한 자료관리가 요망된다.

4 단계 : 대책의 시공 및 확인평가

대책의 시공은 가능한 전문업체에 의뢰하여 일관적인 관리가 되도록 하고, 대책의 설계단계에서부터 대책의 효과에 이르기까지 정확한 검증과 평가가 이루어져야 한다. 특히 소음원의 배치공간에 대한 개선전후의 평면 및 입면적 관리를 등음선도(Noise Contour Map)기법으로 하는 것도 하나의 방법이라 하겠다.

또한 사용 중에도 정기적으로 방음성능을 평가하여 관리하여야 한다.

5 단계 : 근로자 및 관리자에 대한 지속적 교육

작업환경중 소음관리의 근본적인 목표는 대책 적용에 따른 소음감소뿐만 아니라 "작업자에 대한 질(Quality)의 관리"에 있음을 잊지 말아야 한다. 그림(1.4)는 소음관리체계에 대한 기본적인 흐름도로서 각 현장 여건에 맞도록 유연한 활용이 기대된다.

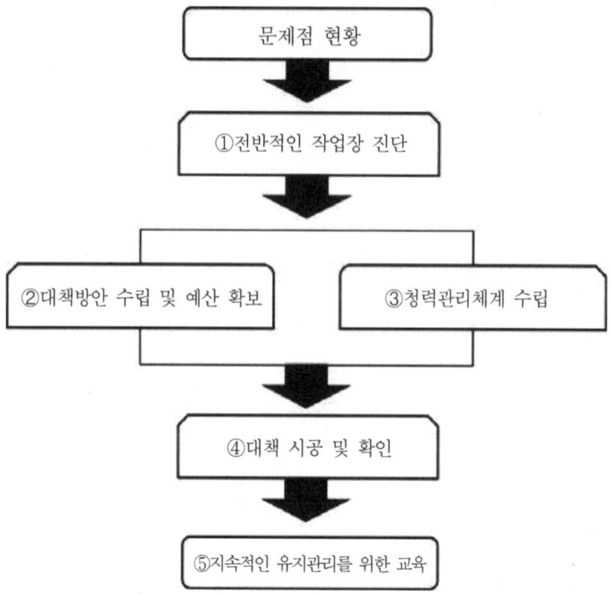

그림 (1.4) 소음관리체계의 기본흐름도

1.3 소음 관리 체계를 위한 관리지침

(1) 측정기기의 유지관리

① 소음계
② 교정계
③ 소음폭로량계
④ 청력계
⑤ 기타 (주파수 분석계, 기록계, 녹음기, 사진기 등)

(2) 현장 소음진단 및 소음 폭로량 평가

① 측정 자료의 유지 관리 및 보고
② 관련 소음기준 초과 구역에 대한 관리
③ 기준치 초과 예상 구역에 대한 주의
④ 작업자 개인별 소음폭로량 자료 관리

(3) 기술적 대책의 검토

① 소음원 대책(기계제작사, 관리책임부서 및 소음 전문가와 협의)

② 전파경로 대책(관련책임부서 및 소음 전문가와 협의)

③ 경제성 검토 (소요 비용 산출 및 예산 반영)

④ 현장시공 가능성의 검토 (작업공정 및 생산일정 검토, 유지보수기간 활용 등)

(4) 행정적 대책의 검토

① 작업일정의 변경여부 및 생산성 검토

② 휴식공간의 설치 여부

③ 시간제 근무자에 대한 조치

④ 피해자 조치 및 재교육 비용 검토

(5) 조치사항의 최종 결정

① 관련기준의 만족 여부

② 기대효과의 확인

③ 추가 대책 여부의 검토

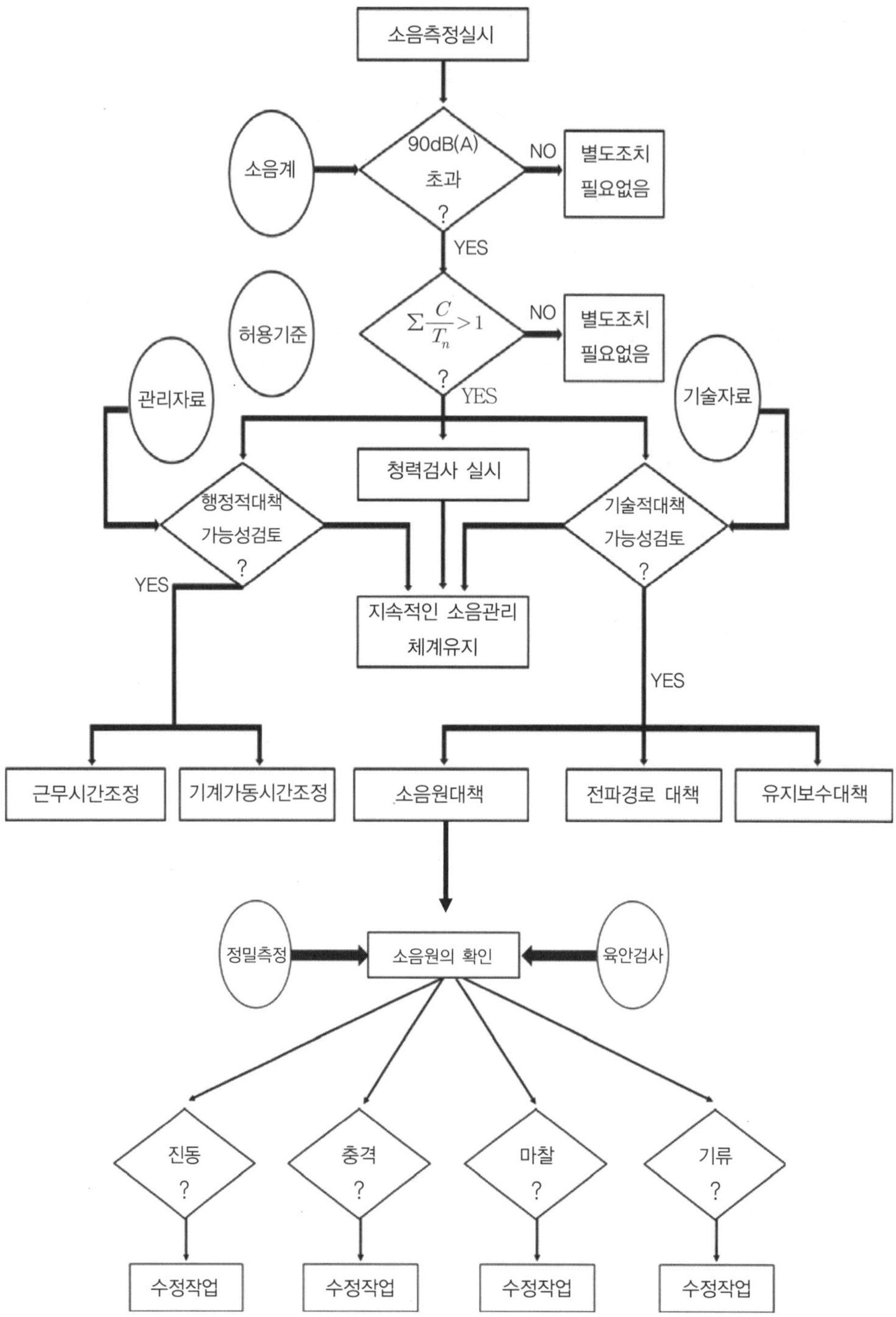

그림 (1.5) 소음관리체계의 시스템 분석 기법

제2장 소음의 기본이론

2.1 소음관련 용어설명

(1) **가청주파수(Audible Frequency)**

정상 청력을 가진 사람이 귀로 들을 수 있는 범위의 주파수(20~20,000Hz)

(2) **공명(공진, Resonance)**

진동계의 강제진동에서 외력의 크기를 일정하게 하고 주파수를 변화시키면, 계의 고유 진동수 부근에서 변위, 속도, 압력 등이 극대치로 되는 현상

(3) **데시벨(Decibel)**

음향 출력, 음의 세기 및 음압등의 양을 비교하는 무차원 단위. 즉, 어떤 음원의 음향파워가 W일때, 기순음향파워(W_0)와의 로그비를 레벨이라 하며, 이 비에 세수 10을 곱한값을 데시벨이라 한다.

$$n = 10\log\frac{W}{W_0}\,(\text{dB})$$

(4) **등가소음레벨(Equivalent Continuous Sound Level)**

측정 주기동안의 소음레벨의 A특성 에너지 평균

(5) **마이크로폰(Microphone)**

음향계를 전기계로 변환하는 전기음향 변환기

(6) **매질(Medium)**

음파가 물질에 따라 전파하는 경우, 그 물질 자체(예, 공기)

(7) 반사(Reflection)

음파가 한 개의 매질중을 진행하여 타매질과의 경계면에 도달할 때, 진행방향이 바뀌어 원래의 매질중으로 다시 진행하는 현상

(8) 반향(Echo)

한 개의 관측점에서 직접파와 구별되는 시간적으로 지연된 큰반사파

(9) 배경소음(Background Noise, Ambient Noise)

어떤 음을 대상으로 생각할 때, 그 음이 아니면서 그 장소에 있는 바탕 소음을 대상음에 대한 배경소음이라 한다.

(10) 싸이클(Cycle)

1주기간에 일어나는 변화의 전과정

(11) 소밀파(Compressional Wave)

탄성체중의 국소적 밀도 변화로 전달되는 파로서 종파를 말한다(예, 음파)

(12) 소음(Noise)

바람직하지 않은 음, 원하지 않는 음(Unwanted Sound, Undesirable Sound)

騷音 : 우리나라와 일본에서 사용하고 있는 소음이라는 용어이며, 말(馬)과 벌레(虫)들이 야차(귀신)(叉)같이 시끄럽게 하는 것을 의미한다.

噪声 : 중국에서 사용하고 있는 소음이라는 용어이며, 나무위에서 새들이 시끄럽게 울어대는 소리라는 것을 의미한다.

침입자(Invader) : Lucy Kavaler(USA)

비음악적(Unmusical) : John William Strutt(GK)

환경적 스트레스 인자(Environmental Stressor) : James P. Cowan(USA)

보이지않는 오염물질(Invisible Pollutant) : EPA(USA)

음향엔트로피(Acoustic Entropy) : ANVI(KOREA)

(13) 음향출력(Sound Power)

단위시간에 음원에서 방사되는 음의 전 에너지

(14) 자유음장(Free Field)

등질의 매질중에서 경계의 영향을 무시한 음장

(15) 점음원(Point Source)

발생 음파의 파장에 비해 아주 작은 크기의 진동면을 가진 음원

(16) 지향성(Directivity)

음파의 방향에 따라 음압의 응답변화가 있는 것(예: 스피커 앞쪽의 음은 뒤쪽보다 크므로, 지향성은 스피커 앞이 크다.)

(17) 초저주파(Infrasonic Frequency)

가청주파수보다 낮은 주파수(20Hz이하)

(18) 초음파(Ultrasonic Wave)

탄성파로서 정상청력을 가진 사람이 들을 수 없는 큰 주파수(20,000Hz이상)

(19) 충격파(Impulse Wave, Shock Wave)

지속시간이 극히 짧은 파로서, 유체중의 초음파 운동에 따라 일어나는 충격적인 파

(20) 투과(Transmission)

매질의 경계에서 한쪽 매질로부터 다른쪽 매질로 음파가 전달되는 현상

(21) 파장(Wave Length)

정현파의 경우, 1주기 위상차가 있는 두 파면의 수직거리

(22) 회절(Diffraction)

음파의 전달 속도가 장소에 따라 변하고 파의 진행방향이 변하는 현상

(23) 흡음(Absorption)

파동에너지가 다른 형태의 에너지(예, 열에너지)로 비가역적으로 전환되는 것

(24) 청감보성회로(Weighting Network)

사람이 느끼는 청감에 유사한 모양으로 측정신호를 변환시키는 장치를 소음계에 내장시킨 것으로, 설정된 등감각곡선(Equal Loudness Level Contour)으로부터 청감보정곡선을 작성하였으며, A특성회로는 음의 세기레벨을 무시하고 청감특성에 대해 보정한 것으로 많은 법령에서 채택하고 있다. 그림(2.1)에서 보는 바와같이 A특성회로는 저주파 음에너지를 많이 소거시키며, C특성회로는 측정신호에 거의 변화를 주지 않는데, 이것은 C특성이 전 주파수 범위에서 상대적으로 평탄응답을 하기 때문이다. 만일 A 및 C특성회로를 사용하여 어떤 특정소음원에 대하여 측정된 소음도 값이 같다면, 이는 측정된 음에 저주파 에너지가 거의 존재하지 않음을 의미하며, 큰 차이가 있다면 그 소음원은 저주파 성분을 많이 포함하고 있는 것이다.

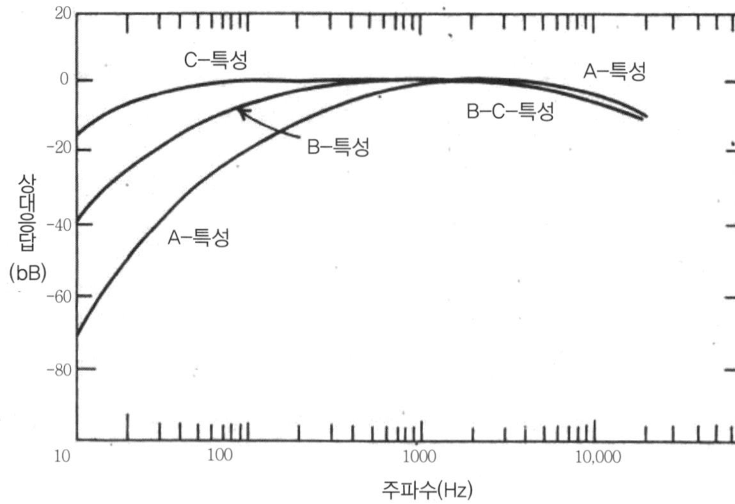

A-청감보정곡선 : 저음압레벨에 대한 청감음압

B-청감보정곡선 : 중음압레벨에 대한 청감음압

C-청감보정곡선 : 고음압레벨에 대한 청감음압

그림 (2.1) 청감보정회로별 상대응답

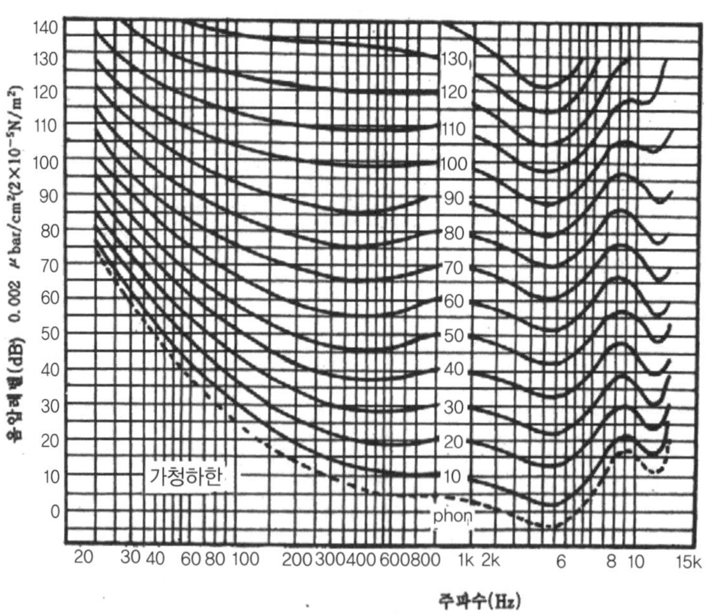

그림 (2.2) ISO에서 채택하고 있는 음압레벨과 등감곡선

표(2.1) 소음계 청감보정회로의 주파수 특성과 허용편차

주파수(Hz)	A특성(dB)	B특성(dB)	C특성(dB)	허용편차(dB)	
16	−56.7	−28.7	− 8.6	+5.0	−∞
20	−50.4	−24.4	− 6.3	+5.0	−∞
25	−44.6	−20.5	− 4.5	+5.0	−∞
31.5	−39.2	−17.2	− 3.0	±5.0	
40	−34.5	−14.2	− 2.0	±4.5	
50	−30.2	−11.7	− 1.3	±4.0	
63	−26.1	− 9.4	− 0.8	±3.5	
80	−22.3	− 7.4	− 0.5	±3.0	
100	−19.1	− 5.7	− 0.3	±2.5	
125	−16.1	− 4.3	− 0.2	±2.0	
160	−13.2	− 3.0	− 0.1	±2.0	
200	−10.3	− 2.1	0	±2.0	
250	− 8.6	− 1.4	0	±2.0	
315	− 6.5	− 0.9	0	±2.0	
400	− 4.8	− 0.5	0	±2.0	
500	− 3.2	− 0.3	0	±1.0	
630	− 1.9	− 0.1	0	±2.0	
800	− 0.8	0	0	±2.0	
1,000	0	0	0	±2.0	
1,250	+ 0.6	0	0	±2.0	
1,600	+ 1.0	− 0.1	− 0.1	+2.5	−2.0
2,000	+ 1.2	− 0.2	− 0.2	+3.0	−2.5
2,500	+ 1.2	− 0.3	− 0.3	+3.5	−3.0
3,150	+ 1.2	− 0.5	− 0.5	+4.0	−4.5
4,000	+ 1.0	− 0.8	− 0.8	+4.5	−4.0
5,000	+ 0.5	− 1.2	− 1.3	+5.0	−4.5
6,300	+ 0.1	− 2.0	− 2.0	+5.5	−5.0
8,000	+ 1.1	− 3.0	− 3.0	+6.0	−5.5
10,000	− 2.4	− 4.2	− 4.3	+6.0	−∞
12,500	− 4.2	− 6.0	− 6.0	+6.0	−∞
16,000	− 6.5	− 8.3	− 8.4	+6.0	−∞
20,000	− 9.2	−11.0	−11.1	+6.0	−∞
				+6.0	−∞
				+6.0	−∞

2.2 파동 및 파동방정식

2.2.1 파동 및 파동방정식

가. 파동

음파는 음압의 변화에 따라 고체, 액체, 기체와 같은 매질을 통하여 전달되는 소밀파(疎密波) 또는 압력파(壓力波)이다. 따라서 소리는 진공속에서는 전파되어 가지 않는다. 예로서, 고요한 수면에 돌을 던지면 수면을 따라 원형의 파문이 사방으로 퍼져간다. 이때 파문을 전달시키는 물질을 파문의 매질(媒質, medium)이라 하고, 매질의 한 부분에서 생긴 진동상태가 시간이 경과함에 따라 인접부분에 전달되어 차례로 매질 전체에 퍼져 나가는 상태를 파동 이라고 한다. 따라서, 파동의 경우, 매질 자신이 이동해 가는 것이 아니고, 진동상태만이 전달되는 것이며, 매질의 각부분은 다만 일정한 범위를 왕복할 뿐이다. 파동의 진행 방향과 수직으로 진동하는 파동을 횡파(橫波, transversal wave)라 하며, 전파, 광파 등의 모든 전자파와 수면파나 현악기의 줄에 의한 파동이 좋은 예이다. 또 파동의 진행방향과 같은 방향으로 진동하는 파동을 종파(縱波, longitudinal wave)라 하며, 공기중을 전달해가는 음파가 좋은 예이다.

그림(2.3)은 파동의 종류이고, 그림(2.4)는 음파의 시간별 변화상태를 나타낸다.

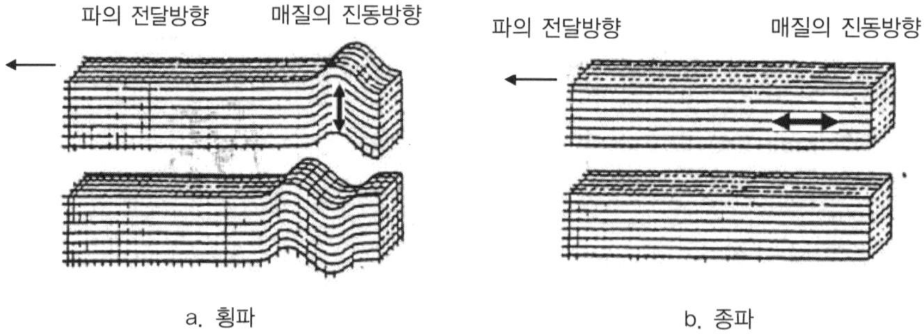

그림(2.3) 파동의 형태

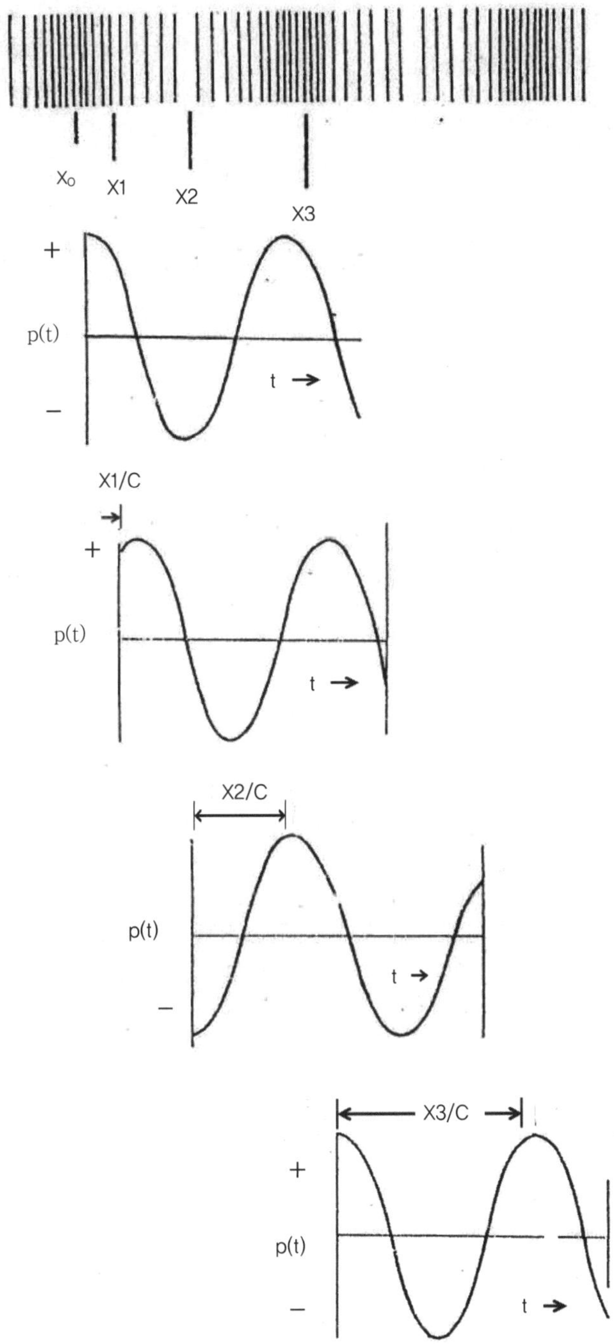

그림(2.4) 음파의 시간별 변화상태

2.2.2 파동방정식

Sine파 단진동의 경우, 원점에서 파동의 변위 y_0는

$$y_0 = A\sin\theta$$
$$= A\sin\omega t$$
$$= A\sin\frac{2\pi}{T}t \quad \cdots\cdots (2.1)$$

또, 원점에서 오른쪽((+)의 방향)으로 x만큼 떨어진 점의 변위 y는,

$$y = A\sin\omega\left(t - \frac{x}{v}\right)$$
$$= A\sin\frac{2\pi}{T}\left(t - \frac{x}{v}\right),\ \text{즉}$$
$$y = A\sin 2\pi\left(\frac{t}{T} - \frac{x}{\lambda}\right) = Asin(\omega t - kx) \quad \cdots\cdots (2.2)$$

가 되고, 왼쪽((-)의 방향)으로 전파한다면,

$$y' = A\sin 2\pi\left(\frac{t}{T} + \frac{x}{\lambda}\right) = Asin(\omega t + kx) \cdots\cdots (2.3)$$

가 된다.
이 식을 파동방정식이라고 한다.

예 제(2-1)

파동방정식 $y = 6\ \sin\pi(20t - 4x)(cm)$로 표시되는 파동의 주기, 진폭, 파장 및 전파속도 를 구하라.

【해설】 주어진 식을 파동방정식의 일반적인 형태, 즉 $y = A\sin 2\pi\left(\frac{t}{T} - \frac{x}{\lambda}\right)$로 만들어 비교하면, $y = 6\ \sin\pi(10t - 2x)$가 되어 다음과 같이 정리된다.

① 진폭 : A=6cm

② 주기 : $\frac{1}{T} = 10$ 이므로, $T = \frac{1}{10} = 0.1\sec$

③ 파장 : $\frac{1}{\lambda} = 2$ 이므로, $\lambda = \frac{1}{2} = 0.5cm$

④ 전파속도 : $C = f\lambda = \frac{\lambda}{T} = \frac{0.5}{0.1} = 5cm/\sec$

예 제(2-2)

진폭이 0.05m, 진동수가 500Hz이고, x축에 따라 (-)방향으로 진행해 가는 위상속도 340m/sec인 진행파의 파동방정식은?

【해설】 문제로부터, A=0.05(m), f=500(Hz), $T=\frac{1}{f}=\frac{1}{500}(\mathrm{sec})$이고,

$\lambda=\frac{C}{f}=\frac{340}{500}(cm)$이므로, $y=A\sin 2\pi\left(\frac{t}{T}+\frac{x}{\lambda}\right)$에 대입하여 정리하면,

$$y=0.05\sin 2\pi\left(500t+\frac{500}{340}x\right)=0.05\sin 1000\pi\left(t+\frac{x}{340}\right)$$

예 제(2-3)

$y=10\sin(6t-5x)$가 x의 (+)방향으로 진행하는 파동이라면, 이 파동과 진폭, 속도가 같고, 진동수는 $\frac{1}{2}$로서 x의 (-)방향으로 진행하는 파동의 파동방정식은?

【해설】 $y=10\sin 2\pi\left(\frac{6t}{2\pi}-\frac{5x}{2\pi}\right)=A\sin 2\pi\left(\frac{t}{T}-\frac{x}{\lambda}\right)$

$\therefore$ A=10, $T=\frac{\pi}{3}$, $f=\frac{1}{T}=\frac{3}{\pi}$, $\lambda=\frac{2\pi}{5}$, $C=f\lambda=\frac{6}{5}=1.2$

따라서, 구하고자 하는 파동방정식은,

A'=A=10, $f'=\frac{f}{2}=\frac{3}{2\pi}$, $T'=\frac{1}{f'}=\frac{2\pi}{3}$, $\lambda'=2\lambda=\frac{4\pi}{5}$이고,

C'=C=1.2 이므로, $y'=10\sin 2\pi\left(\frac{3t}{\pi}+\frac{5x}{4\pi}\right)=10\sin(6t+2.5x)$

2.2.3 파동의 에너지

파동은 기하학적으로는 파형이 전파하는 것이나, 물리학적으로는 에너지가 전파하는 것이다.

지금 매질의 변위가, $y=A\sin(\omega t-kx)$로 주어질 때, 매질의 단위체적당 운동에너지 K는,

$$K=\frac{1}{2}mv^2 \quad \cdots\cdots (2.4)$$

으로부터,

$$K = \frac{1}{2}\rho\left(\frac{dy}{dt}\right)^2$$

$$= \frac{1}{2}\rho\omega^2 A^2 \cos^2(\omega t - kx) \cdots\cdots (2.5)$$

이고, 위치에너지 P는 단진동의 경우와 같은 방법으로

$$P = \frac{1}{2}\rho\omega^2 A^2 \sin^2(\omega t - kx) \cdots\cdots (2.6)$$

이며, 총에너지 E는,

$$E = K + P$$

$$= \frac{1}{2}\rho\omega^2 A^2 = \text{일정} \cdots\cdots (2.7)$$

이다.

즉, 같은 매질 속을 같은 속도로 전파하여 가는 파동의 세기는 진폭의 제곱 및 진동수의 제곱에 비례한다. 여기서, 파동의 세기를 I, 진동수를 n, 진폭을 A, 매질의 밀도를 ρ, 파동의 속도를 v라 하면,

$$\boxed{I = 2\pi^2 n^2 A^2 \rho v} \cdots\cdots (2.8)$$

가 성립한다.

2.3 주파수, 파장, 주기, 진폭, 음속

2.3.1 주파수, 파장, 주기, 진폭

그림(2.5)와 같이 같은 위상으로 운동하는 정현파(正弦波)의 경우, 파동의 높은 부분을 마루(crest), 낮은 부분을 골(trough)이라고 하며 파동의 중앙에서 마루 또는 골까지의 거리를 진폭(振幅, amplitude, A)이라 한다. 마루에서 다음 마루까지의 거리 또는 골에서 다음 골까지의 거리를 파장(波長, wave length, λ) 즉, 파동의 동일한 부분이 반복되는 거리이다. 또 진동이 얼마나 자주 일어나는가는 1초당의 진동수 즉, 주파수(周波數, frequency, f)로 나타내며, 한 파장이 전파되는데 소요되는 시간인 주기(周期, period, T)와는 다음과 같은 관계식이 성립한다.

$$T = \frac{1}{f}(\text{sec}) \quad \cdots\cdots (2.9)$$

$$f = \frac{1}{T} = \frac{C}{\lambda}(Hz) \quad \cdots\cdots (2.10)$$

단, C : 음속(m/sec)
T : 주기(sec)
f : 주파수(cycle/sec=Hz)
λ : 파장(m)

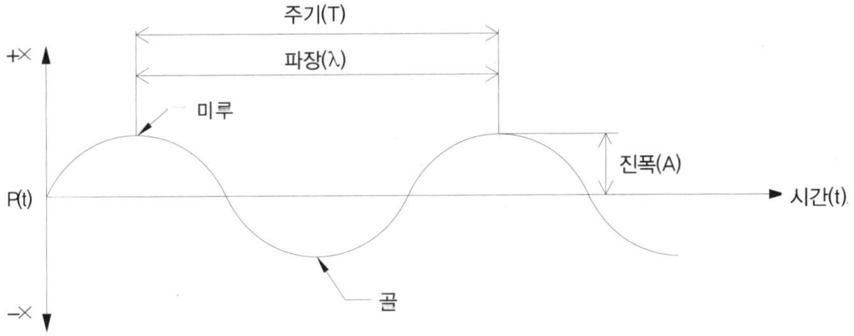

그림(2.5) 정현파 파동의 각 요소

주파수는 음의 높낮이로서 소음원의 빠른 진동수는 날카로운 고음을 만들고, 느린 진동수는 그윽한 저음을 만든다. 특히, 정상적인 사람의 경우, 발성시는 85~5000Hz 이나, 가청시는 20~20,000Hz의 범위이다. 여기서, 20Hz 미만을 초저주파(infrasonic freguency)라 하고, 20,000Hz이상을 초음파(ultrasonic freguency)라 한다. 따라서, 소리의 3요소는 진동수의 대소에 의한 높이(pitch), 진폭의 대소에 의한 세기(intensity), 그리고 파형에 의한 맵시(음색, timber)이다.

표(2.2)는 각 음원별 발성 및 가청 주파수 범위이고, 표(2.3)은 각 음원별 주파수 특성이다.

표(2.2) 각 음원별 발성 및 가청 주파수 범위

소음원	발성주파수(Hz)	가청주파수(Hz)
사람	85~5,000	20~20,000
개	450~1,080	15~50,000
고양이	780~1,520	60~65,000
토끼	2,000~13,000	250~21,000
귀뚜라미	7,000~100,000	100~15,000
돌고래	7,000~120,000	150~150,000
박쥐	10,000~120,000	1,000~120,000

(자료) Conrad J. Hemond, Jr : Engineering Acoustics and Noise Control, Prentice-Hall, 1983.

표(2.3) 각 음원별 주파수 특성

소음원	주파수(Hz)	소음원	주파수(Hz)
천둥소리	20~40	마찰에 의한 최대 고주파음	30,000
회화(남성)	128	발전기의 최대 고주파음	40,000
전화소리	250~2,740	튜닝포크의 한계	90,000
라디오 방송	90~5,000	돌고래의 최대주파수	120,000
초음파세척	10,000~90,000	초음파 펄스 · 에코시험	500,000~15,000,000
소나(Sonar)	15,000~50,000	의학치료장치	1,000,000
도난방지 경보음	20,000	초음파 지연 장치	1,500,000~30,000,000

(자료) Benson Carlin : Sound, Noise, and Ultrasonics, 1983.

예 제(2-4)

파장이 0.5m이고, 음속이 340m/s인 음파의 진동수와 주기는 각각 얼마인가?

【해설】 $\lambda = 0.5$, C=340m/s 이므로,

$$f = \frac{C}{\lambda} = \frac{340}{0.5} = 680(\text{Hz})$$

$$T = \frac{1}{f} = \frac{1}{680} \fallingdotseq 1.47 \times 10^{-3}(\text{sec})$$

예 제(2-5)

진폭이 5cm이고, 파장이 10cm인 sine파가 100cm/sec 의 속도로 전파하는 파형이 있다. 이 파의 주기는 얼마이고, $\frac{1}{50}$초가 경과한 순간의 파형의 위치는 최초 파형의 위치로부터 몇 cm인 곳인가?

【해설】 $C = f\lambda = \frac{\lambda}{T}$로부터, $T = \frac{\lambda}{C} = \frac{10}{100} = \frac{1}{10} = 0.1(\sec)$

$\therefore\ x = Ct = 100 \times \frac{1}{50} = 2(cm)$

예 제(2-6)

θ=20℃ 상태에서 f=1000Hz인 음파의 공기중의 파장(λ_a)에 대한 강철속에서의 파장(λ_s)과의 비를 구하라. 단, 공기중에서의 음속은 $C_a = 331.5 + 0.61\theta(m/s)$이고, 강철속에서의 음속($C_s$)은 5,182m/s이다.

【해설】 $\lambda_a = \frac{C_a}{f} = \frac{344}{1000} = 0.344(m)$, $\lambda_s = \frac{C_s}{f} = \frac{5182}{1000} = 5.182(m)$

$\therefore\ \frac{\lambda_s}{\lambda_a} = \frac{5.182}{0.344} \fallingdotseq 15$

2.3.2 음속

음속은 음파가 통과하는 매질의 물리학적 성질에 따라 다르게 나타나며, 일반적으로 열역학의 이상기체 상태식에 따라 다음과 같이 결정된다.

$$PV = nRT\text{에서 } \frac{P}{\rho} = \frac{nRT}{M}\text{이므로,}$$

$$C = \sqrt{\gamma\frac{P}{\rho}} = \sqrt{\gamma\frac{nRT}{M}} \quad \cdots\cdots (2.11)$$

단, C : 음속(m/s)

γ : 비열비(공기의 경우, 1.4)

R : 가스상수(= 8317㎡/$s^2\ {}^\circ K$)

T : 절대온도($^\circ K$)

M : 기체의 질량(Kg)

그러나, 공기중에서의 음속은 다음과 같이 간단하게 정리된다. 즉,

$$C = 20.05\sqrt{T}(m/\sec) \quad \cdots\cdots (2.12)$$

단, T = 273 + ℃

또는,

$$C = 331.5 + 0.61t(m/\sec) \quad \cdots\cdots (2.13)$$

단, t : 온도(℃)

표(2.4)는 고체, 액체 및 기체 상태의 각 매질들의 음속을 나타낸다.

표(2.4) 각 매질별 음속

고 체		액 체		기 체	
물질명	음속(m/s) (20℃)	물질명	음속(m/s) (20℃)	물질명	음속(m/s) (0℃)
알루미늄	5,240	에틸알콜	1,170	공기	331
황동	3,420	벤젠	1,320	암모니아	415
금	2,030	클로로폼	1,000	이산화탄소	259
은	2,640	에틸에테르	1,010	일산화탄소	333
납	1,250	글리세린	1,920	수소	1,280
철	5,170	수은	1,450	산소	316
유리	5,370	물(담수)	1,430	아황산가스	213
대리석	3,810	물(해수)	1,510	수증기	101

(자료) George M.Diehl : Machinery Acoustics, Wiley,9-10,1973.

예 제(2-7)

어떤 기체의 압력을 일정하게 유지하면서 밀도를 2배로 증가 시킬 때, 처음 기체에서의 속도와 이 기체를 통과시의 음속과의 비는 어떻게 되는가?

【해설】 $C = \sqrt{\dfrac{\gamma P}{\rho}}$ 이므로, $C' = \sqrt{\dfrac{\gamma P}{2\rho}}$ 가 된다.

$\therefore \dfrac{C'}{C} = \dfrac{1}{\sqrt{2}}$

2.4 음파의 성질

2.4.1 반사, 흡수, 투과

소리가 매질의 경계면에 입사하게 되면 일부는 반사(反射,reflection)하고, 일부는 흡수(吸收,absorption) 및 투과(透過,transmission)되어 동일계 내부에서는 그림(2.6)와 같은 음향에너지 보존법칙이 성립하게 된다. 특히, 반사시 파동의 반사각과 입사각은 같다. 여기서, 입사파의 세기를 Ii 라 하고, 반사파의 세기를 Ir, 흡수파의 세기를 Ia, 그리고 투과파의 세기를 It 라 하면

$$I_i = I_r + I_\alpha + I_t \cdots\cdots (2.14)$$

가 성립되며, 수직입사음에 대한 반사율(γ), 흡수율(α), 투과율(τ)은 각각 다음과 같이 나타낼 수 있다.

$$\text{반사율}(\gamma) = \frac{I_r}{I_i} = \left(\frac{\rho_2 C_2 - \rho_1 C_1}{\rho_1 C_1 + \rho_2 C_2}\right)^2 \cdots\cdots (2.15)$$

$$\text{흡수율}(\alpha) = \frac{I_i - I_r}{I_i} = \frac{I_a + I_t}{I_i} \cdots\cdots (2.16)$$

$$\text{투과율}(\tau) = \frac{I_t}{I_i} = 1 - \gamma = \frac{4\rho_1 C_1 \cdot \rho_2 C_2}{(\rho_1 C_1 + \rho_2 C_2)^2} \cdots\cdots (2.17)$$

투과율을 데시벨로 표시하면 다음과 같은 관계식이 성립한다.

$$\text{투과손실(TL: Transmission Loss)} = 10\log\left(\frac{1}{\tau}\right) = -10\log\tau(\text{dB}) \cdots\cdots (2.18)$$

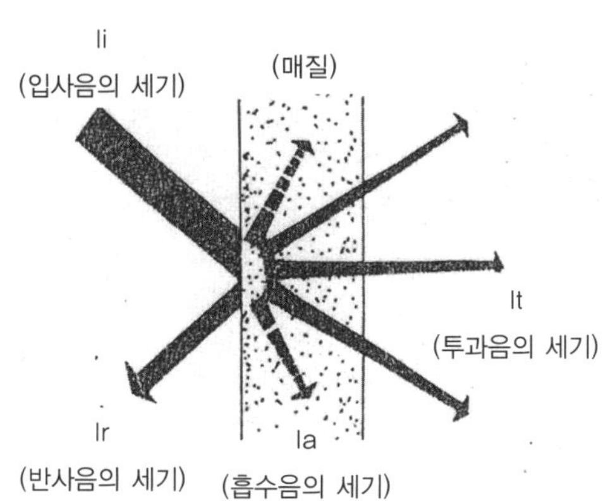

그림(2.6) 음향에너지 보존법칙

표(2.5) 투과율(τ)과 투과손실(TL)과의 관계

흡음 또는 손실효율(%)	투과율(%)	투과손실(dB)
10	90	0.5
70	30	5
90	10	10
99	1	20
99.9	0.1	30
99.99	0.01	40

2.4.2 회절

음파의 전파속도가 장소에 따라 변하고, 진행방향이 변하는 현상으로서, 파장이 길수록, 물체가 작을수록(구멍이 작을수록) 소리는 잘 회절(回折, diffraction)하며, 물체 뒤에는 소리의 그늘(音影, shadow zone)이 잘 생기지 않는다. 따라서, 소리의 주파수는 파장에 반비례하므로, 낮은 주파수는 파장이 길어 고주파음에 비하여 회절하기가 쉽다.

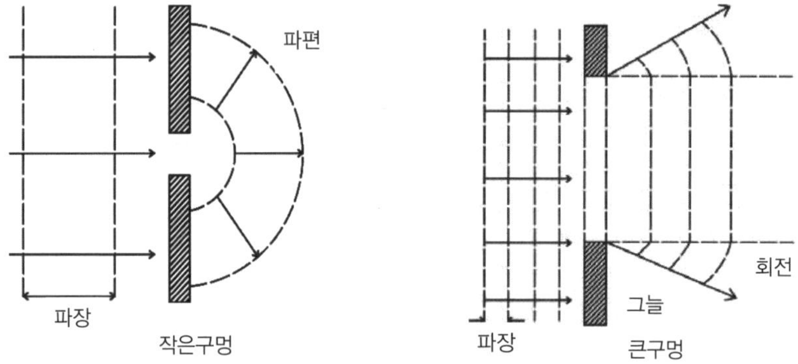

그림(2.7) 회절 현상의 예

2.4.3 굴절

음파가 매질이 다른 경계면에 도달하면, 일부분은 반사의 법칙에 의해서 표면에서 반사되고, 또한 일부분은 다른 매질 속으로 진행하여 음속의 차이에 따라 구부러지는 현상을 굴절(屈折, refraction)이라고 하며, 그림(2.8)과 같이 입사각을 θ_i, 굴절각을

θ_r 라 하면, 굴절률 n은 다음과 같이 두 매질속에서의 음속비가 된다.

$$n = \frac{\sin\theta_i}{\sin\theta_r} = \frac{C_1}{C_2} \quad \cdots\cdots (2.19)$$

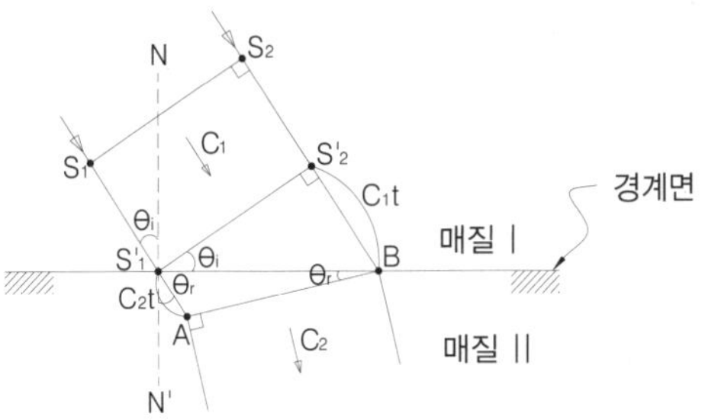

그림(2.8) 파동의 굴절

증 명

파면 S_1S_2가 화살표 방향으로 C_1의 속도로 진행하여 $S'_1S'_2$에 도달하면, S'_1측에서 먼저 매질Ⅱ로 진행하고, S'_2는 계속 B까지 진행한다. 이때 S'_1가 C_2의 속도로 A까지 진행하는 동안, S'_2는 C_1으로 B까지 진행하여, 파면 AB는 계속 화살표 방향으로 진행하게 된다. 이때, 걸린 시간을 t라고 하면, $S'_1A = C_2t$이고, $S'_2B = C_1t$가 된다.

여기서, 입사각 $\theta_i = \angle S_1S'_1N = 90° - \angle S'_2S'_1N = S'_2S'_1B$

굴절각 $\theta_r = \angle N'S'_1A = 90° - \angle AS',B = \angle S'_1BA$

이므로, 굴절률 n은,

$$n = \frac{\sin\theta_i}{\sin\theta_r} = \frac{C_1t}{S'_1B} / \frac{C_2t}{S'_1B} = \frac{C_1}{C_2}$$

$$\therefore\ n = \frac{\sin\theta_i}{\sin\theta_r} = \frac{C_1}{C_2}$$

음파의 굴절현상을 일으키는 요인으로는 그림(2.9)과 그림(2.10)와 같은 대기의 온도차와 풍속으로서, 대기의 온도차에 의한 경우, 낮에는 지면 부근이 따뜻하고, 상공의 공기가 차가우므로, 위로 갈수록 음속이 감소하게 되어 상공으로 굴절하고, 반대로 밤에는 지상으로 굴절한다. 그리고 풍속차에 의한 경우, 음원보다 상공의 풍속이 클 때, 바람의 윗부분에서는 상공으로, 바람의 아랫부분에서는 지면 방향으로 굴절하므로, 바람의 윗부분에서 감쇠가 크게 된다.

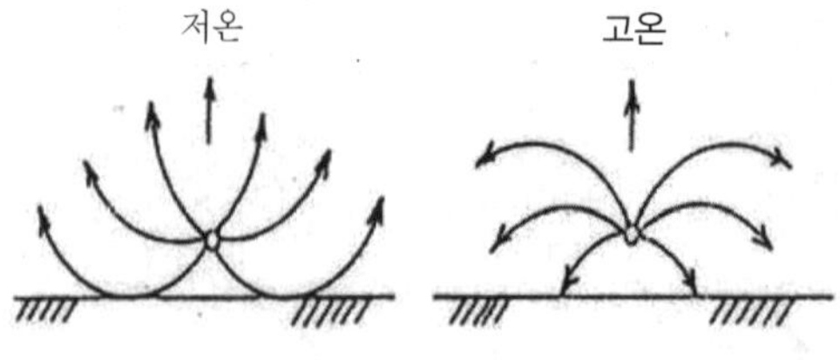

그림(2.9) 기온분포의 영향

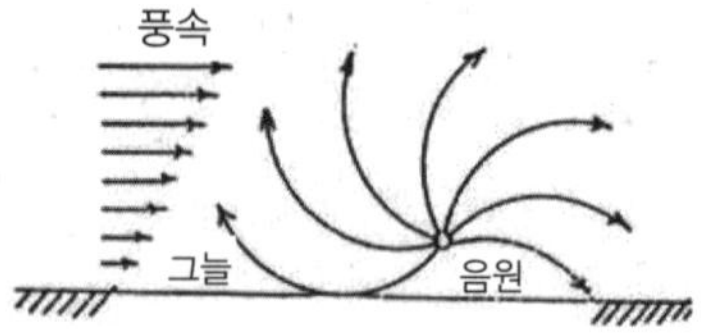

그림(2.10) 바람의 영향

기타 기상조건에 의한 흡음감쇠의 효과는 표(2.6)과 같이

i) 주파수가 커질수록 커진다

ii) 기온이 낮을수록 커진다

iii) 습도가 낮을수록 커진다

표(2.6) 온습도별 흡음감쇠량

주파수 (Hz)	온도 (℃)	상대습도(%) 30	50	70	90
500	-10	0.56	0.32	0.22	0.18
	0	0.28	0.19	0.17	0.11
	10	0.22	0.18	0.16	0.15
	20	0.21	0.18	0.16	0.14
1000	-10	1.53	1.07	0.75	0.57
	0	0.96	0.55	0.42	0.38
	10	0.59	0.45	0.40	0.36
	20	0.51	0.42	0.38	0.34
2000	-10	2.61	3.07	2.55	1.95
	0	3.23	1.89	1.32	1.03
	10	1.96	1.17	0.97	0.89
	20	1.29	1.04	0.92	0.84
4000	-10	2.61	3.07	2.55	1.95
	0	3.23	1.89	1.32	1.03
	10	1.96	1.17	0.97	0.89
	20	1.29	1.04	0.92	0.84
8000	-10	4.11	6.60	8.82	9.48
	0	10.54	11.34	8.90	6.84
	10	12.71	7.73	5.47	4.30
	20	8.27	4.67	3.97	3.63

예 제(2-8)

공기에서 물속으로 파가 진행할 때, 굴절률은 0.25이다. 공기중에서의 음속이 340m/s 라면, 물속에서의 음속은 얼마인가?

【해설】 $n = \dfrac{\sin\theta_i}{\sin\theta_r} = \dfrac{C_1}{C_2}$ 로 부터,

$$0.25 = \frac{340}{C_2}$$

$$\therefore C_2 = \frac{340}{0.25} = 1{,}360(m/s)$$

예 제(2-9)

파동의 속도가 매질 I 에서는 1,500m/s이고, 매질 II에서는 1,000m/s라 할때, 매질 I 에서 매질II의 경계면으로 입사시 입사각이 60° 였다면 굴절각은 얼마인가?

【해설】 $n = \dfrac{\sin\theta_i}{\sin\theta_r} = \dfrac{C_1}{C_2}$.

$$\frac{\sin 60°}{\sin\theta_r} = \frac{1500}{1000} \qquad \therefore \sin\theta_r = \frac{\sin 60° \times 1000}{1500} \fallingdotseq 0.577$$

따라서, $\theta_r = \sin^{-1}(0.577) \fallingdotseq 35°$

예 제(2-10)

어떤 매질 I 에서 매질II로 파가 진행할 때, 입사각 30°, 굴절각 45° 로 통과하였다. 이 파의 속도와 파장의 비를 각각 구하라. 단, 매질II에서의 전파속도는 100cm/s이다.

【해설】 ① $n = \dfrac{C_1}{C_2} = \dfrac{\sin\theta_i}{\sin\theta_r}$ 로부터

$$\therefore n = \frac{\sin\theta_i}{\sin\theta_r} = \frac{\sin 30°}{\sin 45°} = \frac{0.5}{0.707} = 0.707$$

② $\dfrac{C_1}{C_2} = 0.707$로부터, $\dfrac{C_1}{100} = 0.707$이고, $C_1 = 70.7(cm/s)$이다.

$$\therefore \frac{C_1}{C_2} = \frac{70.7}{100} = 0.707$$

2.4.4 간섭

매질 속의 한 점에서 두 개의 파동이 겹쳤을 때, 합성파의 변위는 각 파동의 변위의 벡터합이 된다. 이를 중첩의 원리라 하고, 이 현상을 파동의 간섭(interference)이라고 한다.

그림(2.11)에서 보는 바와 같이, 두 개의 파원에서 동일한 파장과 진폭의 파동이 같은 위상으로 퍼져 나갈 때, 실선은 파동의 마루이고, 점선은 골 부분을 나타낸다. P점에서는 마루와 마루가 겹쳐져서 파동이 세어지고, Q점에서는 마루와 골이 겹쳐져서 파동이 약해진다. 즉, S_1과 S_2로부터 r_1, r_2의 거리에 있는 점 P에서 두 파동으로 생기는 변위를 각각 y_1, y_2라 하면,

$$y_1 = Asin(\omega t - kr_1)$$
$$y_2 = Asin(\omega t - kr_2)$$

이다. 따라서 P점의 합성변위 y는,

$$\begin{aligned} y &= y_1 + y_2 \\ &= Asin(\omega t - kr_1) + Asin(\omega t - kr_2) \\ &= 2A\cos\frac{k(r_2 - r_1)}{2} \cdot \sin(\omega t - \frac{k(r_1 + r_2)}{2}) \quad \cdots\cdots (2.20) \end{aligned}$$

이다. 이와 같이 매질의 입자들은 각각 진폭이 $= 2A\cos\frac{k(r_2 - r_1)}{2}$인 단진동을 하고 있음을 알 수 있다.

$r_2 - r_1 = m\lambda$(단, m=정수)인 점에서는 두 파동의 마루 또는 골이 동시에 도달하므로 진폭은 극대치 2A가 되고, $r_2 - r_1 = (2m+1)\frac{\lambda}{2}$인 점에서는, 마루와 골부분이 동시에 도달되어 상쇄되므로 진폭은 0이 된다.

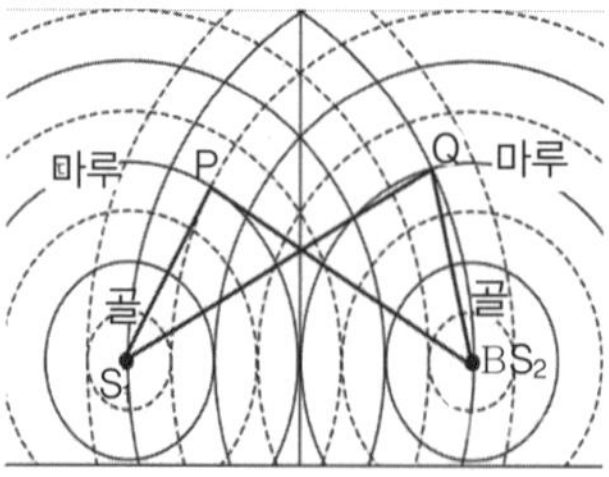

그림(2.11) 파동의 간섭

예 제(2-11)

파장 10cm, 진폭이 5cm인 파동이 수면위에서 20cm 떨어진 두점 P_1, P_2에서 같은 진동상태로 전파되고 있다.

(1) P_1, P_2에서 각각 25cm, 30cm인 곳에 있는 점 P_3에서의 합성파의 진폭은 얼마인가?

(2) 또, P_1, P_2에서 각각 40cm, 50cm되는 곳에 있는 점 P'_3에서의 합성파의 진폭은 얼마인가?

【해설】 (1) $P_2P_3 - P_1P_3 = 30 - 25 = 5cm$, 즉 $\lambda = 5cm$이므로 P_1, P_2에서 생긴 파동은 P_3점에서 $\frac{\lambda}{2}$만큼의 위상차가 생긴다. 즉 마루와 골이 겹치게 되므로 진폭은0이 된다.

(2) $P_2P'_3 - P_1P'_3 = 50 \quad 40 = 10cm$, 즉 한 파장만큼의 위상차가 있게 되어 마루와 마루, 골과 골이 겹쳐서 진폭은 5cm×2=10cm가 된다.

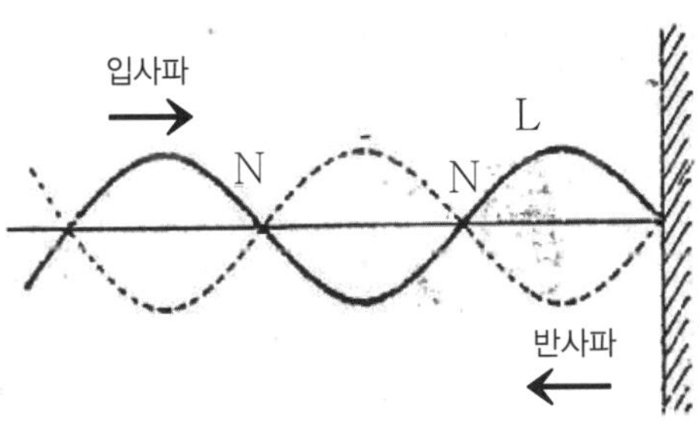

그림(2.12) 정상파 또는 정재파

지금, 진폭 A, 진동수 f인 sine파가 위상의 변화없이 반사되는 경우, 입사파와 반사파는

$$y_1 = A\sin(\omega t - kx)$$
$$y_2 = A\sin(\omega t + kx)$$

로 표시된다. 두 파동의 합성변위는,

$$y = y_1 + y_2 = A\sin(\omega t - kx) - A\sin(\omega t + kx)$$
$$= 2A\cos kx \cdot \sin\omega t \quad \cdots\cdots (2.21)$$

가 된다. 이것은 매질의 입자들이 진폭 $2A\cos kx$, 진동수 $f=\frac{\omega}{2\pi}$의 단진동을 하는 것으로, 어느 시각 t에서 모든점의 위상이 같으므로 파동은 진행하지 않게 된다. 정상파에서는 위치에 따라 진폭이 다른 단진동을 하므로, 식(2.21)로부터,

$$x=0,\frac{\lambda}{2},2\frac{\lambda}{2},......,n\frac{\lambda}{2} \cdots\cdots (2.22)$$

의 점에서 진폭이 ±2A로 최대가 된다. 이 점들을 정상파의 몸(loop)이라 하고, 또,

$$x=0,\frac{\lambda}{4},3\frac{\lambda}{4},......,(2n+1)\frac{\lambda}{4} \cdots\cdots (2.23)$$

의 점에서 진폭이 0 이 된다. 이러한 점들을 마디(node)라 한다.

2.4.5 호이겐스의 원리

같은 매질속에서 한점의 진동은 모든 방향으로 일정하게 동일한 속도로 전파되므로 파면은 그 점을 중심으로 하는 동심구면(同心球面)이 된다. 이와 같이, 어떤 파면위의 모든 점이 새로운 파동의 중심 즉, 파원(波源)으로 되어 파의 진행방향으로 제2의 새로운 파동이 되고, 이와 같은 진동을 반복하여 다음의 파면이 이루어져서 파동이 진행하게 된다. 이를 호이겐스(Hoygens)의 원리라 한다. 그림(2.13)는 호이겐스의 원리를 나타내고 있다.

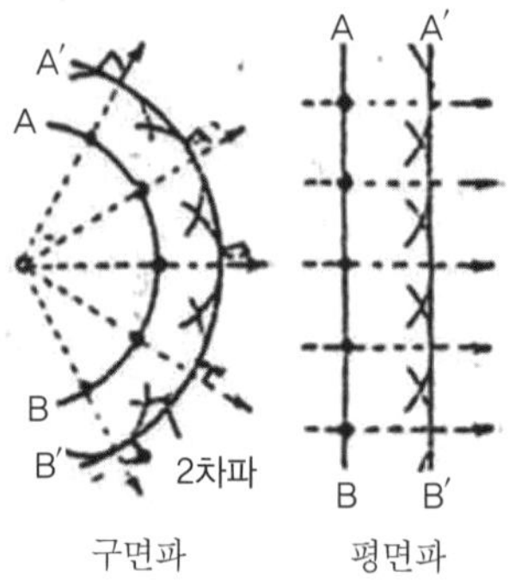

그림(2.13) 호이겐스의 원리

또, 파동이 어느 매질속을 전파할 때, 같은 위상을 가진 점들을 연결하면 곡선이나 곡면을 만드는데, 이를 파면(波面)이라 하고, 한점의 파원에서 구면의 형태로서 공간으로 퍼져나가는 파동을 구면파(球面波, spherical wave)라 한다. 그리고 파면이 평면인 파를 평면파(平面波, plane wave)라고 한다.

예 제(2-12)

그림과 같이 잔잔한 수면위에서 소금쟁이가 진행하면서 일으키는 파면에 돌을 던져서 물결의 속도를 확인하였더니, 5cm/s였다면, 이 소금쟁이의 속도는 얼마인가?

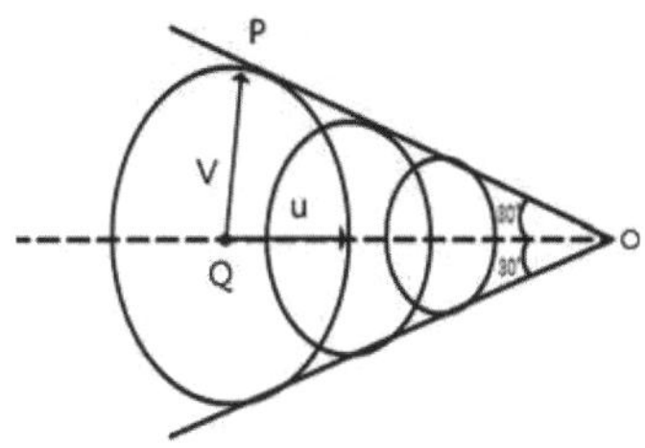

【해설】 호이겐스의 원리로부터, 물결이 Q점에서 P점까지 가는 시간과 소금쟁이가 O점에서 Q점까지 가는 시간은 같으므로,

$$\sin 30^{\circ} = \frac{V}{v}$$

$$v = \frac{V}{\sin 30^{\circ}} = \frac{5}{0.5} = 10(cm/s)$$이다.

2.4.6 맥놀이, 공명

진동수가 거의 같은 두 음파가 겹쳐서 간섭하면, 합성음의 소리는 음의 세기가 주기적으로 변하는 상태가 된다. 이러한 현상을 맥놀이(beat)라고 한다.

그림(2.14)에서 보는 바와 같이, 두 음파의 진동수를 각각 n_1, n_2라 하고, 맥놀이 횟수를 N이라고 하면,

$$N = n_1 \quad n_2 (\text{회, 또는 Hz}) \qquad \cdots\cdots (2.24)$$

가 된다. 즉, 맥놀이의 진동수는 두 음파의 진동수의 차와 같다.

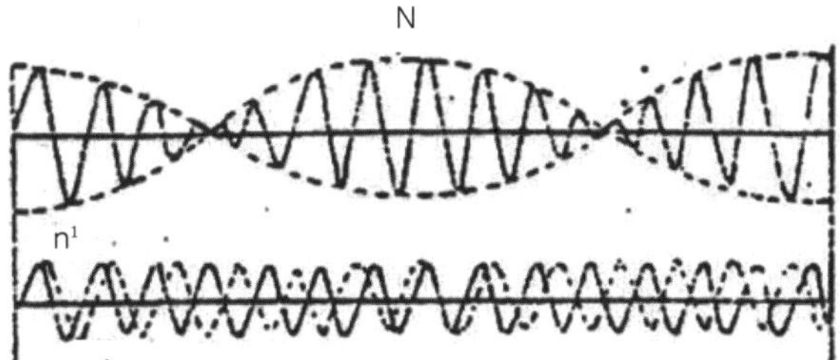

그림(2.14) 맥놀이 현상

예 제(2-13)

진동수가 300Hz와 304Hz인 두음파의 맥놀이 횟수는 얼마인가?

【해설】 $N = n_1 - n_2$ = 304 - 300 = 4(회)

예 제(2-14)

어떤 두 물체의 공기 중에서의 파장의 비는 50:51이다. 또 이 물체들의 맥놀이 횟수가 매초 5회라면 두 물체의 진동수는 각각 얼마인가?

【해설】 $\lambda_1 : \lambda_2 = 50:51$ 이고, $n_1 = 1/\lambda_1$, $n_2 = 1/\lambda_2$ 이므로

$n_1 : n_2 = 1/\lambda_1 : 1/\lambda_2 = 1/50 : 1/51 = 51:50$와 $n_1 - n_2 = 5$로부터

$\therefore n_1 = 255Hz,\ n_2 = 250Hz$

한편, 진동수가 같은 두 개의 소리굽쇠를 약간의 간격을 두고 배치한 다음, 한쪽을 울려 주면, 맞은편의 소리굽쇠도 잠시후 저절로 진동하여 소리를 내게 된다.

이를 공진(共振) 또는 공명(共鳴, resonance)현상이라고 한다.

일반적으로, 진동체가 그 진동의 고유진동수(固有振動數, natural frequency), 즉 물체의 탄성이나 모양에 의하여 결정되는 특정진동수와 같은 진동수를 갖는 주기적인 충격을 받으면, 이 진동체는 비교적 진폭이 큰 진동을 일으키게 된다.

2.4.7 도플러 효과

음원이나 듣는 사람이 상대운동을 하고 있을때, 서로 가까워지면 멈춰서 들을 때보다 진동수가 커지므로 소리는 높게 들리고, 멀어지면 반대로 낮게 들린다. 이와 같이 음원이나 듣는 사람의 운동으로 진동수의 변화가 생기는 현상을 도플러(Doppler)효과라고 한다.

이때 음속은 변하지 않고, 단지 주파수만 변화하는 것임을 유의하여야 한다.

예로서, 자동차가 경적을 울리며 다가올 때와 지나쳐서 멀어질 때의 진동수 차이라든가, 기차의 기적소리나 비행기등이 근접할 때와 멀어질 때 음의 높이가 다른것 등을 들 수 있다.

(가) 음원이 운동하는 경우

그림(2.15)와 같이 전파속도 u인 어떤 음원(s)의 진동수를 f_0라 하고, 이 음원이 듣는 사람(P)을 향하여 속도 V로 (+)방향으로 움직이고 있다고 하자.
음원은 시각 t=0일때 a점에 있고, t = t일때 b점에 있다.

그러면, 두 점간의 거리는 vt가 되고, 방사상으로 퍼져가는 구(球)의 반지름은 ut가 된다. 그러므로, ca = (u + V)t, bd = (u - V)t 이다.
그리고, t시간 동안에 음원에 발생시킨 전체 파의 수는 f_0t이다.

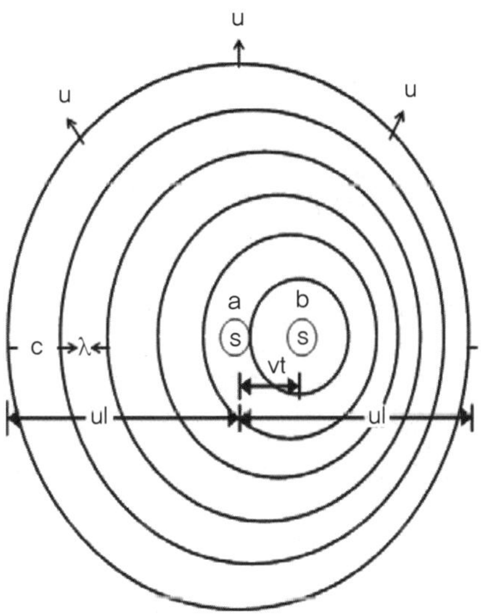

그림(2.15) 도플러 효과

따라서, 음원이 접근하는 경우, 파장 λ는

$$\lambda = \frac{(u-v)t}{f_0 t} = \frac{u-v}{f_0} \qquad (2.25)$$

이고, 듣는 사람이 들을 수 있는 진동수 f는

$$f = \frac{u}{\lambda} = \frac{u}{\frac{u-v}{f_0}} = f_0 \frac{u}{u-v} \qquad (2.26)$$

이다. 또, 음원이 멀어지는 경우는, 다음과 같다.

$$\lambda' = \frac{u+v}{f_0}$$

$$f = \frac{u}{\dfrac{u+v}{f_0}} = f_0\frac{u}{u+v} \quad \cdots\cdots (2.27)$$

(나) 듣는 사람이 운동하는 경우

속도 V로 운동하고 있는 듣는 사람에게 접근되는 음파는 상대적인 전파속도가 u+V가 된다. 따라서, 접근하는 경우,

$$f = f_0 + f'' \text{ 또, } f'' = \frac{u}{f''},\ \lambda'' = \frac{u}{f_0} \text{ 이므로}$$

$$f'' = f_0\frac{V}{u} \text{ 이고, } f = f_0 + f_0\frac{V}{u} = f_0\left(1+\frac{V}{u}\right)$$

$$f = f_0\left(\frac{u+V}{u}\right) \quad \cdots\cdots (2.28)$$

또, 멀어지는 경우는

$$f = f_0 - f'' = f_0\left(1-\frac{V}{u}\right) \text{이므로, 다음과 같이 된다.}$$

$$f = f_0\left(\frac{u-V}{u}\right) \quad \cdots\cdots (2.29)$$

이를 알기쉽게 요약하면, 식(2.30)과 같이 정리된다.

$$\boxed{f = f_0\left(\frac{u \pm v}{u \mp v}\right)(Hz)} \quad \cdots\cdots (2.30)$$

단, f : 듣는 사람의 진동수(주파수)(Hz)

f_0 : 음원의 주파수(Hz)

u : 음원의 전파속도(m/sec)

V : 듣는 사람의 속도(m/sec)

v : 음원의 이동속도(m/sec)

그리고, 부호는, 분자 : (+) : 접근할 때 (−) : 멀어질 때

분모 : (+) : 멀어질 때 (−) : 접근할 때

예 제(2-15)

진동수가 매초 100인 소리굽쇠를 진동시키면서 4m/sec의 속도로 벽을 향해 걸어갈 때, 이 소리굽쇠의 뒤쪽에 서 있는 사람이 듣는 맥놀이 횟수는 얼마인가? 단, 기온은 15℃이다.

【해설】 $n_1 = f_1 = f_0 \dfrac{u}{u+V} = 100 \times \left(\dfrac{340}{340+4}\right) \fallingdotseq 99(Hz)$

$$n_2 = f_2 = f_0 \frac{u}{u-V} = 100 \times \left(\frac{340}{340-4}\right) \fallingdotseq 101(Hz)$$

$\therefore\ N = n_2 - n_1 = 101 - 99 \fallingdotseq 2$회

예 제(2-16)

고속전철이 기적을 울리면서 시속 300㎞로 달리고 있다. 이때 기적의 주파수는 2000Hz 이고 ~~음속은~~ 340m/sec이다.

(1) 고속전철쪽으로 60㎞/hr로 달려오고 있는 자동차내의 승객이 듣는 소리의 주파수는 얼마인가?

(2) 전철의 진행방향에 정지해 있는 사람이 듣는 소리의 주파수는 얼마인가?

(3) 바람이 전철의 진행방향으로 15m/s로 불 때의 주파수는 얼마인가?

【해설】 주어진 문제로부터, 고속전철의 속도 V=300㎞/hr ≒ 83m/sec

자동차의 속도 u=60㎞/hr ≒ 16.7m/sec, 바람의 속도 ω=15m/sec 이므로

(1) $f = f_0 \dfrac{u+\omega}{u-V} = 2000 \times \left(\dfrac{340+15}{340-83}\right) \fallingdotseq 2763\ (Hz)$

(2) $f = f_0 \dfrac{u}{u-V} = 2000 \times \left(\dfrac{340}{340-16.7}\right) \fallingdotseq 2103\ (Hz)$

(3) $f = f_0 \dfrac{u+\omega}{u+\omega-V} = 2000 \times \left(\dfrac{340+15}{340+15-83}\right) \fallingdotseq 2610\ (Hz)$

예 제(2-17)

주파수가 500Hz인 어떤 음원의 양쪽에 반사체와 사람이 배치되어 있다.

음원과 사람은 정지해 있고, 반사체가 45m/s의 속력으로 사람이 서 있는 쪽으로 이동할 때, 사람이 듣는 주파수는 얼마가 되겠는가? 단, 음속은 340m/s이다.

【해설】 반사체에 입사하는 소리는 사람이 음원에 접근할 때의 경우와 같고, 반사체에서 반사된 소리는 음원이 사람에 접근하는 경우와 같다. 따라서,

$$f' = f_0 \frac{u-v}{u} = 500 \times \left(\frac{340+45}{340} \right) \fallingdotseq 566\,(Hz)$$

$$f = f' \frac{u}{u-v} = 500 \times \left(\frac{340}{340-45} \right) \fallingdotseq 652\,(Hz)$$

2.4.8 지향성

음원에서 방사되는 음의 강도(强度)또는 마이크로폰의 감도(感度)가 방향에 의해서 변화하는 상태를 지향성(指向性, directivity)이라 하고, 특정방향의 에너지와 평균 에너지의 비를 지향계수(directivity factor, Q)라 하며 다음과 같이 나타낸다.

$$Q = \log^{-1}\left(\frac{SPL_i - \overline{SPL}}{10} \right) \qquad (2.31)$$

단, $\overline{SPL}$: 음원으로부터 r(m) 떨어진 구형면상의 여러 지점에서 측정한 소음도의 평균치(dB)

SPLi : 어떤 특정방향의 소음도(dB)

또, 지향성이 큰 경우, 특정방향의 SPL_i과 $\overline{\mathrm{SPL}}$과의 차를 지향지수(指向指數, directivity index : DI)라 하며 다음식과 같이 표시한다.

$$DI = SPL_i - \overline{SPL} = 10 \log Q(\mathrm{dB}) \qquad (2.32)$$

그림(2.16)는 원형피스톤의 방사특성 예이고, 그림(2.17)은 음원의 위치별 지향성이다.

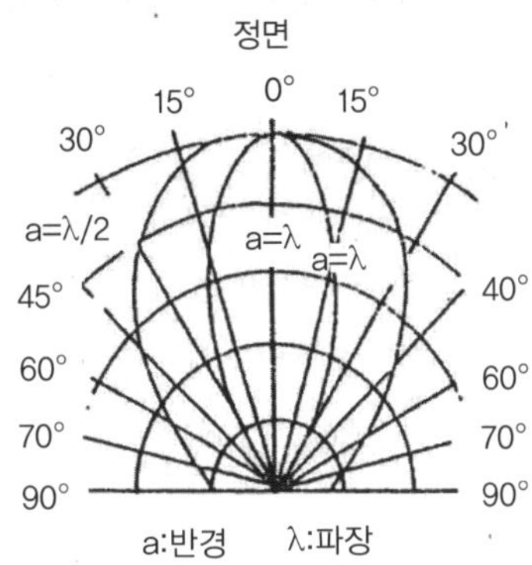

그림(2.16) 소리의 방사특성 예(원형피스톤)

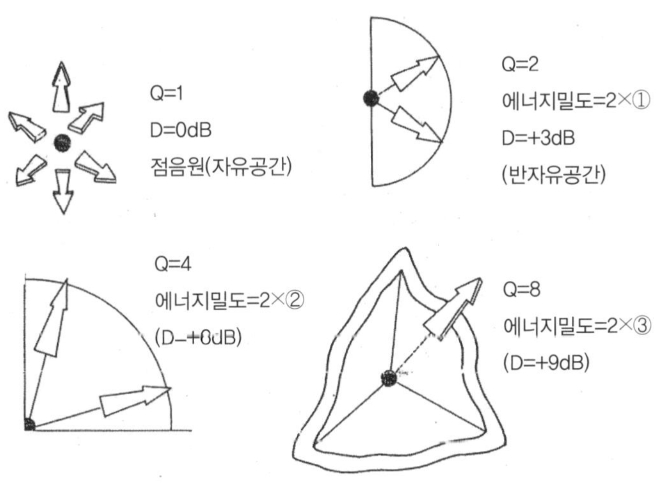

그림(2.17) 음원의 위치별 지향성

(자료) J D Webb: Noise Control in Industry, SRL, 55, 1978.

예 제(2-18)

지향지수(DI)가 3dB일때, 지향계수(Q)는 얼마인가?

【해설】 $DI = 10\log_{10}Q$ 부터,

$$Q = 10^{DI/10} = 10^{3/10} = 10^{0.3} \fallingdotseq 2$$

예 제(2-19)

어떤 스피커의 실효치 평균음압을 측정하였더니, 200N/㎡이고, 특정지향음압이 450N/㎡일때, 지향지수(DI)는 얼마인가?

【해설】 $SPL = 20\log_{10}\frac{P}{P_0}$ 로부터, $\overline{SPL} = 20\log_{10}\left(\frac{200}{2\times10^{-5}}\right) = 140(\text{dB})$

이고, $SPL_i = 20\log_{10}\left(\frac{450}{2\times10^{-5}}\right) = 147(\text{dB})$

따라서, DI = $SPL_i - \overline{SPL}$ = 147 - 140 = 7

2.5 데시벨

2.5.1 데시벨

소리에너지는 다른 에너지와 비교할 때 매우 작은량으로 나타나고, 청감이라는 감각상의 문제이므로 대수 법칙이 적용된다. 데시벨(decibel)은 초기에 전기 통신분야에 종사하던 전기공학자들이 사용하던 언어로서 비율을 표시하는 양이지만, 음향학에서는 단위로서 사용한다. 즉, 어떤 음원의 음향파워가 W일때, 기준음향파워(W_0)와의 대수비(對數比, logarithm)를 레벨이라 하며, 이 비에 계수 10을 곱한 값이 데시벨이고, dB로 쓴다.

$$n = 10\log_{10}\frac{W}{W_0}(\text{dB}) \qquad \cdots\cdots (2.33)$$

일반적으로, 대수법칙은 다음과 같은 성질을 갖는다. 즉,

$$\begin{aligned}
&(a)\log ab = \log a + \log b \\
&(b)\log\frac{a}{b} = \log a - \log b \\
&(c)\log a^n = n\log a \\
&(d)\log 1 = 0
\end{aligned} \qquad \cdots\cdots (2.34)$$

표(2.7)은 현장에서 유용하게 사용할 수 있는 대수표를 요약한 것이다.

표(2.7) 현장용 대수 함수표

log1	log2	log3	log4	log5	log6	log7	log8	log9	log10
0	0.3	0.48	0.6	0.7	0.78	0.85	0.9	0.95	1

표(2.8) 소음원별 음압과 파워

소음원	압력(kg/㎠)	파스칼(Pa)	와트(watt)	마력(hp)
가청한계	2.1×10^{-10}	2.1×10^{-5}	1×10^{-12}	1.3×10^{-15}
휘파람소리(1m)	2.1×10^{-9}	2.1×10^{-4}	1×10^{-9}	1.3×10^{-12}
대화음(1m)	2.1×10^{-7}	2.1×10^{-2}	1×10^{-5}	1.3×10^{-8}
고함소리(1m)	2.1×10^{-6}	2.1×10^{-1}	1×10^{-3}	1.3×10^{-6}
자동차경적음(1.5m)	2.1×10^{-6}	2.1×10^{-1}	1×10^{-2}	1.3×10^{-5}
치핑해머(1m)	2.1×10^{-5}	2.1	1.0	1.3×10^{-3}
75인조 오케스트라	2.1×10^{-4}	21	10	1.3×10^{-2}
중형제트엔진(3m)	2.1×10^{-3}	2.1×10^{2}	1×10^{-4}	13.4

2.5.2 음향파워레벨(PWL)

"음원으로부터 1초간에 방출되는 소리에너지"로 정의되며, PWL(Power Watt Level, Sound Power Level)로 표시하고 다음과 같이 나타낸다.

$$PWL = 10\log_{10}\frac{W}{W_0}\,(\text{dB}) \quad \cdots\cdots (2.35)$$

단, $W_0=10^{-12}$(watt)

표(2.9)는 소음원별 음향파워레벨의 예이다.

표(2.9) 소음원별 PWL의 예

음향파워(W)	dB(re10^{-12} W)	소음원의 예
100 000 000	200	새턴로켓
10 000 000		
1 000 000	180	
100 000		
10 000	160	보잉 707기의 최대출력
1000		
100	140	75인조 오케스트라
10		
1	120	체인 톱
0.1		
0.01	100	
0.001		자동차소음(평균)
0.0001	80	
0.000 01		보통 목소리
0.000 001	60	
0.000 000 1		
0.000 000 01	40	
0.000 000 001		휘파람 소리
0.000 000 000 1	20	
0.000 000 000 01		
0.000 000 000 001	0	

예 제(2-20)

0.1watt의 소리에너지를 발생시키는 어떤 음원의 음향파워레벨(PWL)은?

【해설】 $PWL = 10\log_{10}\frac{W}{W_0} = 10\log_{10}\frac{10^{-1}}{10^{-12}} = 10\log_{10}10^{11} = 110(\text{dB})$

예 제(2-21)

자동차 엔진의 음향파워레벨(PWL)을 측정한 결과 120dB였다. 이 엔진의 음향파워는 얼마나 되는가?

【해설】 $PWL = 10\log_{10}\frac{W}{W_0}$ 로부터, $120 = 10\log_{10}\frac{W}{10^{-12}}$ $\therefore$ W = 1(watt)

2.5.3 음의 세기레벨(IL)

음의 세기(强度, intensity)는 "소리의 진행방향에 수직한 단위 면적당 단위시간에 지나가는 소리에너지"로 정의되며, 세기레벨은 IL(Intensity Level)로 표시하고 다음과 같이 나타낸다.

$$IL = 10\log_{10}\frac{I}{I_0}\ (\text{dB}) \qquad \cdots\cdots (2.36)$$

단, $I_0 = 10^{-12}$(watt/㎡)

여기서,

$$I = \frac{P^2}{\rho C}\left(W/m^2\right) \qquad \cdots\cdots (2.37)$$

단, P : 실효치음압 (N/㎡ 또는 Pa)

ρC : 고유음향임피던스(Impedance)

(공기 : ρC = 1.2(kg/㎥)×340(m/s)

≒ 400kg · ㎡/s = 400N · sec/㎥ = 400 rayls)

예 제(2-22)

음압의 실효치(rms)가 2.1×10^{-2}N/㎡인 음의 세기(I)와 음의 세기레벨(IL)을 구하라. 단, 기온은 15℃이다.

【해설】 $I = \frac{P^2}{\rho C}$ 로부터, $I = \frac{(2\times10^{-2})^2}{400} = \frac{4\times10^{-4}}{4\times10^2} = 10^{-6}(W/m^2)$

$$IL = 10\log_{10}\frac{I}{I_0} = 10\log_{10}\frac{10^{-6}}{10^{-12}} = 10\log 10^6 = 60(\text{dB})$$

예 제(2-23)

IL=100dB 라면, 음의 세기(I)는 얼마인가?

【해설】 $IL = 10\log_{10}\frac{I}{I_0}$ 로부터, $100 = 10\log_{10}\frac{I}{10^{-12}} = 10(\log_{10}I + 12)$

$\log_{10}I + 12 = 10$ 이고, $\log_{10}I = -2$ 이다.

따라서, $I = 10^{-2}(W/m^2)$

예 제(2-24)

음의 세기(I)가 $2\times10^{-3}(W/m^2)$일때, 소음도(SPL)는 얼마인가?

【해설】 $I=\dfrac{P^2}{\rho C}$로부터, $p^2=I\cdot\rho C=(2\times10^{-3})\times400=0.8$

따라서, $P\fallingdotseq 0.894\,Pa$(또는 N/m^2)

$\therefore\ SPL=20\log_{10}\dfrac{P}{P_0}=20\log\dfrac{0.894}{2\times10^{-5}}=93(\mathrm{dB})$

2.5.4 음압레벨(SPL)

음압레벨 또는 소음도(SPL : Sound Pressure Level)는 $I=\dfrac{P^2}{\rho C}$로부터

$$SPL=10\log_{10}\left(\frac{P}{P_0}\right)^2=20\log_{10}\frac{P}{P_0}(\mathrm{dB}) \qquad (2.38)$$

단, P_0 : 최저가청음압(2×10^{-5} N/㎡ 또는 Pa)
P : 임의의 음압(N/㎡ 또는 Pa)(rms)

로 나타낼 수 있다. 20세 전후의 건강한 남녀가 겨우 들을 수 있는 음압인 최저가청음압(threshold of hearing)은 2×10^{-5} N/㎡로서 소음도는 0dB로 나타내고, 사람이 고통을 느끼는 한계음압인 최대가청음압(threshold of pain)은 60N/㎡로서 소음도는 약 130 dB가 된다.

한편, 음향계와 전기계는 서로 유사하게 표(2.10)과 같이 표현될 수 있다. 따라서, 음향출력을 다시 정리해 보면

$$W=P^2\times 상수(C:constant) \qquad (2.39)$$

양쪽에 상용대수를 취하면,

$$\log_{10}\frac{W}{W_0}=\log_{10}\left(\frac{P}{P_0}\right)^2+C$$

$$= 2\ \log_{10}\left(\frac{P}{P_0}\right) + C \quad \cdots\cdots (2.40)$$

이를, 데시벨 개념으로 정리하면,

$$10\ \log_{10}\frac{W}{W_0} = 20\ \log_{10}\left(\frac{P}{P_0}\right) + C \ \rightarrow \ PWL = SPL + C$$

$$SPL = 20\ \log_{10}\frac{P}{P_0}(\mathrm{dB}) \cdots\cdots (2.41)$$

표(2.10) 음향계와 전기계의 유사성 비교

음 향 계	전 기 계
$W = \frac{P^2}{Z}$	$E - \frac{V^2}{R}$
단, W : 음향출력(watts) P : 음압(N/㎡) Z : 음향임피던스(rayls)	단, E : 전력(watts) V : 전압(volts) R : 저항(ohms)

가 되어 식(2.38)과 같이 된다.

그림(2.18)은 음향에너지와 열에너지간의 유사성을 비교한 것이다.

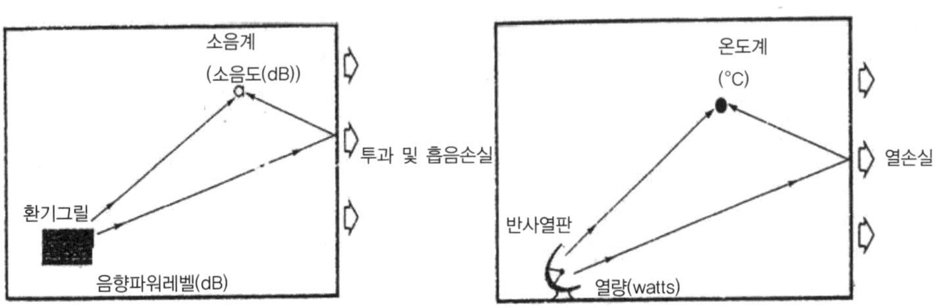

그림(2.18) 음향에너지와 열에너지간의 유사성 비교도

(자료) J D Webb: Noise Control in Industry, SRL, 7, 1978.

표(2.11)은 관련 단위별 비교표이고, 그림(2.19)은 일반적 소음도의 예이다.

표(2.11) 관련 단위별 비교

용어	단위		관련공식	관계식
	SI	CGS		
힘 (force)	N	dyne	힘=질량×가속도 F=ma	1N=1kg · ㎧² = 10^5dyne (1dyne = 1g · ㎝/s²)
압력 (pressure)	Pa	bar	$압력=\frac{힘}{면적}$ $P=\frac{F}{A}$	1Pa = 10dyne/㎠ = 10μbar = 1N/㎡
에너지 (energy=work)	J	erg	에너지=힘×거리 Ew = F·S	1J = 1N · m = 10^7 erg
파워 (power)	W	erg/s	$파워=\frac{에너지}{시간}$ $P_W=\frac{E_W}{T}$	1W = 1J/s = 1N · m/s = 10^7erg/s
세기(강도) (intensity)	W/㎡	erg/s · ㎠	$세기=\frac{파워}{면적}$ $I=\frac{P_W}{A}$	1W/㎡ = 10^7erg/s · ㎡ = 10^3erg/s · ㎠

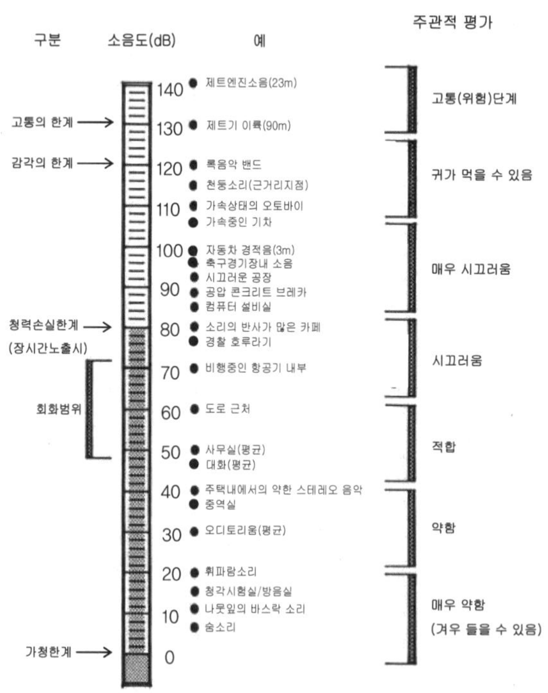

그림(2.19) 일반적 소음도의 예

(자료) M. David Egan:, Architectural Acoustics, McGraw-Hill, 1988.

2.5.5 데시벨 계산

가. 덧셈

여러 개의 소음원이 있을 때, 이들의 합에 의한 소음도(L_A)는,

$$L_A = 10\log\left(\sum_{i=1}^{n} 10^{\frac{L_i}{10}}\right)(\text{dB})$$

$$\text{또는, } L_A = 10\log\left(10^{\frac{L_1}{10}} + 10^{\frac{L_2}{10}} + \cdots + 10^{\frac{L_n}{10}}\right) \quad \cdots\cdots (2.42)$$

이를 간편식으로 정리하면, 표(2.12)와 같다.

예 제(2-25)

어느 소음원의 소음도는 $L_1 = 93$dB(A), $L_2 = 92$dB(A)였다. 이들 소음원의 합성소음도는 얼마나 되겠는가?

【해설】 $\Delta L = L_1 - L_2 = 93 - 92 = 1$, 따라서, 표(2.12)로부터 두 소음원의 차에 따른 보정치인 +3dB(A)를 L_1 에 더하여 주면, 즉

$$L_A = L_1 + \text{보정소음도} = 93 + 3 = 96\text{dB(A)}$$

예 제(2-26)

공장내 소음원에 대하여 소음도를 측정한 결과, 각각 $L_1 = 90$dB(A), $L_2 = 95$dB(A), $L_3 = 88$dB(A)로 나타났다. 이 소음원을 동시에 가동시킨다면 합성소음도는 얼마나 되겠는가?

【해설】 ① 계산식

$$L_A = 10\log\sum 10^{\frac{L_n}{10}}$$

$$= 10\log\left(10^{\frac{90}{10}} + 10^{\frac{95}{10}} + 10^{\frac{88}{10}}\right)$$

$$= 10\log(4.79 \times 10^9)$$

$$\fallingdotseq 97\text{dB(A)}$$

② 간편식

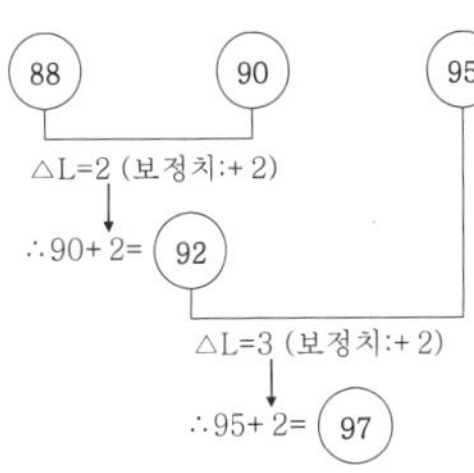

표(2.12) 데시벨의 덧셈 간편식

△L=(L₁−L₂)	0~1	2~3	4~9	10 이상
보정치(dB)	+3	+2	+1	0

나. 뺄셈

두 소음원 L_1,L_2 가 있을 때, 이들의 차에 의한 소음도(Ls)는,

$$L_s = 10\log\left[\left(\frac{p_1}{p_2}\right)^2 - \left(\frac{p_2}{p_0}\right)^2\right]$$

또는, $$L_s = 10\log\left(10^{\frac{L_1}{10}} - 10^{\frac{L_2}{10}}\right)\text{(dB)} \qquad (2.43)$$

이식은 주로 배경소음보정시 사용된다. 이를 간편식으로 나타내면 표(2.13)과 같다.

표(2.13) 데시벨의 뺄셈 간편식

△L=(L₁−L₂)	3	4~5	6~9	10 이상
보정치(dB)	−3	−2	−1	0

예 제(2-28)

어느 공장의 집진기용 송풍기의 소음도를 측정한 결과, 가동시는 95dB(A)였으나, 가동중지상태에서는 87dB(A)였다. 이 송풍기의 실제 소음도는 얼마인가? 얼마인가?

【해설】 ① 계산식

$$L_s = 10\log\left(10^{\frac{L_1}{10}} - 10^{\frac{L_2}{10}}\right)$$

$$= 10\log\left(10^{\frac{95}{10}} - 10^{\frac{87}{10}}\right)$$

$\fallingdotseq$ 94dB(A)

② 간편식

95 87

△L=8 (보정치:-1)

∴95-1= 94

다. 평균

여러 소음도에 대한 평균소음도($\overline{L}$)는,

$$\overline{L} = 10\log\left(\frac{1}{n}\sum_{i=1}^{n}10^{\frac{Li}{10}}\right)\text{(dB)}$$

또는, $$\overline{L} = 10\log\left[\frac{1}{n}\left(10^{\frac{L_1}{10}} + 10^{\frac{L_2}{10}} + \cdots + 10^{\frac{L_n}{10}}\right)\right] \quad \cdots\cdots (2.44)$$

그러나, 간편식으로는 다음 식을 사용한다.

$$\overline{L} = L_A - 10\log n\text{(dB)} \quad \cdots\cdots (2.45)$$

예 제(2-28)

어느 소음원의 소음도를 측정한 결과, $L_1 = 95$dB(A), $L_2 = 98$dB(A), $L_3 = 89$ dB(A), $L_4 = 102$dB(A)였다. 평균소음도는 얼마인가?

【해설】 ① 계산식

$$\overline{L} = 10\log\left(\frac{1}{n}\sum_{i=1}^{n}10^{\frac{Li}{10}}\right)$$

$$= 10\log\left[\frac{1}{4}\left(10^{\frac{95}{10}} + 10^{\frac{98}{10}} + 10^{\frac{89}{10}} + 10^{\frac{102}{10}}\right)\right]$$

≒ 98dB(A)

② 간편식

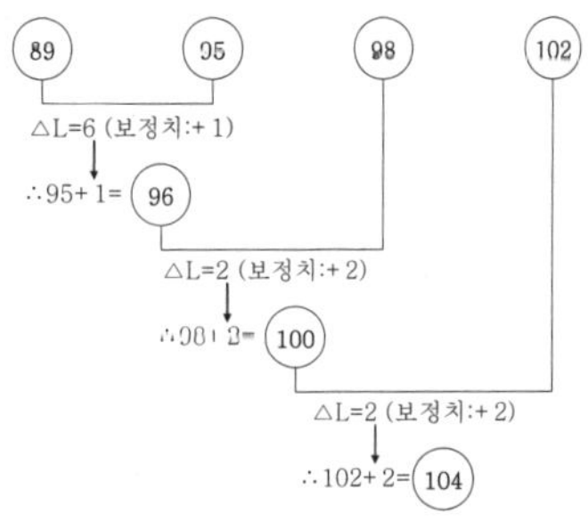

$$\therefore \overline{L} = L_A - 10\log n$$
$$= 104 - 10\log 4 = 98\text{dB(A)}$$

2.6 음의 전파

음의 전파는 크게 옥내에서의 전파와 옥외(야외)에서의 전파로 나누어 볼 수 있다.

2.6.1 옥내에서의 전파

옥내에서의 음의 전파는 실내공간에서의 전파, 실과 실사이의 전파, 외부에서 실내로의 전파 및 실내에서 외부로의 전파로 나누어 생각해 볼 수 있다.

가. 실내공간에서의 음의 전파

그림(2.20)과 같이 실내에 소음원이 놓여져 있는 경우, 소음원 근처의 소음도는 거의 직접음에 의하여 결정되지만(직접음장), 어느정도 떨어진 지점에서는 벽, 바닥 또는 천정 등의 반사영향에 의하여 일정한 상태의 소음도(잔향음장)가 유지된다.

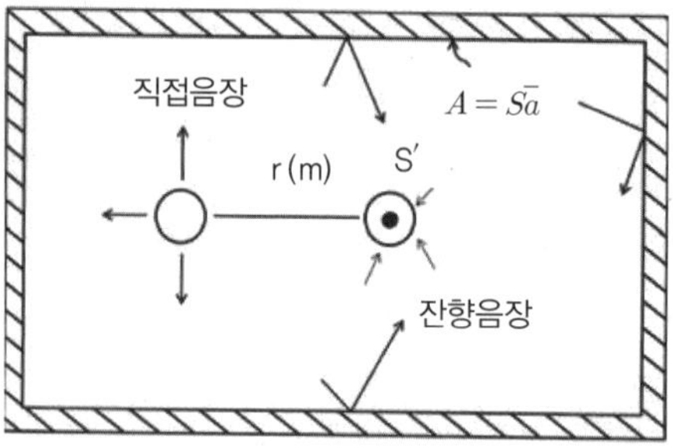

그림(2.20) 실내음장분포

일반적으로 음장(sound field)은 그림(2.21)와 같이 음원의 근처에서 발생되는 근음장(near field), 음원에서 어느정도 떨어진 거리에 존재하는 원음장(far field), 그리고 실내 어느 부위에서든 음에너지 밀도가 일정한 확산음장(diffuse field)으로 나눈다. 표(2.14)는 음장의 분류도이다.

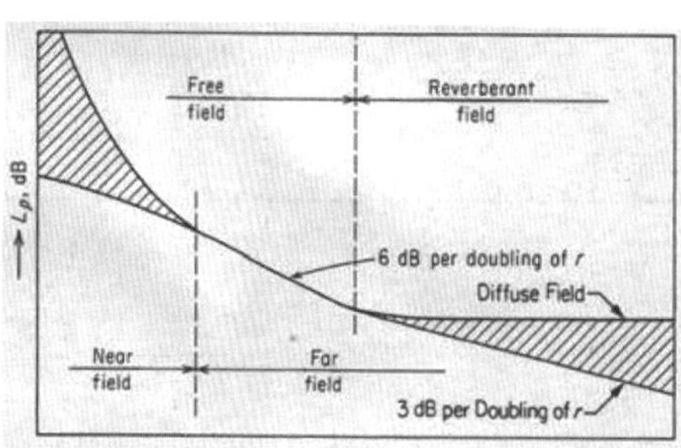

그림(2.21) 음장의 종류

(자료) Leo L. Beranek: Noise and Vibration Control. McGraw-Hill, 141, 1988.

표(2.14) 음장의 분류

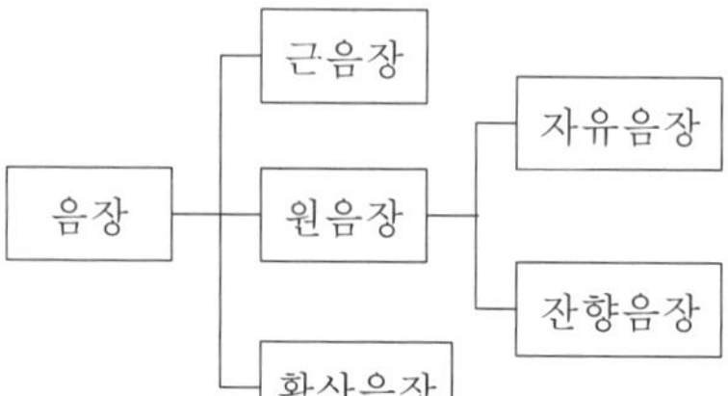

소음원 S로부터 r(m) 떨어진 지점(S')에서의 소음도는 실내가 완전 확산음장이란 가정하에 근거를 둔 기하학적 음향이론으로부터 다음식이 얻어진다.

$$\boxed{SPL = PWL + 10\log\left(\frac{Q}{4\pi r^2} + \frac{4}{R}\right)(\text{dB})} \quad \cdots\cdots\cdots\cdots (2.46)$$

여기서, SPL : S' 지점에서의 소음도(dB)

PWL : 음원의 음향파워레벨(dB)

Q : 지향계수

r : 음원으로부터 측정점까지의 거리(m)

R : 실정수$=\left(\dfrac{s\cdot\overline{\alpha}}{1-\overline{\alpha}}\right)$(㎡)

S : 실의 표면적(㎡)

$\overline{\alpha}$: 실의 평균흡음율$\left(=\dfrac{\sum s_i\alpha_i}{\sum \alpha_i}\right)$

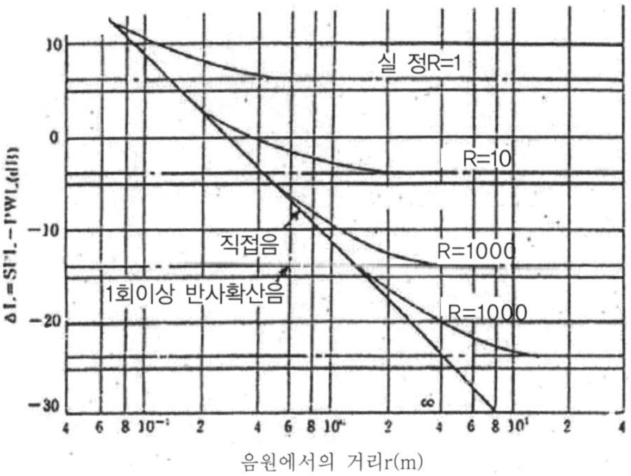

그림(2.22) 신내의 음압분포

특히, 지향계수 Q=1일때 식(2.46)은 다음과 같이 표현되며,

$$SPL - PWL = 10\log\left(\frac{1}{4\pi r^2} + \frac{4}{R}\right)(\text{dB}) \cdots\cdots\cdots\cdots (2.47)$$

그림(2.22)과 같이 나타낼 수 있다.

즉, 자유공간(R=일정)에서 △L(=SPL-PWL)은 음원으로부터 거리가 2배가 되면

6dB씩 감쇠하고, R이 적을수록 △L은 거의 일정하게 되어 잔향이 증가하게 되며 다음과 같이 나타낼 수 있다.

$$SPL \fallingdotseq PWL - 10\log R + 6(\mathrm{dB}) \quad \cdots\cdots (2.48)$$

(나) 실과 실 사이의 음의 전파

그림(2.23)과 같이 음원실과 수음실 사이에 투과율 α_1, 면적 S인 칸막이 벽이 설치되어 있다고 하면, 음원실 내의 에너지밀도와 수음실 내의 에너지밀도는 서로 같으므로 다음식이 성립하게 된다.

$$\frac{cE_1 \cdot \alpha_t}{4} = \frac{cE_2 \cdot S_2 \overline{\alpha_2}}{4} \quad \cdots\cdots (2.49)$$

또는

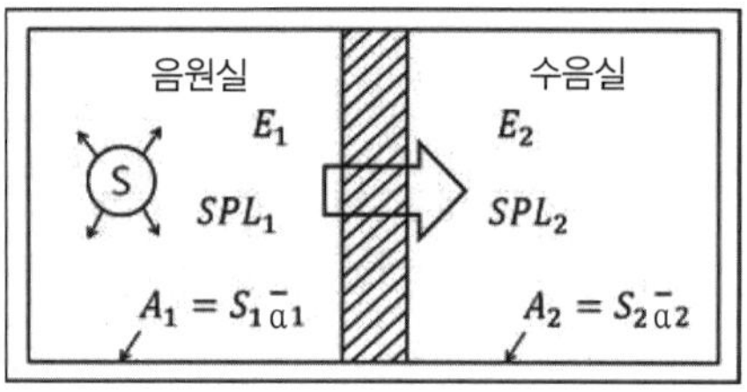

그림(2.23) 실과 실 사이의 음의 전파

$$SPL_1 - SPL_2 = 10\log\frac{E_2}{E_1}$$

$$\frac{cE_1 \cdot \alpha_1}{4} = \frac{cE_2 \cdot A_2}{4} \quad \cdots\cdots (2.50)$$

이를 레벨로 나타내면,

$$SPL_1 - SPL_2 = 10\log\frac{E_2}{E_1}$$

$$= 10\log\frac{1}{\alpha_t} + 10\log\frac{A_2}{S}(\mathrm{dB}) \quad 즉,$$

$$SPL_1 - SPL_2 = TL + 10\log\frac{A_2}{S}\,(\text{dB}) \qquad \cdots\cdots (2.51)$$

가 된다.

식(2.51)의 레벨차를 차음치(遮音値, NR(noise reduction) 또는 NIF(Noise Insulation Factor))라 한다. 이 식으로부터 음원의 파워레벨이 일정한 경우, 수음실을 조용하게 하기 위해서는 칸막이벽의 투과손실을 크게함과 동시에 수음실의 흡음력을 높게 해주어야 함을 알 수 있다.

(다) 외부에서 실내로의 음의 전파

건물 외부로부터 실내로 소음이 수직 입사하는 경우, 입사음의 음압레벨을 SPL_0라 하면,

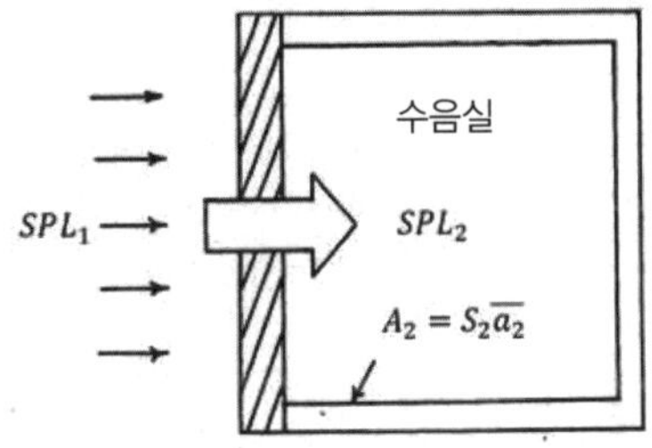

그림(2.24) 외부에서 실내로의 음의 전파

차음치는 다음과 같이 정리된다.

$$SPL_0 - SPL_2 = TL - 6 + 10\log\frac{A_2}{S}\,(\text{dB}) \qquad \cdots\cdots (2.52)$$

여기서, SPL_0 값에 벽의 반사를 포함한 실측치를 대입하면 안된다. 이런 경우 TL은 수직입사음에 대한 값을 취하여야 하며, 난입사인 경우보다 큰 값이 된다.

(라) 실내에서 외부로의 음의 전파

그림(2.25)에서 보는 바와 같이 실내에서 외부로 음이 전파할 경우 차음치는 다음과 같이 정리된다.

$$SPL_1 - SPL_0 = TL + 6 \ \text{(dB)} \quad \cdots\cdots (2.53)$$

$$SPL_0 = PWL - TL - 10\log A_1 \ \text{(dB)} \quad \cdots\cdots (2.54)$$

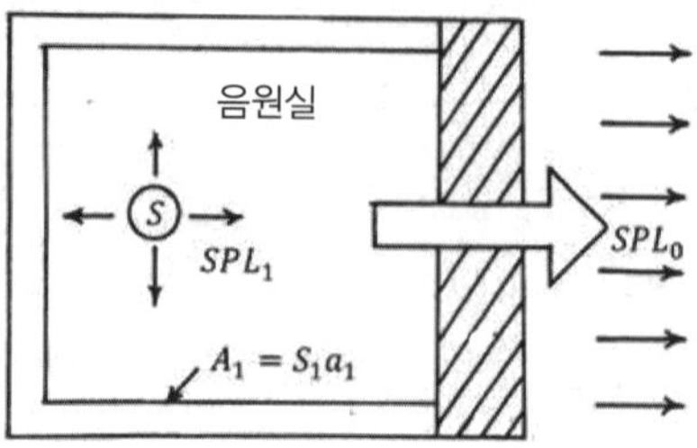

그림(2.25) 실내에서 외부로 음의 전파

2.6.2 옥외에서의 전파

자유음장에 있어서 음원으로부터 방사되는 음의 에너지는 모든 방향으로 전파되는데, 음원으로부터 멀어질수록 음의 세기는 약해진다. 이를 음의 거리감쇠 또는 기하학적 확산에 따른 감쇠라 한다. 이러한 감쇠는 음원의 형상이나 치수 등에 따라 각각 다르게 나타난다.

가. 점음원

음원의 크기가 측정거리 r_0(m)에 비하여 충분히 작으면 이 음원은 점음원(点音源, point source)으로 볼 수 있다.

점음원은 구면상태로 퍼져나가는 구면파(球面波, spherical wave)이며, 거리 r(m) 만큼 떨어진 지점에서의 음의 세기는,

$$I = \frac{W}{S} = \frac{W}{4\pi r^2} \ (\text{w/m}^2) \quad \cdots\cdots (2.55)$$

가 된다. 즉 음의 세기는 거리의 자승에 반비례하여 감쇠되므로, 이를 역자승법칙(逆自乘法則, inverse square law)이라 한다. 그림(2.26)에서 보는 것과 같이 r_0에서의 소음도를 SPL_0라 하면, r(단, $r > r_0$)지점에서의 SPL은

$$SPL = SPL_0 - 20\log\frac{r}{r_0} \ \text{(dB)} \quad \cdots\cdots (2.56)$$

과 같이 나타낼 수 있다.
구면파가 전파될 경우에는,

$$SPL = PWL - 20\log r - 11\,\text{(dB)} \quad \cdots\cdots (2.57)$$

반구면파가 전파될 때는,

$$SPL = PWL - 20\log r - 8\ \text{(dB)} \quad \cdots\cdots (2.58)$$

와 같이 된다.

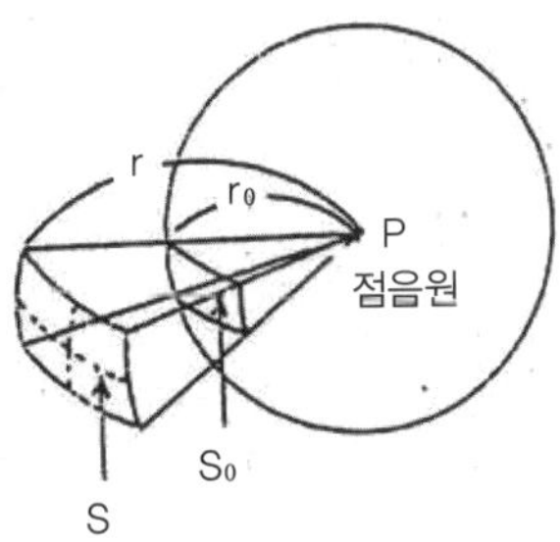

그림(2.26) 점음원의 전파

나. 선음원

고속도로의 소음 또는 철도소음과 같이 점음원의 연속적인 집합상태와 같은 경우를 선음원(線音源, line source)이라 하며, 음파는 선음원을 축으로 원통상태로 퍼져나간다. 거리 $r_0(m)$에서 SPL_0일때, 거리 $r(r > r_0)$에서의 SPL은 선음원의 길이(ℓ)가 거리 r에 비하여 아주 큰 경우(($r < \ell/3$) 다음과 같은 관계식이 성립한다.

$$SPL = SPL_0 - 10\log\frac{r}{r_0}\,\text{(dB)} \quad \cdots\cdots (2.59)$$

구면파가 전파될 경우,

$$SPL = PWL - 10\log r - 8\,(\text{dB}) \quad \cdots\cdots (2.60)$$

반구면파가 전파될 때는,

$$SPL = PWL - 10\log r - 5\,(\text{dB}) \quad \cdots\cdots (2.61)$$

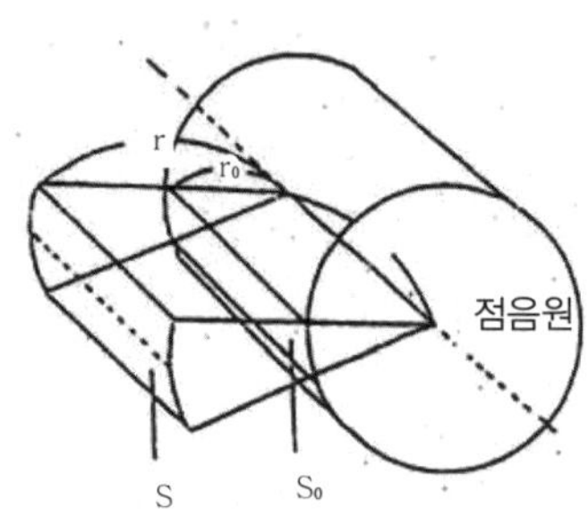

그림(2.27) 선음원의 전파

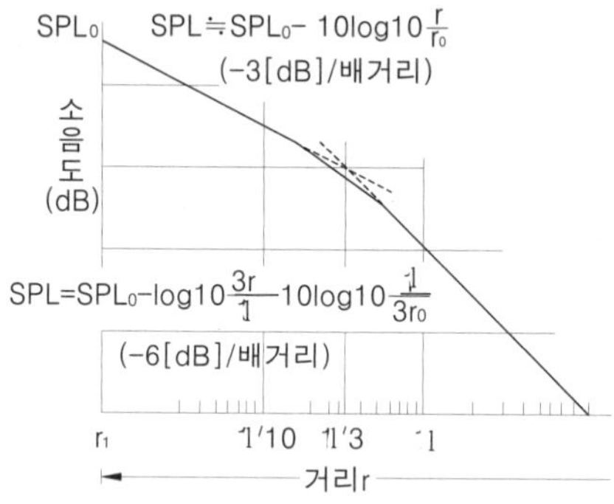

그림(2.28) 선음원의 거리감쇠

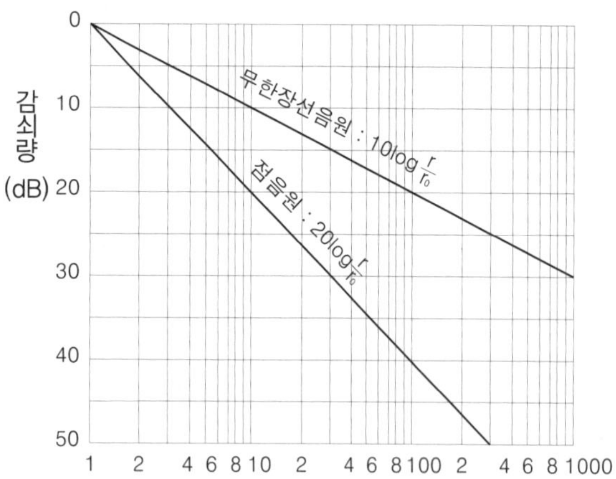

그림(2.29) 거리의 비에 따른 감쇠량

그리고, 선음원의 길이 ℓ과 거리 r이 $r > \ell/3$이 되는 경우, 실용적으로 다음식을 사용한다.

$$SPL = SPL_0 - 20\log\frac{3r}{\ell} - 10\log\frac{1}{3r_0} \quad \cdots\cdots (2.62)$$

이 식을 그림으로 나타내면 그림(2.26)과 같다.

그리고 점음원과 선음원과의 거리의 비에 따른 감쇠량은 그림(2.27)과 같다.

다. 면음원

벽을 통과하여 소음이 전파되는 것과 같이 음원이 넓게 면상으로 퍼지는 경우를 면음원(面音源, plane source)이라 하며, 원형 또는 각형면음원으로 나누어 생각해 볼 수 있다.

(1) 원형면음원

음원의 형태가 원형인 경우, 그 중심에서의 수직축상 거리에 의하여 음의 세기가 감쇠될 때는 다음과 같은 식으로 요약된다.

$$SPL = PWL + 10\log[\ln|1+(D/2r)^2|] - 3(\mathrm{dB}) \quad \cdots\cdots (2.63)$$

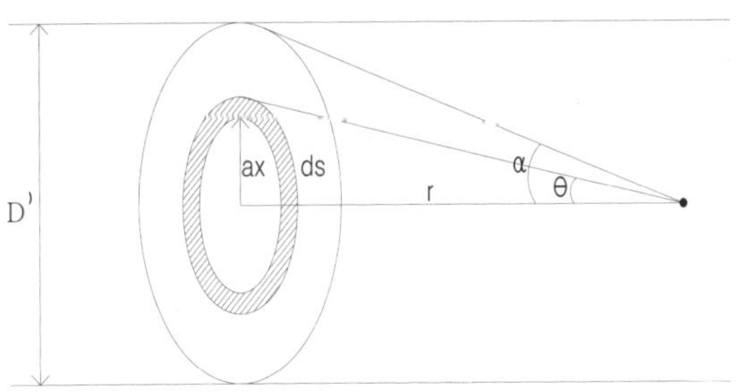

그림(2.30) 원형면음원

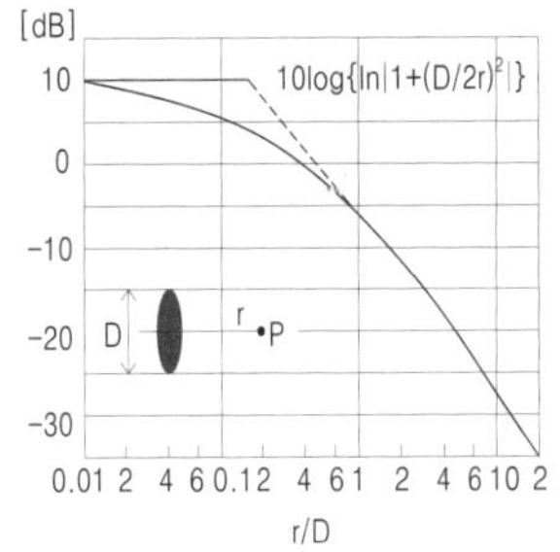

그림(2.31) 원형면음원에서의 거리 감쇠

직경과 같은 거리 이상에서는 거리가 2배가 될 때마다 거의 6dB씩 감쇠되나, 그보다 가까운 지점에서는 경사가 완만하게 되어 근사적으로 다음 식을 적용한다.

$$SPL = PWL + 20\log\frac{D}{2r} - 3\ \text{(dB)} \quad \cdots\cdots (2.64)$$

그림(2.30)과 그림(2.31)는 원형면음원과 원형면음원 에서의 거리감쇠를 나타낸다.

(2) 직사각형 면음원

일반적인 공장건물과 같이 짧은 변이 a이고, 긴 변이 b인 직사각형면으로 부터 거리 r되는 지점에서의 소음도는 다음과 같이 정리된다.

$$r < a/3\text{일때} : SPL = SPL_0 \quad \cdots\cdots (2.65)$$

$$a/3 < r < b/3\text{일때} : SPL = SPL_0 - 10\log\frac{3r}{a} \quad \cdots\cdots (2.66)$$

$$r > b/3\text{일때} : SPL = SPL_0 - 20\log\frac{3r}{b} - 10\log\frac{b}{a} \quad \cdots\cdots (2.67)$$

이를 그림으로 나타낸 것이 그림(2.32)이다.

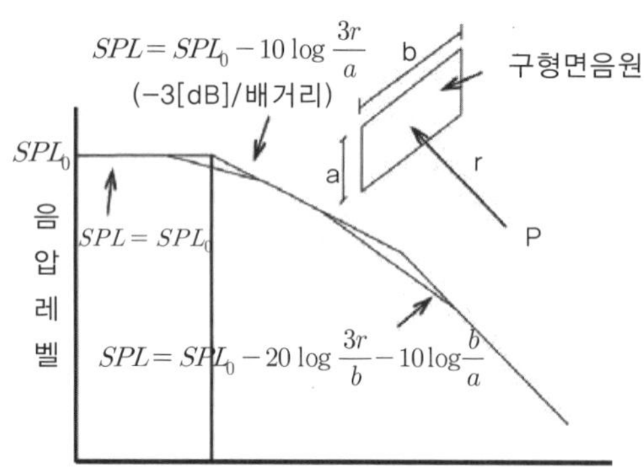

그림(2.32) 직사각형 면음원의 거리감쇠

라. 입체음원

공장건물로부터 주위로 확산되는 음파인 경우, 입체음원으로 볼 수 있으며, 건물로부터 충분히 떨어진 거리 r_0에서의 소음도를 SPL_0라 하고, 이보다 더 먼 지점인 거리 r에서의 소음도(SPL)는 실용적으로 다음과 같은 식으로 계산하여도 된다. 즉,

$$SPL = SPL_0 - 20\log\frac{r}{r_0}\ \text{(dB)} \quad \cdots\cdots (2.68)$$

그러나, r_0가 건물에 아주 가까운 경우에는 다음식으로 계산하여야 한다.

$$SPL = SPL_0 - 10\log\frac{r}{r_0}\ \text{(dB)} \quad \cdots\cdots (2.69)$$

예 제(2-29)

출력이 0.1(watt)인 작은 점음원으로부터 80m 떨어진 지점에서의 SPL은 얼마인가? 단, 구면파 전파조건으로 가정하라.

【해설】 $PWL = 10\log\frac{W}{W_0}$

$$= 10\log\frac{0.1}{10^{-12}}$$

$$= 110\text{dB}$$

$$\therefore\ SPL = PWL - 20\log r - 11$$

$$= 110 - 20\log(80) - 11$$

$$= 80\text{dB}$$

예 제(2-30)

어느 공장건물의 벽체 규격이 가로 8m, 세로 4m이다. 벽면 외부 1m 지점에서의 SPL은 80dB(A)였다면, 15m 떨어진 경계선 지점에서의 소음도는 얼마나 되겠는가?

【해설】 직사각형 면음원으로서, a=4(m), b=8(m)이고, r=15m이다.

따라서 $r > \frac{b}{3}$인 경우이므로((식 2.67) 참조),

$$SPL = SPL_0 - 20\log\frac{3r}{b} - 10\log\frac{b}{a}$$

$$= 80 - 20\log\frac{3\times 15}{8} - 10\log\frac{8}{4}$$

$$= 56\text{dB(A)}$$

2.7 차음이론

소음방지대책시 가장 우선적으로 고려하여야 하는 개념이 차음이론이다. 즉 소음원으로부터 전파되는 음향파워를 차음재로서 차단하기 위한 검토라 할 수 있다.

2.7.1 기본개념

상기 2.3항, 음파의 성질에서 살펴본 바와 같이, 수직입사음에 대한 투과율 및 그에 따른 투과손실은 각각 다음과 같다.

$$\text{투과율}(\tau_t) = \frac{I_t}{I_i}$$

$$\text{투과손실(TL)} = 10\log\left(\frac{1}{\tau_t}\right) = 10\log\frac{I_i}{I_t} = -10\log\tau_t\,(\text{dB})$$

예 제(2-31)

어느 벽체의 투과손실값이 32dB라면, 이 벽체의 투과율(τ_t)은 얼마인가?

【해설】 $TL = 10\log\frac{1}{\tau_t}$

$$32 = 10\log\frac{1}{\tau_t}$$

$$3.2 = \log\frac{1}{\tau_t}$$

$$10^{3.2} = \frac{1}{\tau_t}$$

$$\therefore \tau_t = \frac{1}{10^{3.2}} = 6.3\times10^{-4}$$

2.7.2 질량법칙

그림(2.33)과 같이 무한히 넓고 얇은 균질 단일벽에 평면진행파가 입사각 θ로 입사하는 차음구조에 대하여 검토해 보자.

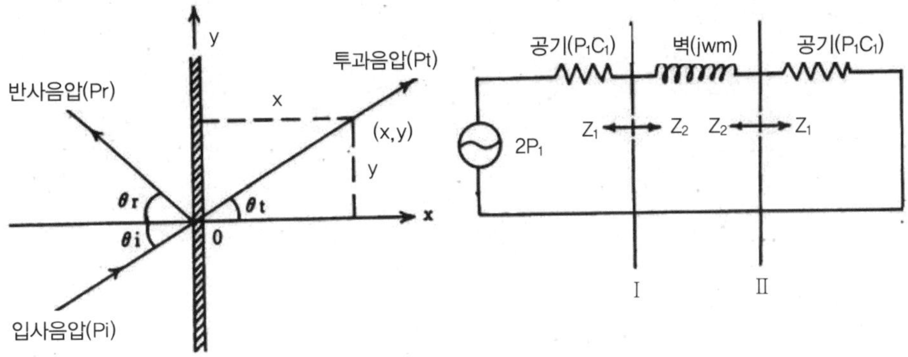

그림 (2.33) 질량법칙 기본 개념도

여기서, P_i, P_r 및 P_t를 각각 입사음, 반사음 및 투과음의 음압이라고 하고, θ_i, θ_r 및 θ_t를 각각 입사각, 반사각 및 투과각이라고 히고, 근사적으로 $\theta_i = \theta_r = \theta_t = \theta$라 하자. 그리고 균질 단일벽의 음향 임피던스를 Z라하면, 벽은 양면의 압력차(△P)에 의하여 진동하게 되며,

이때 음압의 연속조건은,

$$P_i + P_r - P_t = \Delta P = ZU_0 \quad \cdots\cdots (2.70)$$

단, U_0는 딘일계의 X방향 속도성분으로서 다음과 같이 나타낼 수 있다.

$$Ui\cos\theta - Ur\cos\theta = Ut\cos\theta = U_0 \quad \cdots\cdots (2.71)$$

또, $P = \rho CU$이므로 식(2.70)을 다시쓰면,

$$P_i\cos\theta + P_r\cos\theta = P_t\cos\theta = CU_0$$

이를 식(2.70)에 대입하면 운동방정식을 얻을수 있다.

$$2P_i - 2P_t = ZU\cos\theta \quad \cdots\cdots (2.72)$$

또는, $$\frac{P_i}{P_t} = 1 + \frac{ZUcos\theta}{2P_t} = 1 + \frac{Z\cos\theta}{c} \quad \cdots\cdots (2.72)$$

한편, 투과손실은

$$TL_0 = 10\log\frac{1}{\tau_t}$$
$$= 10\log\frac{I_t}{I_I}$$
$$= 10\log\left|\frac{P_i}{P_t}\right|^2 \quad \cdots\cdots (2.73)$$

상기식 $= 10\log\left|1+\frac{Z\cos\theta}{2\rho c}\right|^2$ 에서 TL값이 최대가 되는 경우는 $\theta = 0$(즉, 수직입사) 일때이고,

$\theta = \frac{\pi}{2}$ 일때는 TL=0이 된다.

일반적으로 균질 단일벽의 음향임피던스는,

$$Z = \frac{r}{S} + jw\left(\frac{M}{S} - \frac{k}{ws}\right)$$

이나 r과 k를 무시하는 경우, 면밀도 $m = \frac{M}{S}$ 를 사용하면

$$Z \fallingdotseq jwm \quad \cdots\cdots (2.74)$$

이다.

따라서, 식(2.74)을 식(2.73)의 수직입사조건에 대입하여 정리하면,

$$TL_0 = 10\log\left|1+\frac{jwm}{2\rho c}\right|^2$$
$$= 10\log\left[1+\left(\frac{wm}{2\rho c}\right)^2\right] \quad \cdots\cdots (2.75)$$

가 되며, 실용적인 범위로서는 $wm \gg 2\rho c$ 이므로, $\rho c = 400 kg/m^2 \sec$ 를 적용하여 계산하면,

$$\boxed{TL_0 = 20\log(fm) - 43(\text{dB})} \quad \cdots\cdots (2.76)$$

을 얻는다. 이 식을 균질 단일벽의 수직입사음에 대한 질량법칙(mass law)이라고 한다. 즉,

벽의 질량 또는 주파수가 2배가 되면 TL_0는 6dB가 증가하게 된다.

그리고 난입사(random incidence)되는 음파의 경우, 이론적으로

$$TL = TL_0 - 10\log(0.23\,TL_0)\,(\text{dB}) \cdots\cdots (2.77)$$

이나 실제의 음장에서는 $\theta \fallingdotseq 0 \sim 78^\circ$ 의 범위이므로

$$TL \fallingdotseq TL_0 - 5\,(\text{dB}) \cdots\cdots 2.78)$$

를 사용한다. 이를 음장입사 질량법칙(field incidence mass law)이라고도 한다. 그러나 일반적으로는 재질의 면밀도에 따라 다음과 같이 적용하고 있다.

$$\begin{array}{rl} m < 10kg/m^2 \text{일 때} : & TL = TL_0 - 5(\text{dB}) \\ 10 < m < 50 \text{일 때} : & TL = TL_0(\text{dB}) \\ m > 50 \ \ \text{일 때} : & TL = 14.2\log m + 5.5(\text{dB}) \end{array} \cdots\cdots (2.79)$$

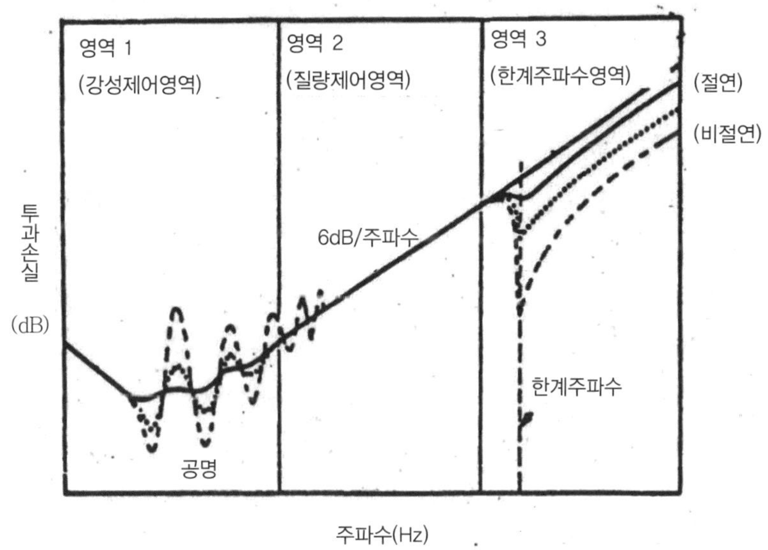

그림 (2.34) 재료의 주파수특성별 TL효과

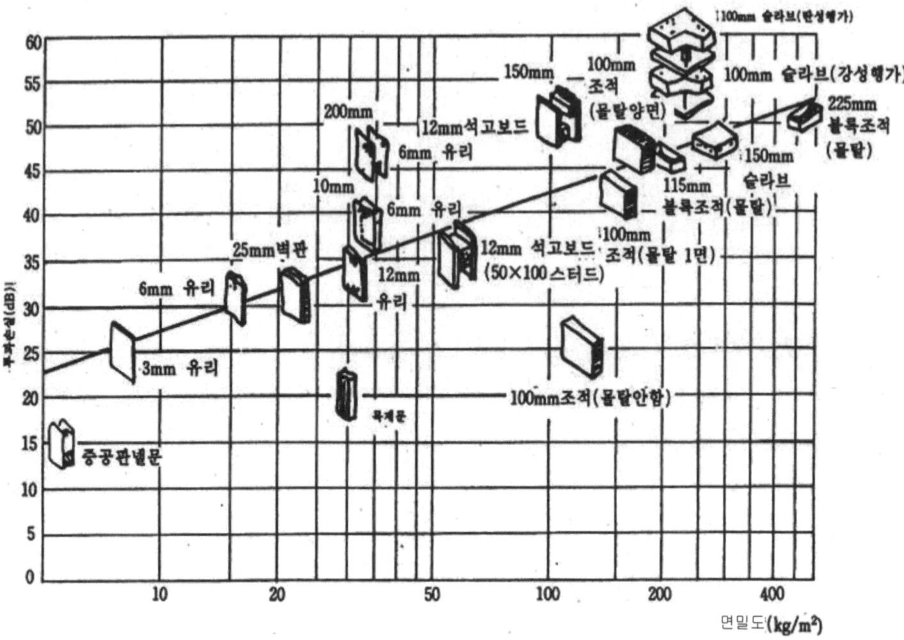

그림 (2.35) 일반적 재질들의 질량법칙 예

(자료) J D Webb: Noise In Industry, SRL, 76,1978.

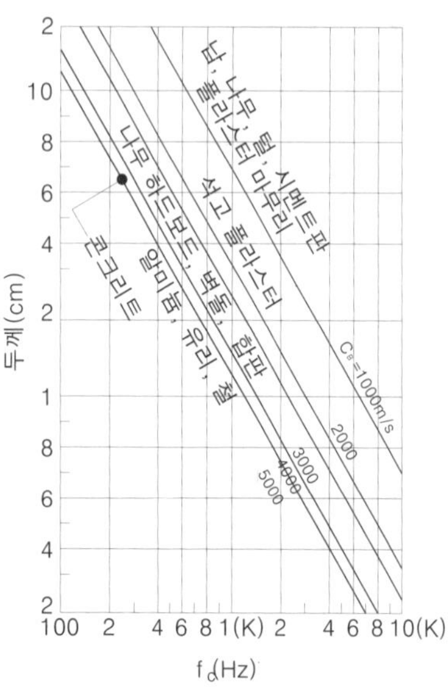

그림(2.36) 재료의 두께별 fc

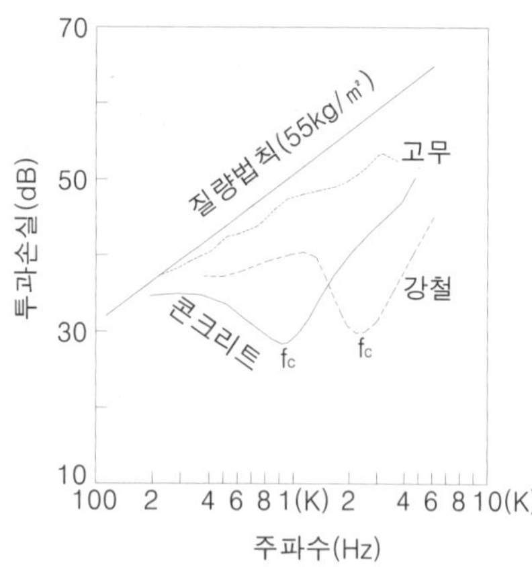

그림(2.37) 동일 면밀도별 fc 비교

2.7.3 일치효과

질량법칙은 벽(또는 판넬)이 일정하게 피스톤운동을 한다고 가정하여 유도된 것이나, 실제 평면판은 굴곡진동을 수반하기 때문에 TL은 질량법칙에 의한 값보다 낮게 된다. 즉, 벽체의 재료특성(밀도, 영률, 프와송비)에 의하여 발생되는 굴곡파(bending wave)의 진폭과 입사음의 진폭이 공진 될때 차음능력은 현저하게 감소된다.

이 현상을 일치효과(coincidence effect)라 하며, 이때의 주파수를 일치주파수(f)라 한다.

표 (2.15) 재료별 밀도와 영률표

재료의 명칭	밀도 (g/㎤)	영률 (kg/㎠)	재료의 명칭	밀도 (g/㎤)	영률 (kg/㎠)
강철	7.8	2.1×10^6	파티클보드	1.2	3.0×10^4
구리	9.8	1.23×10^6	연질텍스	0.5	7.0×10^3
알루미늄	2.7	7.1×10^5	석고보드	0.9	2.0×10^4
납	11.0	1.62×10^5	슬레이트 평판	1.8	1.75×10^5
유리	2.5	7.0×10^5	후렉시블 판	1.9	1.2×10^5
보통 콘크리트	2.3	2.1×10^5	슬레이트 연질판	1.5	1.25×10^5
경량 콘크리트	1.3	4.5×10^4	목모 시멘트판	0.6	2×10^3
발포 콘크리트	0.7	1.5×10^4	FRP판	1.5	1×10^5
사암	2.3	1.7×10^5	염화비닐판	1.4	3×10^4
화강암	2.7	5.2×10^5	고무	0.92	1×10^3
대리석	2.6	7.7×10^5	비닐텍스	0.043	1.7×10^2
목재	0.8	1.0×10^5	염화비닐폼	0.077	1.7×10^2
합판	0.6	6.3×10^4	우레탄폼	0.045	4.0×10^1
하드보드	1.2	2.0×10^4	스티로폼	0.015	2.5×10^1

$$\therefore f = \frac{c^2}{2\pi h sin^2\theta}\sqrt{\frac{12\rho(1-\sigma^2)}{E}}\,(Hz) \quad \cdots\cdots (2.80)$$

여기서, c : 음속(m/s)

θ : 입사각(°)

h : 재료의 두께(㎝)

ρ : 재료의 밀도(g/㎤)

σ : 프와송비

E : 영률(kg/㎠)

특히, 입사각이 $\theta = 90°$ 인 경우 일치주파수는 최저가 되는데 이를 한계주파수(fc : critical frequency)라 하며, 이 주파수보다 낮은 주파수에서는 일치효과가 발생하지 않으나, fc보다 높은 주파수에서는 적당한 θ에 대하여 반드시 일치효과가 발생하므로, 재료의 선정시 유념하여야만 한다. (그림(2.36) 및 그림(2.37) 참조)

2.7.4 차음설계의 기본식

(1) 실내음원이 외부로 전파되는 경우

$$SPL_R = PWL_S - TL + 10\log\frac{S}{A} + 10\log\frac{1}{2\pi r^2}\ (\text{dB}) \quad \cdots\cdots (2.81)$$

단, PWL_S : 소음원의 음향파워레벨(dB)

TL : 방음실의 투과손실(dB)

S : 방음실의 면적(㎡)

A : 방음실내 흡음력(㎡)

r : 방음실로부터 수음점까지의 거리(m)

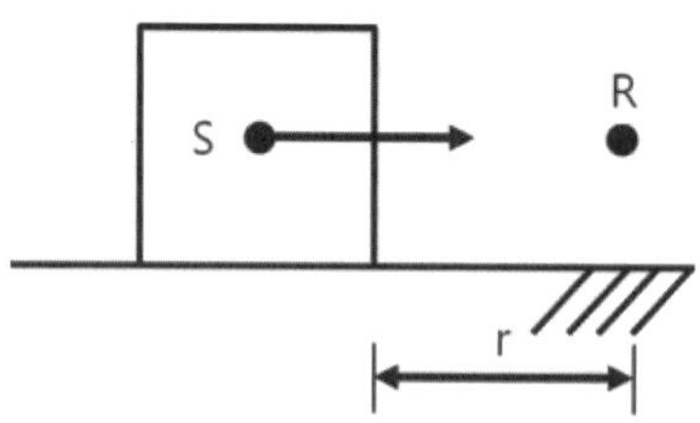

(2) 외부소음원이 실내로 전파되는 경우

$$SPL_R = PWL_S - TL + 10\log\frac{S}{A} + 10\log\frac{1}{2\pi r^2}\ (\text{dB}) \quad \cdots\cdots (2.82)$$

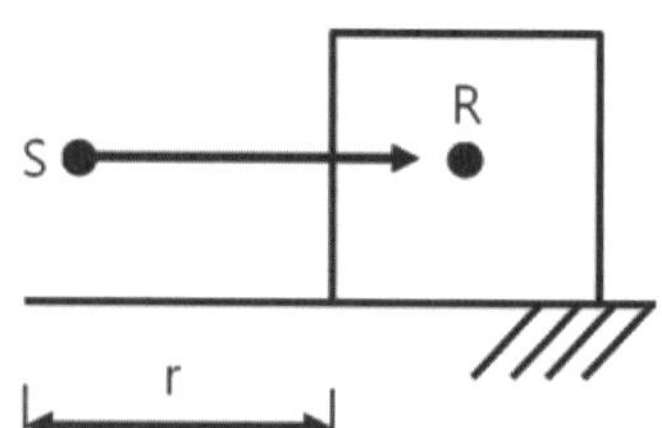

(3) 확산음장내에 놓여 있는 방음실로 전파되는 경우

$$SPL_R = SPL_0 - TL + 10\log\frac{S}{A}\,(\text{dB}) \quad \cdots\cdots(2.83)$$

단, SPL_0 : 옥외 확산음의 소음도(dB)

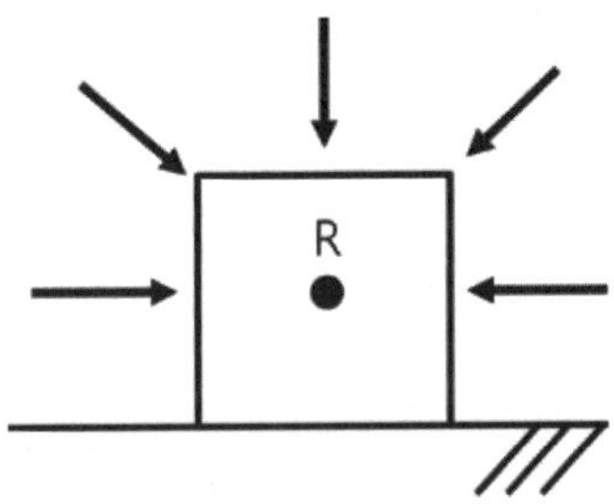

(4) 마주보는 창호에 의한 차음효과

$$SPL_R = PWL_S - (TL_1 + TL_2) + 10\log\frac{S_1S_2}{A_1A_2} + 10\log\frac{1}{2\pi r^2}\,(\text{dB}) \quad \cdots(2.84)$$

단, TL_1 : 음원실 벽(창)의 투과손실(dB)
TL_2 : 수음실 벽(창)의 투과손실(dB)
S_1 : 음원실 벽(창)의 면적(㎡)
S_2 : 수음실 벽(창)의 면적(㎡)
A_1 : 음원실내 흡음력(㎡)
A_2 : 수음실내 흡음력(㎡)

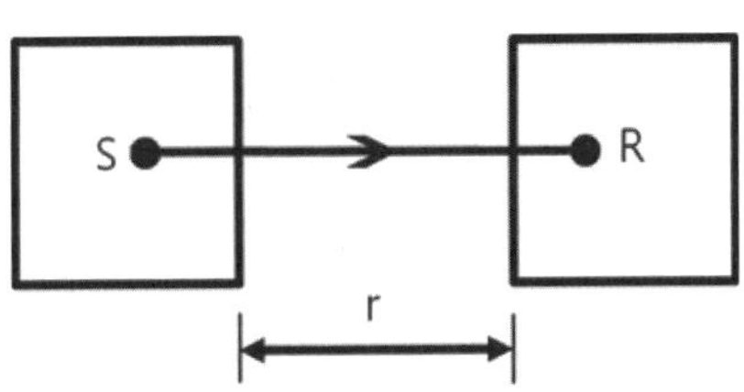

(5) 실 내부에서의 차음효과

- 계벽 및 실내방음실의 차음효과

$$SPL_R = PWL_S - TL + 10\log\frac{4S}{A_1A_2}\,(\text{dB}) \quad \cdots\cdots (2.85)$$

단, TL : 차음구조의 투과손실(dB)
S : 차음구조의 면적(㎡)
A_1 : 음원실내 흡음력(㎡)
A_2 : 수음실내 흡음력(㎡)

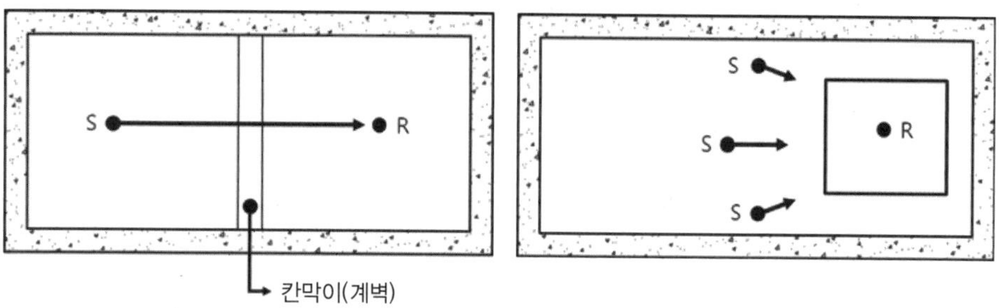

- 음원실내의 평균소음도

$$SPL_R = \overline{SPL_S} - TL + 10\log\frac{S}{A}\,(\text{dB}) \quad \cdots\cdots (2.86)$$

단, $\overline{SPL_S}$: 음원실의 평균소음도(dB)
TL : 차음구조의 투과손실(dB)
S : 차음구조의 면적(㎡)
A : 수음실내의 흡음력(㎡)

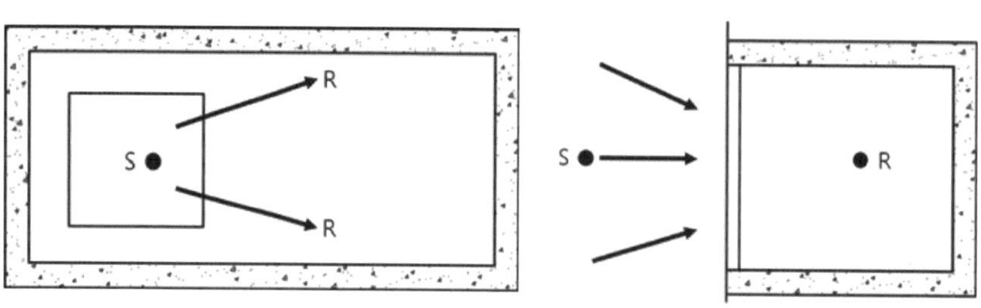

예 제(2-32)

공장내 생산라인에 제어실을 설치하고자 주파수별 소음도를 측정한 결과 다음과 같은 자료를 얻었다. 생산라인을 확인하기 위하여 제어실의 전면부만 페어글라스(12mm)로 시공할 때, 공장내 소음도를 충분히 차음할 수 있는지 판단하라. 단, 창면적은 전면부 벽체면적의 $\frac{1}{10}$이고, 실내허용 소음기준은 NC 30으로 한다.

공장내 소음도	주파수(Hz)	125	250	500	1K	2K	4K
	소음도(dB)	74	70	68	65	63	56

【 해설 】

번호	구분	주파수(Hz)						비고
		125	250	500	1K	2K	4K	
1	공장내소음도 (SPL_S)	74	70	68	65	63	56	
2	허용소음도 (SPL_R)	51	43	37	32	30	28	NC30
3	소음도차 $(SPL_s - SPL_R)$	23	27	31	33	33	28	
4	$10\log\frac{A}{S}$	3	3	4	5	5	5	창 면적율$\left(\frac{S}{S_0}\right)=\frac{1}{10}$ 250Hz이하 : $\alpha = 0.2$: $10\log\frac{A}{S} = 3\text{dB}$ 500Hz이하 : $\alpha = 0.3$: $10\log\frac{A}{S} = 5\text{dB}$
5	필요투과손실 (TL)	20	24	27	28	28	24	$TL = (SPL_S - SPL_R) - 10\log\frac{S}{A}$
6	선정된 창의 TL	22	22	22	30	34	31	페어글라스(12mm)
7	평가	만족	미흡	미흡	만족	만족	만족	12mm 페어글라스는 중음역에서 부적절하므로 다른 재료가 요구됨

표 (2.17) 일반적 재질들의 주파수별 투과손실 예

재료명	주파수(Hz)						
	125	250	500	1K	2K	4K	8K
납							
1/32"mm 두께(0.8mm)	22	24	29	33	40	43	49
1/64"mm 두께(0.4mm)	19	20	24	27	33	39	43
합판							
3/4"mm 두께(20mm)	24	22	27	28	25	27	35
1/4"mm 두께(6mm)	17	15	20	24	28	27	25
납코팅비닐(1)	11	12	15	20	26	32	37
〃 (2)	15	17	21	28	33	37	43
철판							
18 게이지(g)(1.2mm 두께)	15	19	31	32	35	48	53
16 게이지(g)(1.6mm 두께)	21	30	34	37	40	47	52
합금판	15	25	28	32	39	42	47
접합유리							
1/4″두께(6mm)	16	17	22	28	33	35	35
1/2″두께(12mm)	21	23	26	32	32	37	37
1″두께(25mm)	25	28	32	32	34	46	46
유리							
1/8″두께(3mm)	11	17	23	25	26	27	28
1/4″두께(6mm)	17	23	25	27	28	29	30
이중유리							
1/4×1/2×1/4″	23	24	24	27	28	30	36
1/4×6×1/4″	25	28	28	37	40	43	47
석고보드(15mm)							
스터드(50×50(mm))	23	28	33	43	50	49	50
지그재그 스터드	26	35	42	52	57	55	57
콘크리트(100mm두께)	29	35	37	43	44	50	55
콘크리트블럭(150mm두께)	33	34	35	38	46	52	55
방음판넬 (철판 1.6mm + 흡음재 100mm + 유공철판 1.2mm)	25	35	43	48	52	55	56
유리블럭							
140×140×95mm	41	35	29	31	30	37	–
210×100×33mm	33	28	27	33	42	50	–
145×145×95mm	30	32	38	46	53	39	–
193×193×95mm	28	27	36	42	31	37	–

(자료) Richard K. Miller and Wayne V. Montone : Handbook of Acoustical Enclosures and Barriers, The Fairmont Press, Inc., 219, 1978.

2.7.5 투과손실의 측정

벽체 또는 각종 차음재료의 투과손실측정은 잔향실법과 현장측정법으로 나눌 수 있다. 잔향실법은 그림(2.38)과 같이 실용적이 100㎥이상인 부정형 모양의 잔향실을 음원실과 수음실로 나누어 그 사이의 개구부(보통 10㎡)에 시료를 설치하여 각 실의 평균소음도를 1/1 또는 1/3 옥타브 대역으로 측정한 후 다음식을 사용하여 구한다.

$$TL = L_1 - L_2 - 10\log\frac{A_2}{S}(\text{dB}) \quad \cdots\cdots(2.87)$$

단, L_1 : 음원실의 평균소음도(dB)

L_2 : 수음실의 평균소음도(dB)

A_2 : 수음실의 총흡음력(㎡)

S : 시료의 면적(㎡)

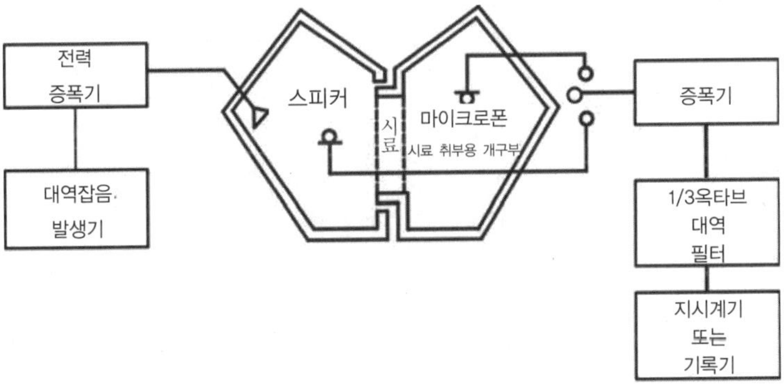

그림(2.38) 투과손실 측정방법(ISO 140-3 KS F 2808)

한편, 현장에서의 투과손실측정 ISO 140-4 KS F2809는 실제 건물내 공기음에 대한 차음효과를 개략적으로 판단하기 위한 것으로, 두 실간의 소음도를 측정하여 이를 차음치로 표시한다. 그러나, 이 방법은 수음실의 흡음력에 따라 측정치가 변할 수 있음을 고려하여야 한다.

$$D = L_1 - L_2 - 10\log\frac{A_2}{A_0}(dB) \quad \cdots\cdots(2.88)$$

단, A_0 : 기준 흡음력(=10㎡)

A_2 : 수음실의 흡음력(㎡) (잔향시간을 실측하여 구한다.)

2.8 흡음이론

소리에너지를 열에너지로 변화시켜 감쇠시키는 방법으로서, 확산 또는 반확산음장이 형성된 실내의 소음방지대책으로서 많이 활용되고 있다.

2.8.1 기본개념

흡음율$(\alpha) = \dfrac{I_i - I_r}{I_i} = \dfrac{I_a + I_t}{I_i}$

평균흡음율$(\overline{\alpha_i}) = \dfrac{\sum S_i \alpha_i}{\sum S_i}$

흡음력(A)= $S\overline{\alpha}(m^2)$

2.8.2 흡음재의 분류

표(2.17) 흡음재의 종류별 특성 및 예

구분	다공질형	판(막) 진동형	공명기형
기본구조		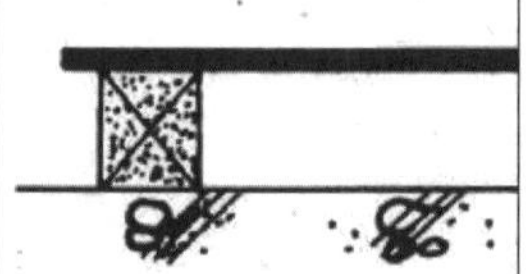	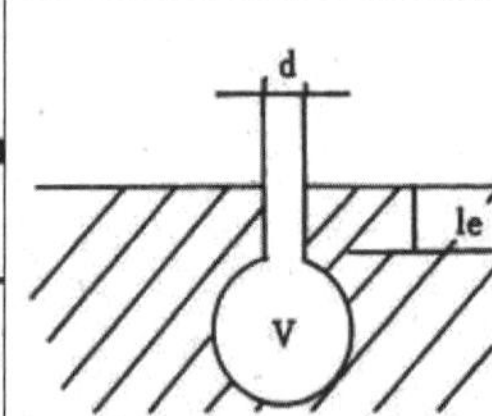
특　성	고주파측 효과 양호	저주파측 효과 양호	$f_0 = \dfrac{c}{2\pi}\sqrt{\dfrac{G}{V}}(Hz)$ 단, $G = \dfrac{S}{l_e}$
재　료	유리면, 암면, 흡음폼 등	얇은 철판, 얇은 합판, 얇은 유리 등	유공보드, 타공판 등

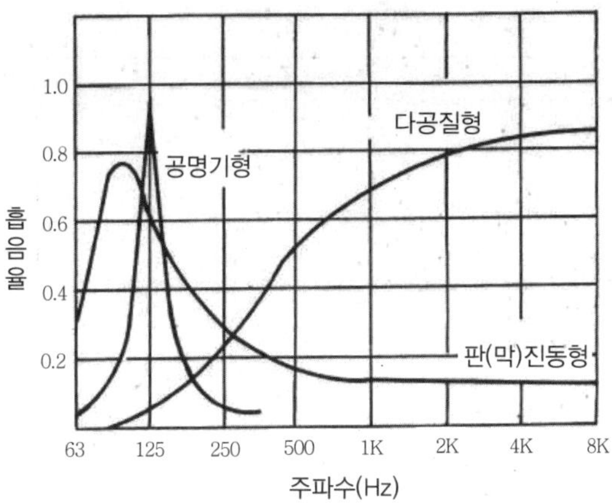

그림 (2.39) 흡음재의 주파수별 흡음특성

(1) 다공질형 흡음재

다공질형의 흡음에 관계되는 주요인자들로서는 밀도(연성, 탄성), 두께, 기공율, 구조계수 및 흐름저항들이며, 소리가 이러한 흡음재에 전파되면 벽과의 마찰 또는 점성저항 및 소섬유의 진동에 의하여 소리에너지의 일부가 기계적 에너지인 열에너지로 소비되어 소음도가 감쇠되는 것이다.

(가) 재료의 두께와 공기층과의 관계

강벽에 소리가 입사할 경우, 정재파가 생겨 벽면으로부터, $\lambda/4$, $3\lambda/4$, ...와 같은 곳에서 소리의 속도가 최대가 된다.

따라서, 이러한 위치에 흡음재를 설치하면 흡유효과를 극대화 할 수 있다.

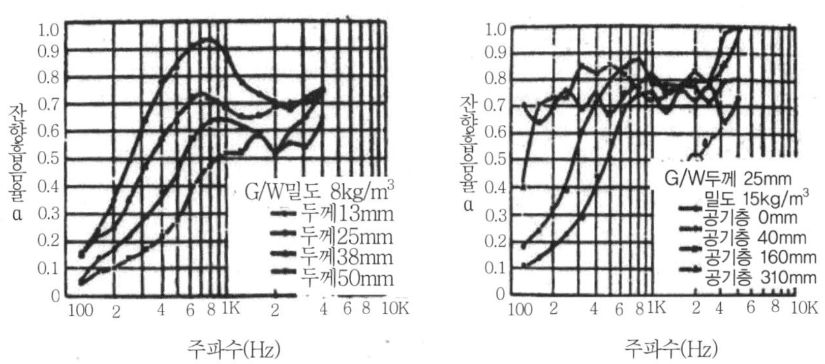

그림 (2.40) 유리섬유 두께별, 공기층별 흡음효과 비교

표 (2.18) 유리섬유 제조공법별 섬유직경의 예

공 법	섬유직경범위(㎛)	비 고
스팀분사법	5-15	직경조절 잘 안됨
방 적 법	3-5	
직 조 법	9-11	직경조절 가능
화 염 법	0.5-10	
회 전 법	2-12	

(나) 기공율과 구조계수

기공율(porocity)은 다음과 같이 된다.

$$P=\frac{V_a}{V_m}\times 100(\%),\ \text{또는}\ P=\left(1-\frac{\rho_m}{\rho_f}\right)\times 100(\%) \quad \cdots\cdots(2.89)$$

단, V_m : 시료전체의 체적(㎥)

V_a : 외부로 통하는 기포(공)의 체적(㎥)

ρ_m : 시료의 체적밀도(kg/㎥)

ρ_f : 입자의 밀도(kg/㎥)

흡음재의 기포로는 연속기포와 독립기포가 있으나, 흡음은 오직 연속기포에서만 작용하게 된다. 또한, 다공질형 흡음재의 기포 형태 및 연결방식 등은 매우 복잡하게 되어 있어 단순히 모세관과 같다고 가정한 이론과의 차이를 보정하기 위한, 구조계수(structure factor)를 기공율에 보정하므로써 흡음특성을 정확하게 판단할 수 있다.

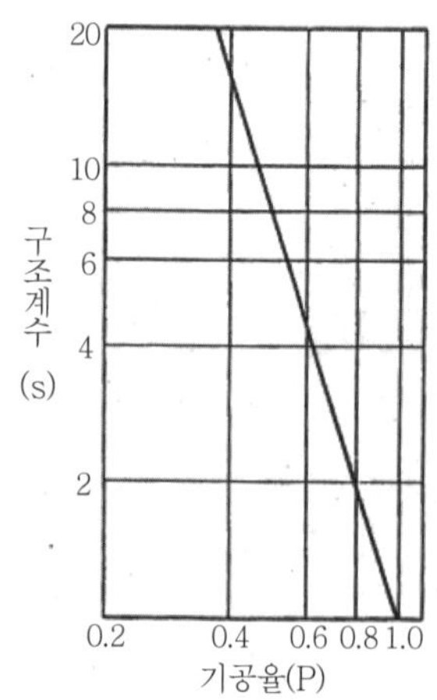

그림 (2.41) 가공율과 구조계수와의 관계

(다) 재료의 밀도와 흐름저항

흐름저항(Rf)이 클수록 전체적으로 흡음율은 낮아지게 된다. 흐름저항은 다음과 같이 주어지며, 그림 (2.42)과 같은 시스템으로부터 측정할 수 있다.

$$Rf = \frac{\Delta p}{V}(rayls) \qquad \cdots\cdots (2.90)$$

단, Δp : 양면의 압력차(N/㎡)

V : 재료중의 입자속도(m/s)

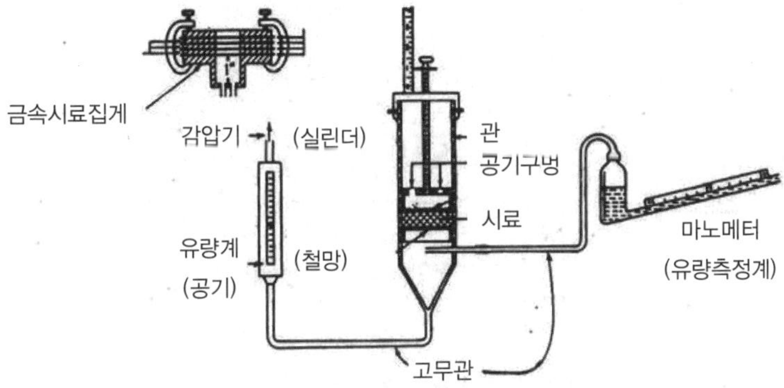

그림 (2.42) 흐름저항 측정 시스템

(2) 판(막)진동형 흡음재

강벽과의 사이에 두께 L(m)만큼의 공기층을 두고 면밀도 m(kg/㎡)인 재료로 마감하였을 경우, 폐쇄된 공기층은 용수철과 같은 작용을 하여 판(막)진동을 일으키게 된다. 이때의 공명주파수(fr)는 실험적으로 다음과 같이 계산할 수 있다.

$$fr = \frac{1}{2\pi}\sqrt{\frac{\rho C^2}{mL}} = \frac{1}{2\pi}\sqrt{\frac{1.4\times 10^5}{mL}}\,(Hz) \qquad \cdots\cdots (2.91)$$

단, ρ : 공기의 밀도(kg/㎥)

C : 음속(m/s)

한편, 이 재료가 탄성을 갖고 판진동을 하는 경우, 음압이 가해졌을 때 두변이 a×b인 구형판에서는 주변이 고정되어 다음과 같이 계산할 수 있다.

$$fr = \frac{1}{2\pi}\sqrt{\frac{\rho C^2}{mL} + \frac{\pi^4}{m}\left[\left(\frac{p}{a}\right)^2 + \left(\frac{q}{b}\right)^2\right]^2 \frac{Eh^3}{12(1-\sigma^2)}}\,(Hz) \qquad \cdots\cdots (2.92)$$

단, p, q : 임의의 정수
E : 판의 영률(N/㎡)
h : 판의 두께(m)
σ : 프와송비

판진동형 흡음재의 일반적인 특성은 다음과 같다.

(a) 보드의 종류는 판(막)진동하기 쉬운 것일수록, 즉 얇은 것일수록 흡음율이 크다. 또한 같은 재료지만 굳게 접착시키는 것보다는, 못으로 고정한 것이 진동하기 쉬우므로 흡음율이 커지게 된다.

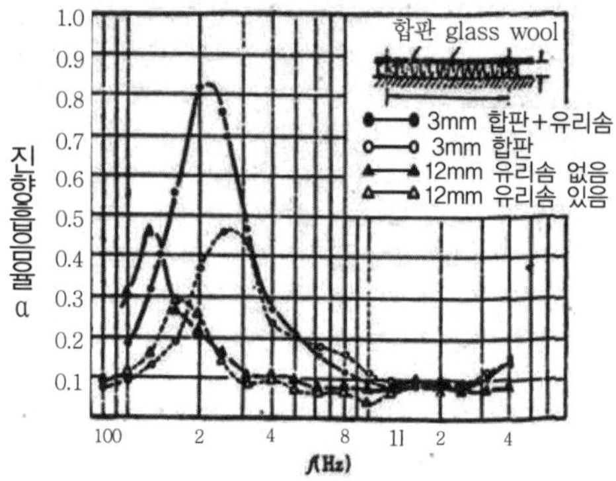

그림 (2.43) 판(막)진동 흡음특성 예

(b) 흡음율의 최대치는 대체로 200~300Hz내외에 있으며, 재료의 중량이 크거나, 배후 공기층이 클수록 저음역에 속한다.

(c) 배후 공기층에 다공질형 흡음재를 넣으면 흡음율의 최대치가 더욱 커지게 된다.

(d) 판(막)진동에 영향이 없는 한 표면을 칠하는 것은 무방하다.

(3) 공명형 흡음재

공동에 구멍이 뚫린 모양의 공명기에 소리가 부딪히면 공명주파수 부근에서 구멍부분의 공기가 심하게 진동하여 마찰열로서 소리에너지가 소비된다. 즉, 파장에 비해 크기가 작은 공동은 속의 공기가 용수철과 같이 작용하여 기계적으로 용수철에 추를 매달은 단일진동계와 같은 운동을 하게 되는데 이를 헬름홀쯔(Helmholz) 공명기라 하며, 공명주파수는 다음과 같이 계산할 수 있다.

$$f_0 = \frac{C}{2\pi}\sqrt{\frac{G}{V}}\,(Hz) \quad \cdots\cdots(2.93)$$

단, C : 음속(m/s)

G : 구멍부분의 전도성($=\dfrac{S}{le}$)

S : 뚫린 구멍의 단면적(㎡)

le : 뚫린 구멍 목부분의 실효길이(m) ($=1+\delta$)

δ : 관단보정치(≒0.8d)

d : 목 부분의 직경(m)

V : 공동용적 (㎥)

예 제(2-33)

길이(l) 500mm, 내경(d) 50mm, 두께(t) 2mm인 파이프 중간부분에 직경(d_0) 10mm인 구멍 10개(N)를 내어, 길이(L) 300mm, 내경(D) 200mm인 큰 원통에 취부한 소음기가 있다. 이 구조물에서 발생될 수 있는 공명주파수(f_0)를 계산하라.

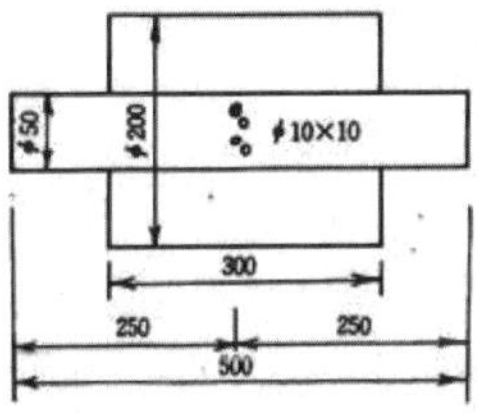

【 해설 】 $S_1=\pi r^2=0.785d^2=0.785\times 5^2=19.63(cm^2)$

$S=0.785d_0^2N=0.785\times 1^2\times 10=7.85(cm^2)$

$$V=L\left\{\pi\left(\frac{D}{2}\right)^2-\pi\left(\frac{d}{2}+t\right)^2\right\}$$

$$=30\left\{\pi\left(\frac{20}{2}\right)^2-\pi\left(\frac{5}{2}+0.2\right)^2\right\}=30(314-22.9)=8733(cm^3)$$

$l_a=l_b=25(cm)$

$l_e=t+0.8d=0.2+0.8\times 1=1(cm)$

$$\therefore\ f_0=\frac{C}{2\pi}\sqrt{\frac{G}{V}}$$

$$=\frac{C}{2\pi}\sqrt{\frac{S}{l_eV}}$$

$$=\frac{34400}{2\pi}\sqrt{\frac{7.85}{1\times 8733}}\fallingdotseq 164(Hz)$$

2.8.3 흡음성능의 표시

(1) 소음감쇠계수(NRC : noise reduction coefficient)

$$NRC = \frac{1}{4}(\alpha_{250} + \alpha_{500} + \alpha_{1k} + \alpha_{2k}) \quad \cdots\cdots (2.94)$$

(2) 소음감쇠량(NR : noise reduction)

$$\begin{aligned} NR &= SPL_2 - SPL_1 \\ &= 10\log\frac{A_2}{A_1}\,(\text{dB}) \end{aligned} \quad \cdots\cdots (2.95)$$

단, A_1(대책전 흡음력)$= \alpha_1 S_1 (m^2)$
A_2(대책후 흡음력)$= \alpha_2 S_2 (m^2)$

예 제(2-34)

어느 공장 압축기실 내부에 흡음매트를 시공한 결과, 실내흡음력이 25㎡에서 150㎡으로 증가하였다. 이때 실내 소음감쇠량(NR)은 얼마나 되겠는가?

【 해설 】 $NR = 10\log\frac{A_2}{A_1}$

$= 10\log\frac{150}{25} \fallingdotseq 8\,(\text{dB})$

(3) 잔향시간(R_T : Reverberation Time)

잔향시간의 정의는「어떤 음원의 소리를 정지시켰을때, 그 순간부터 음압레벨이 60dB(음향에너지밀도:10^6) 감소하는데 소요되는 시간」으로서, 공장의 경우 다음과 같은 Sabine의 식을 적용하여도 무리는 없다.

$$R_T = \frac{0.161\,V}{A}(\text{sec}) \quad \cdots\cdots (2.96)$$

단, A : 실내 총흡음력(m^2)
V : 실체적(m^3)

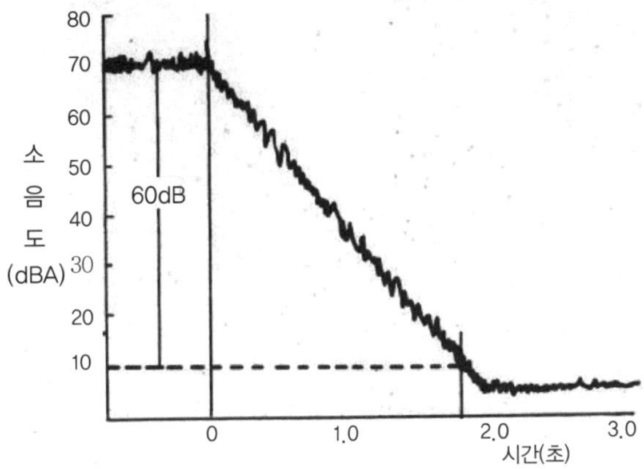

그림 (2.44) 잔향시간 기본 개념도

표 (2.19) 체적별 권장 산향시간 공식

번 호	적 용 개 소	잔향시간(초) 기본공식
1	성당	0.4log V-0.4
2	교회	0.35log V-0.35
3	그리스정교	0.3log V-0.30
4	콘서트 홀	0.3log V
5	오페라 하우스	0.25log V
6	음악당	0.2log V
7	극장	0.2log V+0.10
8	녹음스튜디오	0.2log V
9	강당	0.2log V-0.1

한편, 실내흡음대책시 흡음재가 비산되는 것을 방지하기 위하여 보호필름, 부직포 또는 펠트 등의 보호재가 사용되나, 그림(2.46)에서 보는 바와 같이 흡음성능을 감쇠 시키므로 음원의 주파수 특성을 고려하여 선정시 유념하여야 할 것이다

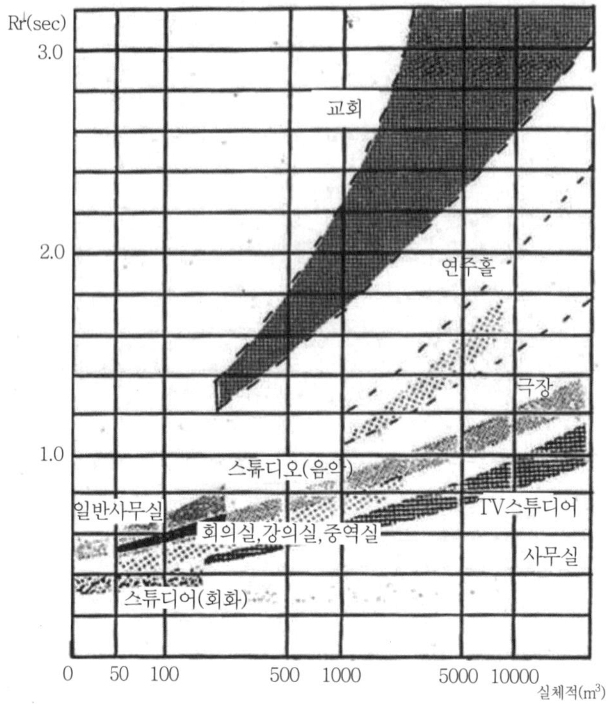

그림 (2.45) 실내 최적잔향시간 권장기준

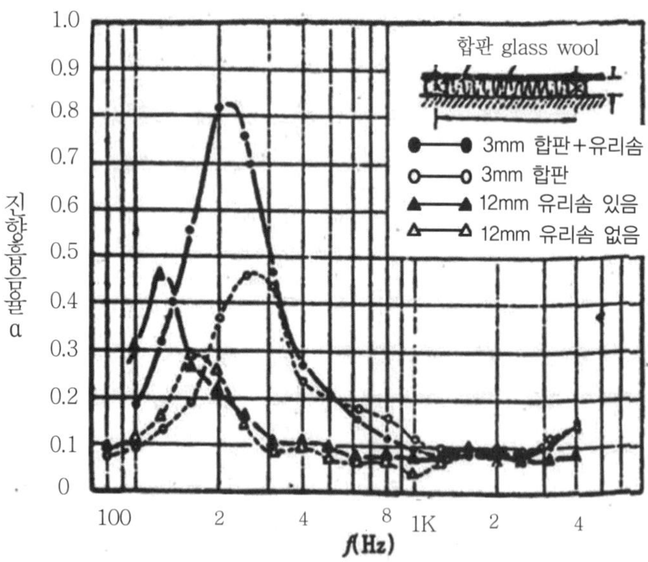

그림(2.46) 흡음재 보호재에 의한 소음감쇠효과

(자료) Richard K. Miller et al: Handbook of AcousticalEnclosures and Barriers, The Fairmont Press, Inc., 26, 1978.

그리고, 흡음재료 선정시는 그 효과성뿐만 아니라 다음과 같은 여러 성질들을 고려하여 현장여건에 맞도록 평가하여야 한다.

① 내화성 ② 내구성 ③ 반사성 ④ 규격성
⑤ 유지보수성 ⑥ 외양성 ⑦ 경제성 ⑧ 설치용이성
⑨ 공간성 ⑩ 중량 ⑪ 안정성 ⑫ 기타

표 (2.20) 일반적 재질들의 주파수별 흡음율 예

번호	재료명	주 파 수(Hz)					
		125	250	500	1K	2K	4K
1	경량블록(회칠 또는 페인트 마감 안함)	0.20	0.30	0.60	0.60	0.50	0.50
2	경량블록(회칠 또는 페인트마감)	0.05	0.04	0.02	0.04	0.05	0.05
3	콘크리트 인조석 마감	0.02	0.02	0.02	0.03	0.04	0.04
4	코르크타일(1˝)(고체벽 마감)	0.05	0.10	0.20	0.55	0.60	0.55
5	코르크 바닥타일	0.02	0.04	0.05	0.05	0.10	0.05
6	고무 또는 플라스틱 바닥마감	0.02	0.04	0.05	0.05	0.10	0.05
7	유리(4mm 두께)	0.30	0.20	0.10	0.07	0.05	0.02
8	유리(후판, 벽마감)	0.01	0.01	0.01	0.01	0.02	0.02
9	물(예 : 수영장 수면)	0.01	0.01	0.01	0.01	0.02	0.02
10	카펫트(플라스틱+2mm 파일)	0.01	0.02	0.03	0.05	0.08	0.10
11	〃 (펠트+9mm파일)	0.08	0.30	0.60	0.75	0.80	0.43
12	커튼(중두께직물)(주름없음)	0.05	0.10	0.15	0.20	0.25	0.30
13	〃 (주름있음)	0.05	0.25	0.40	0.50	0.60	0.50
14	유리섬유매트(32㎏/㎥, 50mm 두께)	0.20	0.35	0.65	0.80	0.90	0.90
	〃 (80㎏/㎥, 50mm 두께)	0.20	0.45	0.70	0.80	0.80	0.80
15	공기(㎥당)	-	-	-	0.003	0.007	0.02
16	청중 1인당(통기성 천의자)	0.25	0.40	0.55	0.65	0.65	0.60
	(가족, 비닐포장의자)	0.15	0.35	0.45	0.45	0.45	0.40
	(나무의자)	0.15	0.35	0.40	0.45	0.45	0.40
17	합판6mm두께+공기층 50mm	0.38	0.24	0.17	0.10	0.08	0.05
18	석고보드	0.013	0.015	0.02	0.03	0.04	0.05
19	폴리우레탄폼(1˝)(open-cell)	-	0.25	0.44	0.72	0.86	0.94
20	플라스틱폼(1˝)(open-cell)	0.10	0.29	0.67	0.90	0.99	0.99
21	환기그릴	0.30	0.40	0.50	0.50	0.50	0.50
22	풀(50mm 높이내외)	0.11	0.26	0.60	0.69	0.92	0.99
23	눈(100mm 깊이)	0.45	0.75	0.90	0.95	0.95	0.95
24	흙(100mm 두께)	0.25	0.60	0.65	0.70	0.75	0.80
25	전나무숲(1.8㎡당, H=2.4m 기준)	0.03	0.06	0.11	0.17	0.27	0.31

예 제(2-35)

어느 전자공장내 자동삽입기실의 소음대책으로서 다공질 재료인 유리섬유로 흡음매트 공법을 벽체와 천정부에 각각 적용하였다.작업장의 규격은 25L×12W×5H(m)이고, 개선전 바닥, 벽체 및 천정부의 평균 흡음율은 각각 0.02, 0.05와 0.10이었다면 개선후에 대한 개선전의 잔향시간(R_T)비를 구하라.또, 개선전후에 따른 실내소음 감쇠량을 계산하라. 단, 흡음매트의 평균 흡음율은 0.45로 한다.

【 해설 】 실내체적(V)=25×15×5=1500(㎥)

구 분	개 선 전	개 선 후
벽체부	$S=(25\times5\times2)+(12\times5\times2)$ $=370(m^2)$ $\bar{\alpha}=0.05$ $A_1=S\bar{\alpha}=18.5(m^2)$	$S=370(m^2)$ $\bar{\alpha}=0.45$ $A_1=S\bar{\alpha}=166.5(m^2)$
바닥부	$S=25\times12=300(m^2)$ $\bar{\alpha}=0.02$ $A_2=6(m^2)$	$S=300(m^2)$ $\bar{\alpha}=0.02$ $A_2=6(m^2)$
천정부	$S=25\times12=300(m^2)$ $\bar{\alpha}=0.10$ $A_3=30(m^2)$	$S=300(m^2)$ $\bar{\alpha}=0.45$ $A_3=135(m^2)$
총흡음력	$A=A_1+A_2+A_3$ $=54.5(m^2)$	$A'=A_1+A_2+A_3$ $=307.5(m^2)$
R_T(sec)	$R_T=\frac{0.161V}{A}$ $=\frac{241.5}{54.5}$ $\fallingdotseq 4.43$(초)	$R_T'=\frac{0.161V}{A'}$ $=\frac{241.5}{307.5}$ $\fallingdotseq 0.79$(초)

i) 잔향시간의 비$(n)=\dfrac{R_T}{R_{T'}}$

$$=\frac{4.43}{0.79}=5.6$$

ii) 실내소음감쇠량$(NR)=10\log\dfrac{A'}{A}$

$$=10\log\frac{307.5}{54.5}=7.5(\text{dB})$$

또는, $NR=10\log\dfrac{R_T}{R_{T'}}\quad=10\log\dfrac{4.43}{0.79}=7.5(\text{dB})$

2.8.4 흡음율의 측정

(1) 정재파 관내법(standing wave tube method)

그림 (2.47)와 같이 음원과 시료로 양끝이 막힌 직선형 튜브에서 정재파의 형성정도를 측정하여 흡음율을 결정하는 방법으로서, 측정이 간편하고 정확도가 높다. 파장이 동일한 음파가 서로 반대 방향으로 진행할 때, 어떤 기준점으로부터 멀리 떨어질수록 즉, 한쪽 음파의 위상은 앞서고, 다른 음파는 위상이 늦어진다. 따라서, 어떤 적당한 거리에서는 서로 같은 위상이 되어 진폭이 되는 점, 즉 고리(loop)가 생기게 되며, 또 반대 위상이 되는 경우는

그림 (2.47) 정재파관의 기본구조

진폭이 최소로 되는 마디(node)가 생기게 된다. 이와같이 각 점에서 같은 운동만 반복하여 파형이 진행되지 않는 파를 정새파(standing wavc)라 한다. (그림 2.48 참조)

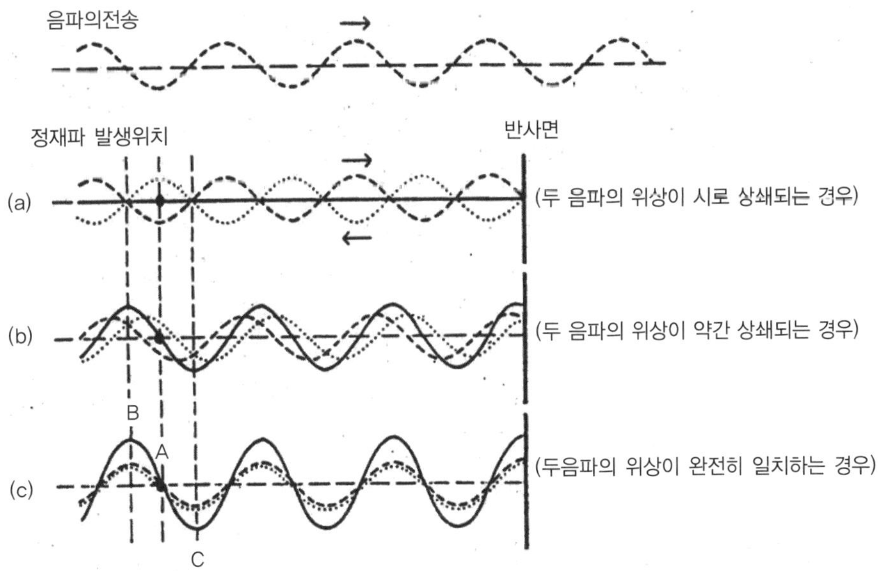

그림 (2.48) 정재파의 형태

그림 (2.49)과 같이 강체벽에 입사 및 반사되는 음파를 생각해 보자.

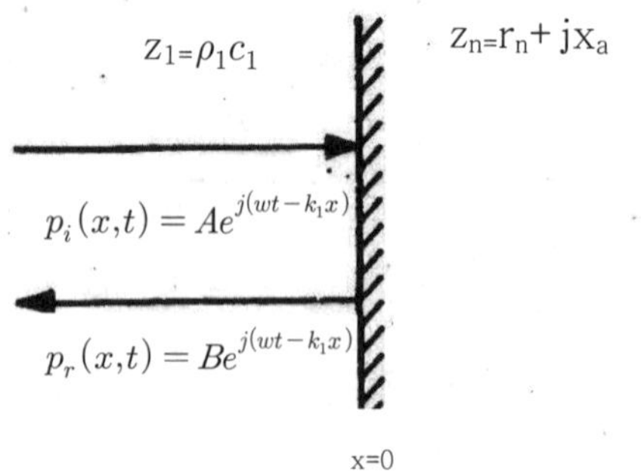

그림 (2.49) 강체벽 표면에서의 평면파의 작용

입사음압(P_i)과 반사음압(P_r)은 각각 다음과 같이 나타낼 수 있다.

$$P_i = Ae^{j(wt-k_1x)} \cdots\cdots\cdots\cdots (2.97)$$

$$P_r = B'e^{j(wt+k_1x)} \cdots\cdots\cdots\cdots (2.98)$$

단, $B' = Be^{j\theta}$이다. 상기 두 음압을 합성하면,

$$P = P_i + P_r$$

$$= p(x,t) = Ae^{j(wt-k_1x)} + Be^{j(wt+k_1x\theta)}$$

$\cdots\cdots\cdots\cdots\cdots\cdots\cdots\cdots\cdots\cdots$ (2.99)

또는, $p(x,t) = Acos(wt-k_1x) + Bcos(wt+k_1x+\theta)$
(2.100)

이를 다시 삼각함수로 표시하면,

$$p(x,t) = \left\{(A\cos k_1x + B\cos(k_1x+\theta)^2 + A\sin k_1x - B\sin(k_1x+\theta))^2\right\}^{\frac{1}{2}}\cos(wt+\beta) \cdots (2.101)$$

여기서, $\beta = \tan^{-1}\left\{\dfrac{A\sin k_1x - B\sin(k_1x+\theta)}{A\cos k_1x + B\cos(k_1x+\theta)}\right\} \cdots\cdots\cdots\cdots (2.102)$

그리고 식(2.101)에서 진폭 항을 정리하면,

$\cos^2 k_1x + \sin^2 k_1x = 1$과 $\cos^2(k_1x+\theta) + \sin^2(k_1x+\theta) = 1$

이므로, 식(2.101)을 다시쓰면,

$$|p(x,t)| = \left\{A^2 + B^2 + 2AB(\cos k_1 \times \cos(k_1x+\theta) - \sin k_1 \times \sin(k_1x+\theta)\right\}^{\frac{1}{2}}$$

또는, $|p(x,t)| = \left\{A^2 + B^2 + 2AB\cos(2k_1x+\theta)\right\}^{\frac{1}{2}} \cdots\cdots\cdots\cdots (2.103)$

그리고, $\cos(2k_1x+\theta) = \cos 2(k_1x + \frac{\theta}{2})$ 또는

또는, $\cos(2k_1x+\theta) = \cos^2(k_1x+\frac{\theta}{2}) - \sin^2(k_1x+\frac{\theta}{2})$

이므로, 식(2.103)을 다시쓰면,

$$|p(x,t)| = \left\{(A+B)^2\cos^2(k_1x+\frac{\theta}{2})+(A-B)^2\sin^2(k_1x+\frac{\theta}{2})\right\}^{\frac{1}{2}} \cdots\cdots\cdots (2.104)$$

따라서, 반사율(α_r)은,

$$\alpha_r = \frac{B^2}{A^2} \cdots\cdots\cdots (2.105)$$

한편, 상기식에서 A와 B를 직접 측정할 수는 없으나 그림(2.50)과 같은 정재파형의 그래프로부터 A+B 또는 A-B의 진폭을 측정할 수는 있다.

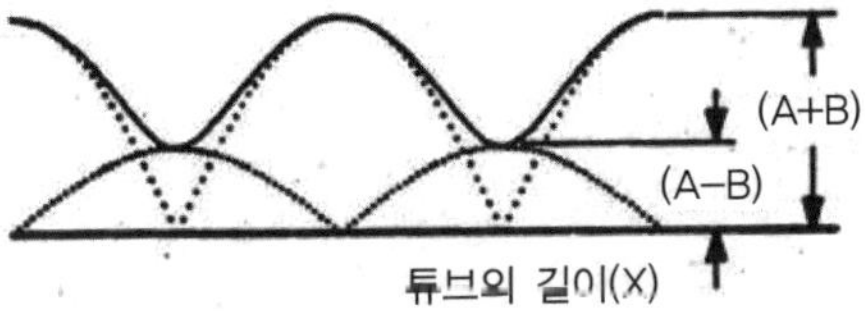

그림 (2.50) 관내에서의 정재파 파형

여기서, 정재파비(S)는,

$$S = \frac{A+B}{A-B} \text{이므로} \cdots\cdots\cdots (2.106)$$

따라서,

$$\frac{B}{A} = \frac{S-1}{S+1} \cdots\cdots\cdots (2.107)$$

그리므로, 반사율은,

$$\alpha_r = \frac{B^2}{A^2} = \frac{(S-1)^2}{(S+1)^2} \cdots\cdots\cdots (2.108)$$

그리고 흡음율(α)은,

$$\alpha = 1 - \alpha_r \cdots\cdots\cdots (2.109)$$

가 된다.

예 제(2-36)

어느 시료의 흡음성능을 측정하기 위하여 정재파 관내법을 사용하였다.1,000Hz 순음인 sine파의 정재파비(S)가 1.8이었다면 이 흡음재의 흡음율(α)은 얼마인가?

【 해설 】 $\alpha_r = \frac{(S-1)^2}{(S+1)^2} = \frac{(1.8-1)^2}{(1.8+1)^2} = 0.082$

따라서, $\alpha = 1 - \alpha_r = 1 - 0.082 = 0.918$

(2) 잔향실법(reverberation room method)

(가) 계산법(I)

완전한 잔향실 내부에 어떤 면적의 시료를 설치하여 등가흡음면적의 차이를 측정후 흡음율을 결정하는 방법이다.

즉, 잔향실 내부에서 발생된 음은 공기에 의한 흡음과 내부벽면 및 시료에서의 흡음 효과에 의하여 감쇠하게 된다.

이 감쇠율을 정량적으로 표시하면 다음과 같다.

$$da = 4.34cm \cdots\cdots (2.110)$$

$$db = 1.086\frac{cV}{V} \cdots\cdots (2.111)$$

단, da : 공기 흡음에 따른 감쇠율
db : 경계면에서의 흡음에 따른 감쇠율
c : 음파의 속도(m/s)
m : 대기 감쇠계수
A : 등가 흡음면적(㎡)
V : 잔향실 체적(㎥)

따라서, 전체감쇠율(d)은 da+db이므로, 이를 잔향시간(T)으로 나타내면, $d = \frac{60}{T}$ 이고, 등가흡음면적 A는

$$A = (0.92\frac{V}{c} - 4m)V$$

$$= (\frac{55.3}{cT} - 4m)V \cdots\cdots (2.112)$$

이고 시료 설치전후의 등가흡음면적의 차이(△A)는,

$$\triangle A = 0.92\frac{V}{c}(d_2 - d_1) = 55.3\frac{V}{c}\left(\frac{1}{T_2} - \frac{1}{T_1}\right)$$

(2.113)

로 주어지므로, 흡음율(α)은 다음과 같이 계산 할 수 있다. 즉,

$$\alpha = \frac{\triangle A}{S} \cdots\cdots (2.114)$$

단, S : 측정시료의 면적(㎡)

(나) 계산법(Ⅱ)

시료 설치전 잔향시간 : $T_1 = \frac{0.161\,V}{A}$(sec) 또는 $A = \frac{0.161\,V}{T_1}$

시료 설치후 잔향시간 : $T_2 = \frac{0.161\,V}{A + \Delta A}$(sec) 또는 $A + \Delta A = \frac{0.161\,V}{T_2}$

따라서,

$$\Delta A = 0.161\,V\left(\frac{1}{T_2} - \frac{1}{T_1}\right) \quad \cdots\cdots (2.115)$$

그러나, 실제는 다소간의 보정치가 필요하므로 ISO에 의한 다음과 같은 등가흡음면적을 적용하여 계산한다.

$$\Delta A = 55.3\frac{V}{c}\left(\frac{1}{T_2} - \frac{1}{T_1}\right) \quad \cdots\cdots (2.116)$$

$$\alpha = \frac{\Delta A}{S} \quad \cdots\cdots (2.117)$$

2.9 소음(消音)이론

주로 기류음의 방지에 사용하는 기구에 관한 이론으로서 차음 또는 흡음과는 달리 "기체는 통과하지만 기체와 동반된 음파는 통과시키지 않는 것"이라고 간단히 생각하면 된다. 따라서, 소음기는 엔진의 배기구, 공기압축기의 흡배기구, 진공펌프의 배기구, 송풍기 등의 흡·배기구, 증기, 가스 및 공기 등의 대기방출밸브 등에 설치하여 사용하고 있다.

일반적으로 기류음은 난류에 의한 것과 맥동에 의한 것으로 구분되므로, 소음기도 이에 준하여 흡음형 소음기(silencer, attenuator)와 맥동형 소음기(muffler, snubber)로 대별한다.

2.9.1 흡음형 소음기

음파를 동반한 기류에 면하여 유리솜이나 펠트등의 흡음재를 부착시킨 것으로 음의 에너지를 흡수시킴으로써(즉 열에너지로 변환시킴으로써) 소음하는 형식이다.

이 소음기는 기체의 통과 단면적에 대한 흡음재 면적의 비가 클수록 소음성능이 좋아지며 보통 다음과 같은 Sabine의 경험식으로 나타낸다.

$$\triangle L = K\frac{p}{S}\,(\text{dB/m}) \qquad (2.118)$$

단, △L : 소음감쇠량(dB/m)

K : 흡음재의 흡음율에 따른 정수($=1.05\alpha^{1.4} \fallingdotseq \alpha - 0.1$)

α : 흡음율(잔향실법 측정자료)

P : 기류통과 단면적의 둘레길이(m)

S : 기류통과 단면적(㎡)

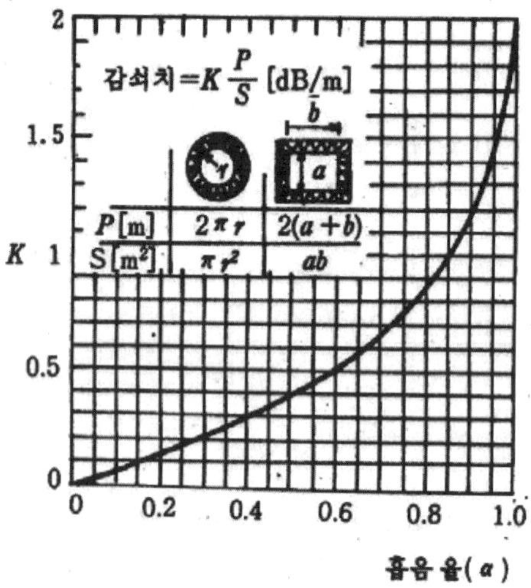

그림 (2.51) α와 K의 관계도

또한, 기류흐름의 방향을 바꾸어도 소음성능이 향상되므로, 직관 또는 곡관의 경우, 그림(2.53)과 같이 덕트의 폭이 넓을수록 저주파음까지 소음효과가 증대하게 된다.

흡음형 소음기 설계시 고려하여야 할 사항들로서는,

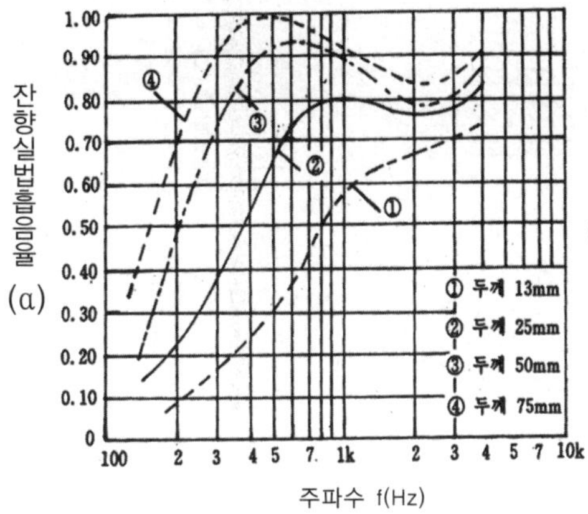

그림 (2.52) 유리섬유(G/W)의 두께별 흡음율의 예

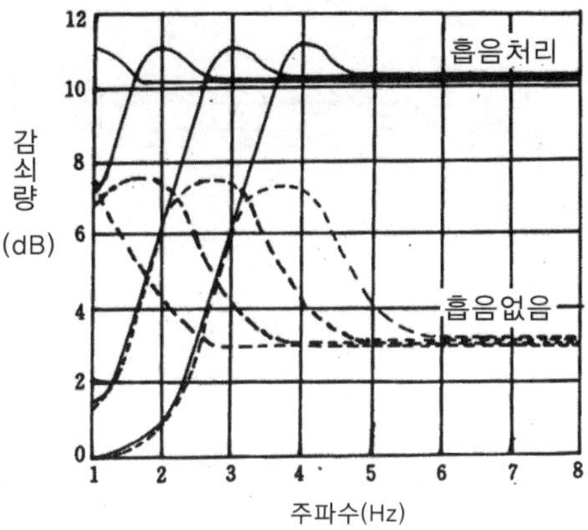

그림 (2.53) 엘보에 의한 감쇠량

(a) 필요 소음감쇠량의 결정
(b) 압력손실의 최소화
(c) 흡음재의 비산방지
(d) 외관성
(e) 경제성

등을 들 수 있다.

그림(2.54)는 일반적으로 사용하는 흡음형 소음기의 예이다.

상기 그림 중 흡음슬릿형 덕트 소음기는 건물내 공조덕트 또는 급배기용 소음기로 최근 많이 활용되고 있어 적절한 검토가 요망된다. Beranek의 실험결과에 의하면, 그림(2.55)에서 보는 바와같이 흡음슬릿의 두께(t), 유로부의 폭(ly), 유체 흐름저항인자(F) 및 슬릿두께당 흐름저항(R_1) 등에 따라 다음과 같은 관계식이 성립한다.

$$\triangle L = A\,ly\left(\frac{L}{ly}\right)(\text{dB}) \quad \cdots\cdots (2.119)$$

단, △L : 소음감쇠량(dB)
A : 덕트 단위길이당 감쇠량(dB/m)
ly : 유로부의 폭(m)
L : 덕트의 길이(m)

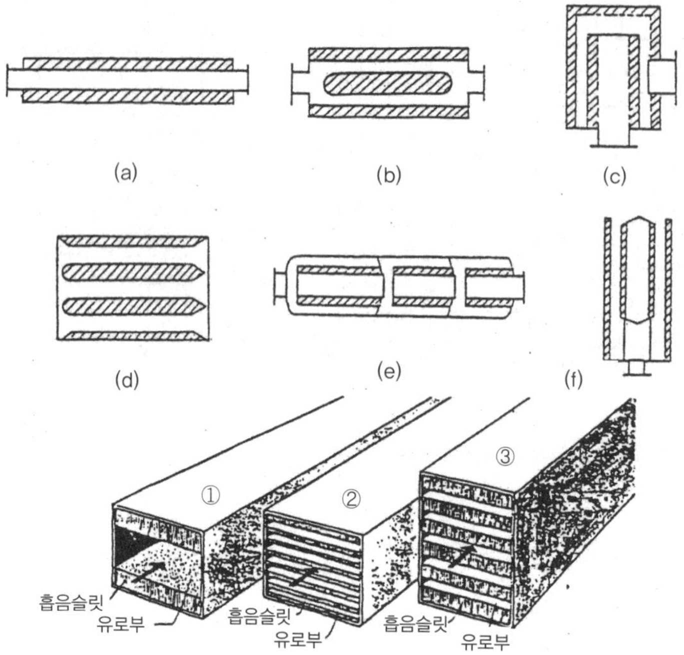

① 저주파용 : 흡음슬릿(두껍게), 유로부(넓게)

② 고주파용 : 흡음슬릿(얇게), 유로부(좁게)

③ 저 · 고주파용 : 흡음슬릿(두껍게), 유로부(좁게)

그림 (2.54) 각종 흡음형 소음기의 예

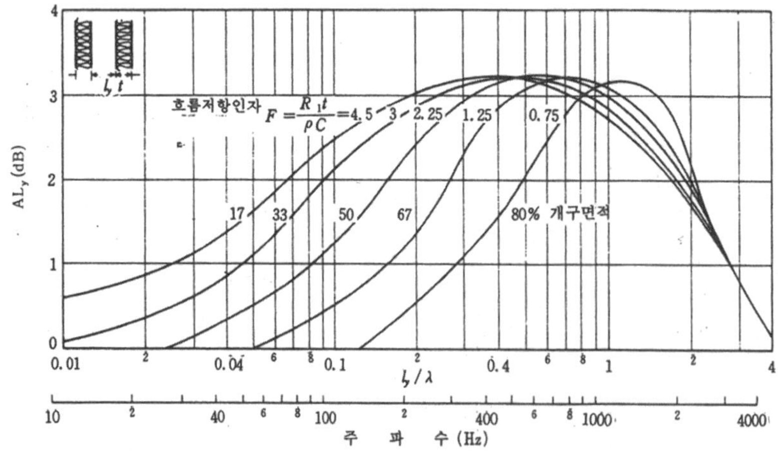

그림 (2.55) 흡음슬릿내에서의 소음감쇠 특성(By L.L Beranek)

예 제(2-37)

아래 그림에서 보는 바와같이 사각덕트내에 흡음슬릿을 배열하였다. 슬릿의 두께(t)는 75mm이고, 유로부의 폭(ly)은 150mm이며, 슬릿의 길이가 2m이었다. 이 흡음슬릿에 의한 소음감쇠량을 각 주파수별로 계산하라. 단, 개구면적율은 50%로 가정한다.

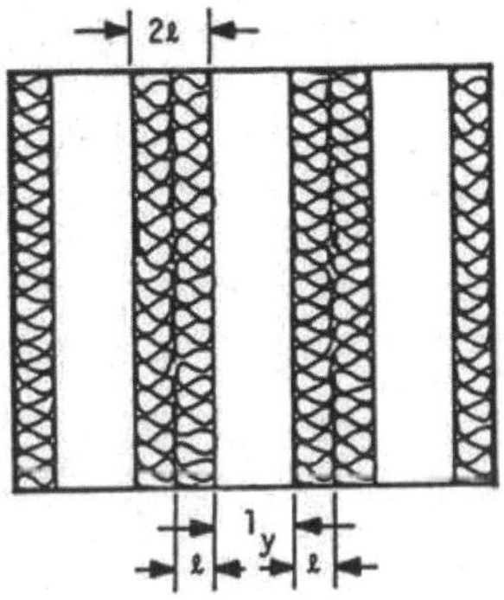

【 해설 】 그림(2.53)으로부터 계산결과를 요약하면 다음과 같다.

f(Hz)	125	250	500	1K	2K	4K	8K
ly/λ	0.06	0.11	0.22	0.44	0.88	1.77	3.54
$A\,ly$	0.65	1.3	2.4	3.2	3.1	2.2	0.45
△L(dB)	8.66	17.3	32	42.7	41.3	29.3	6.0

예로서, f-500Hz일때,

$$\lambda = \frac{c}{f} = \frac{344}{500} = 0.688(m)$$

$$\frac{ly}{\lambda} = \frac{0.15}{0.688} = 0.22\cdot$$

그림(2.47)로부터 $A\cdot ly = 2.4$(dB/m)

따라서, $\triangle L = A\cdot ly\left(\frac{L}{ly}\right)$

$$= 2.4\left(\frac{2}{0.15}\right) \fallingdotseq 32(\text{dB})$$

표 (2.21) 흡음슬릿내에서의 소음감쇠량 계산치(그림(2.53)기준, 개구면적율 : 67%)

흡음재 두께 (mm)	소음감쇠량(dB/m)																	
	25	50	100	25	50	100	25	50	100	25	50	100	25	50	100	25	50	100
덕트폭 (mm)	중심주파수(Hz)																	
	125			250			500			1K			2K			4K		
150	0.1	0.6	1.9	0.4	1.6	3.3	1.6	3.8	5.4	5.2	6.1	6.3	6.2	6.4	6.2	5.0	4.5	4.2
250	0.1	0.4	1.0	0.7	1.1	2.0	1.7	2.9	3.6	3.4	3.8	3.7	3.6	3.3	3.1	1.0	1.0	1.0
400	0.1	0.2	0.6	0.1	0.8	1.7	0.1	2.7	2.0	2.4	2.3	2.3	1.5	1.3	1.2	0.1	0.1	0.1
800	0.1	0.1	0.4	0.1	0.1	0.9	1.2	1.1	1.2	0.6	0.6	0.6	0.1	0.1	0.1	0	0	0
1200	0.1	0.1	0.1	0.6	0.7	0.8	0.7	0.7	0.7	0.1	0.1	0.2	0	0	0	0	0	0
1600	0.1	0.1	0.1	0.6	0.7	0.8	0.3	0.4	0.3	0	0	0	0	0	0	0	0	0

그림(2.56)는 흡음슬릿형 덕트소음기의 단면도이고, 표(2.22)는 소음기의 형식 및 길이에 따른 소음주파수별 삽입손실값을 나타내고 있다.

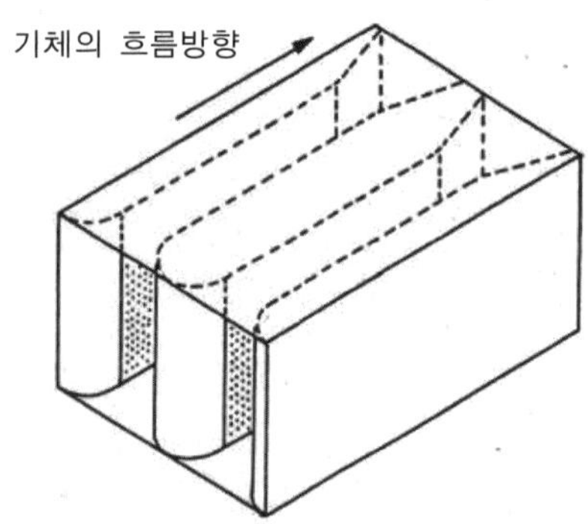

그림 (2.56) 흡음슬릿형 덕트소음기의 단면도

표 (2.22) 흡음슬릿형 덕트 삽입손실(IL:Insertion Loss)(V=10m/s일때)

형 식	길이(m)	주 파 수(Hz)						
		125	250	500	1K	2K	4K	8K
저압용	900	5	8	17	22	19	13	9
	1500	8	12	24	36	31	21	14
	2100	9	15	33	47	44	27	14
중압용	900	5	11	16	19	18	14	10
	1500	8	18	31	43	40	29	17
	2100	11	24	38	47	45	38	21
표준형	900	7	16	20	26	30	24	14
	1500	9	20	32	40	39	30	20
	2100	14	30	39	46	43	33	24

2.9.2 맥동형 소음기

(2.9.1)항에서 살펴본 바와 같이 흡음형 소음기는 저주파대역의 소음이나 맥동음에는 별로 효과가 없다. 따라서, 다른 구조의 소음기가 필요하게 되는데, 일반적으로 snubber 또는 muffler라는 것을 들 수 있다.

(1) muffler

이 방식들로서는 팽창형(공동형, 이중통 연결형), 공명형, 삽입관형(간섭형)등이 있으며, 어느 일정 주파수만을 소음하기 위한 경우에 매우 유용하다.

그러나, 실제의 소음은 광대역 주파수 성분으로 이루어져 있고, 회전수 또는 온도 등의 변화에 따라 특정의 주파수가 변동하게 된다. 따라서 부분적으로 흡음재를 사용하거나, 용적이 다른 팽창실을 만들어 연결하기도 한다. 그림(2.57)과 그림(2.58)은 소음기 형태별 TL특성을 나타낸다.

(팽창형소음기의 TL특성) $$TL = 10\log\left[1+\left\{\frac{1}{2}\left(m-\frac{1}{m}\right)\sin kL\right\}^2\right] \quad \text{......(2.120)}$$

단, 단면적비 $m = \dfrac{S}{S_i}$, $k = \dfrac{2\pi f}{c}$, $\pi = 180°$, L=팽창부의 길이

(공명형소음기의 TL특성) $$TL = 10\log\left[1+\left(\frac{\dfrac{\sqrt{nVS_p/K_p}}{2S_0}}{\dfrac{f}{f_r}-\dfrac{f_r}{f}}\right)^2\right] \quad \text{.......(2.121)}$$

단, 공명주파수 $f_r = \dfrac{C}{2\pi}\sqrt{\dfrac{A}{\ell \cdot V}}\,(Hz)$

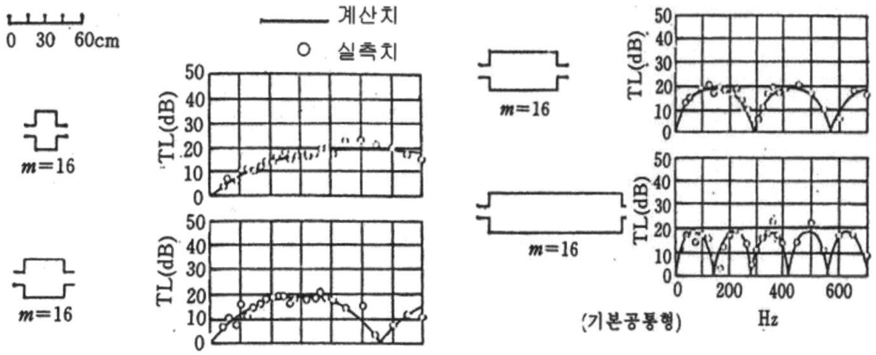

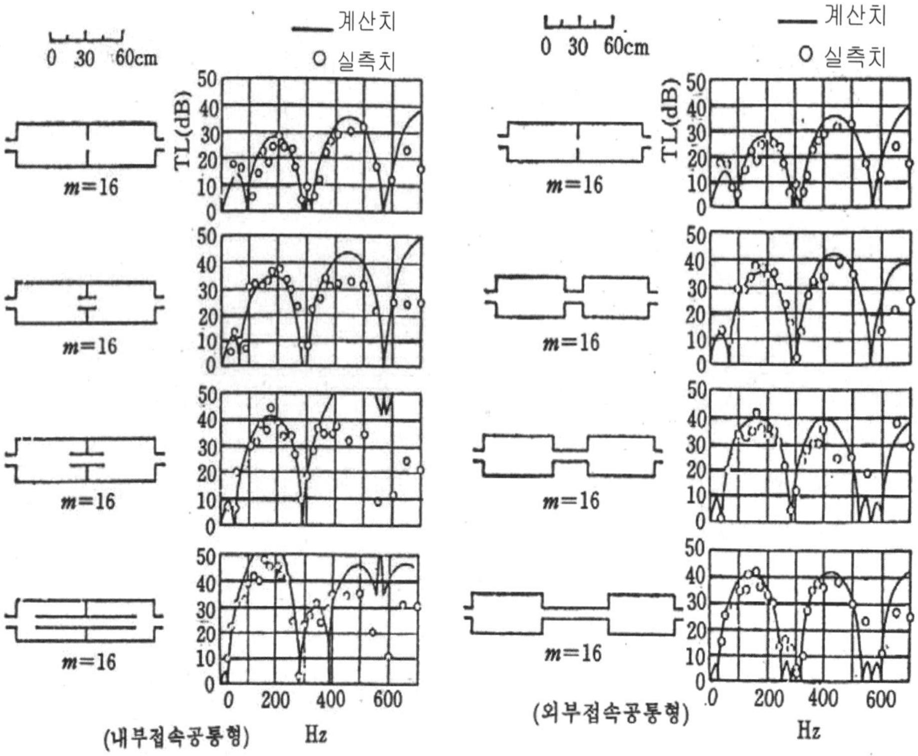

그림(2.57) 팽창형 소음기의 TL

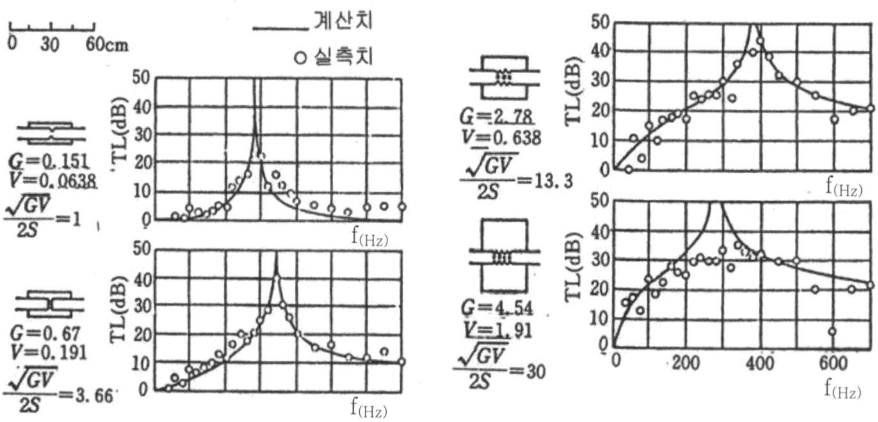

그림 (2.58) 공명기형 소음기의 TL

(삽입형 소음기의 TL특성)

$$TL = 10\log\frac{1}{4}\left[\left\{2\cos kl - \frac{m-1}{m} sin\, kl(\tan kl_{il} + \tan kl_{01})\right\}^2 + \left(m+\frac{1}{m}\right)\sin kl + (m-1)\cos kl(\tan kl_{il} + \tan kl_{01}) - \frac{(m-1)^2}{m}\tan kl_{il}\tan kl_{01}\sin kl\right] \quad \cdots\cdots\cdots(2.122)$$

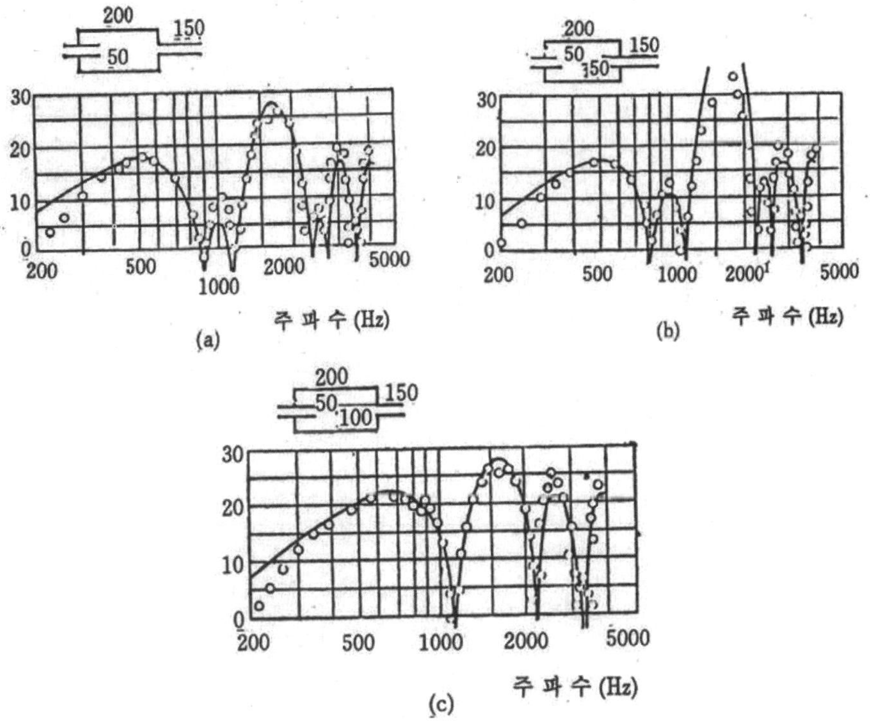

그림 (2.59) 삽입형 소음기의 TL

(2) 맥동형 소음기(Snubber)

Snubber는 어떤 특정주파수에 대하여 설계한 것이 아니라, 몇 개의 분리된 구멍을 다공관으로 서로 연결하여 만들어진 것으로 실의 용적은 주파수와 관계되지만, 맥동에너지를 주파수에 관계없이 소산시키는 효과가 있어 맥동방지에 유용하다.

그림(2.60)은 Snubber의 기본구조와 원리를 나타낸다.

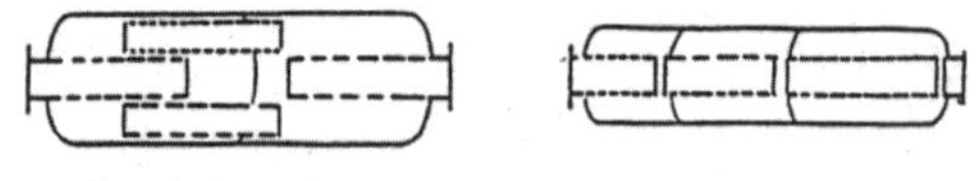

그림 (2.60) Snubber의 기본구조와 원리

한편, 소음기 내부에서의 유속은 소음기의 성능을 저하시키는 공진주파수와 관계가 있다. 즉 유속이 증가할수록 공진현상은 점점 없어지게 된다. 그림(2.61)에서 보는 바와 같이 V=70m/sec가 되면 공진은 거의 없어지게 되므로 소음기의 성능이 향상됨을 알 수 있다.

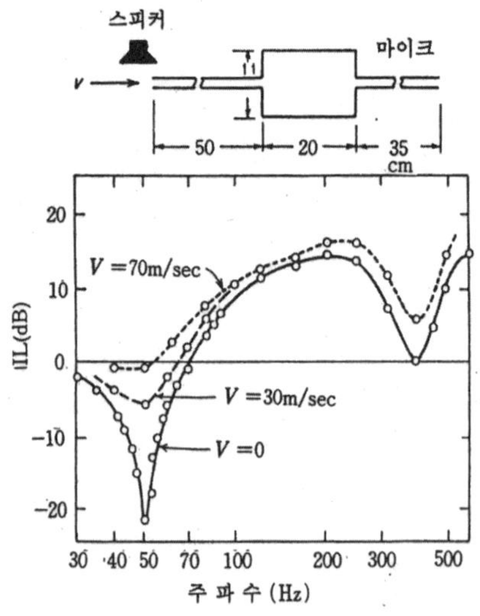

그림 (2.61) 소음기의 유속별 삽입손실 비교
(자료)Leo L. Beranek: Zoise and Vibration Control
McGraw- Hill, 378, 1988

(3) 흡음챔버

흡음챔버는 보통 공조실내의 송풍기와 주덕트 사이에 설치되어, 송풍기로부터 나오는 난류를 층류로 바꾸고 소음도 감쇠시키기 위한 구조물로서 공통형 소음기로 볼 수도 있고, 큰 방음실 개념으로 판단하여도 무방하다.

일반적으로 흡음챔버는 그림(2.62)과 같이 출구가 입구와 평행 또는 수직으로 설치되는 수평형 또는 수직형으로 나누며, 챔버 내벽에 흡음 처리를 하게 되면 기하음향적 계산이 가능하므로 다음과 같이 요약된다.

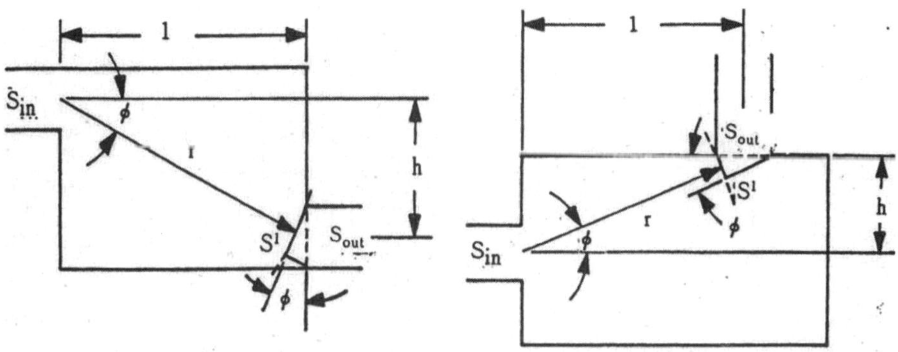

(수평형) (수직형)

그림 (2.62) 흡음챔버의 종류

(수평형 흡음챔버) $$TL = -10\log\left\{S_{out}\left(\frac{Q\cos\Phi}{4\pi r^2} + \frac{1-\overline{\alpha}}{S\overline{\alpha}}\right)\right\} \quad \cdots\cdots\cdots\cdots (2.123)$$

(수직형 흡음챔버) $$TL = -10\log\left\{S_{out}\left(\frac{Q\sin\Phi}{4\pi r^2} + \frac{1-\overline{\alpha}}{S\overline{\alpha}}\right)\right\} \quad \cdots\cdots\cdots\cdots (2.124)$$

단, $\cos\Phi = \dfrac{l}{h}$ $\quad \sin\Phi = \dfrac{h}{r}$

Q : 지향계수

S : 챔버의 내부 표면적(㎡)

$\overline{\alpha}$: 흡음재의 평균흡음율

예 제(2-38)

건물 공조실내에 1W×2H×3.5L(m)의 수평형 흡음챔버를 설치하였다. $r = 3.9m$, $\Phi = 26°$ 이고, 흡음재의 흡음율이 아래와 같다면, 소음의 각 주파수별 감쇠량 (TL)을 계산하라. 단, 입출구 덕트의 규격은 0.3×0.6(m)이다.

f(Hz)	125	250	500	1K	2K	4K
$\overline{\alpha}$	0.38	0.60	0.78	0.80	0.78	0.70

【 해설 】

Q=4 (입구부가 챔버의 상부에 위치)

S=2 {(1×2)+(1×3)+(2×3)} = 22(㎡)

S_{out}=0.3×0.6=0.18(㎡)

$Q\cos\Phi/4\pi r^2 = 0.0188$

따라서, 이를 식(2.123)에 대입하여 정리하면 다음과 같이 된다.

f(Hz)	125	250	500	1K	2K	4K
$Q\cos\Phi/4\pi r^2$	0.0188	0.0188	0.0188	0.0188	0.0188	0.0188
$(1-\overline{\alpha})/S\overline{\alpha}$	0.0742	0.0303	0.0128	0.0114	0.0128	0.0195
TL(dB)	17.8	20.5	22.5	22.6	22.5	21.6

(4) 소음기의 성능표시

구 분	정 의	기본개념
삽입손실(IL) (Insertion Loss)	소음기 부착 전후의 소음도 차 $IL = SPL' - SPL$(dB)	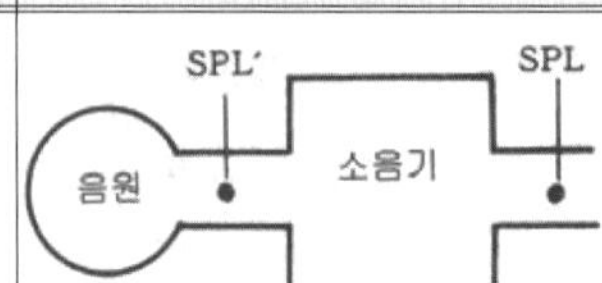
감쇠량(Att) (Attenuation)	방사되는 음압레벨의 크기를 귀로서 판단하는 것으로 소음기 설치 전후의 소음도의 차 $Att = SPL' - SPL$(dB)	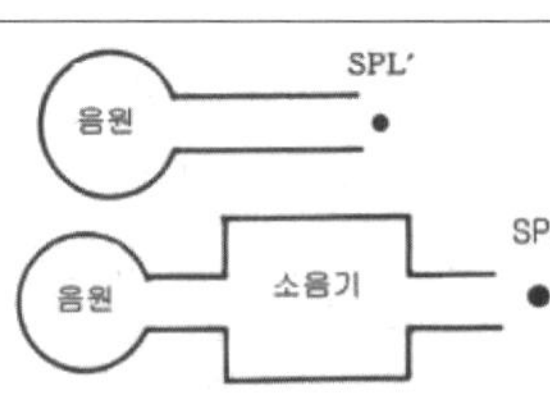
투과손실(TL) (Transmission Loss)	소음기를 투과한 음향파워(W_0)에 대한 입사음향파워(W_i)와의 비 $TL = 10\log\frac{W_i}{W_0}$(dB)	

2.10 밀폐이론

소음원대책으로서 가장 효과적인 것이 그림(2.63)과 같은 밀폐대책이며 일반적으로 방음실(enclosure)로 알려져 있다. 그러나 소음원을 밀폐시는 내부의 음압이 상승하므로 차음, 흡음, 방진 및 환기방안등을 대책전에 충분하게 고려하여야만 한다.

일반적으로 방음실 대책 적용시 고려할 사항은 다음과 같다.

① 방음실 대책에 따른 공정상 문제점은 없는가(생산성과의 상충성 검토)?
② 방음실의 필요차음량(TL)을 얼마로 할 것인가(방음효과의 검토)?
③ 방음실 내부의 흡음재 처리는? 마감방법은? 색상은?
④ 바닥, 벽체, 또는 파이프 등과 같은 고체전달음 요소에 대한 방진대책 여부는?
⑤ 소음원의 밀폐후 내부의 발열량에 대한 환기방안은?
⑥ 개구부(출입문, 창문, 환기구, 전등인입구 및 기타 틈새부)에 대한 대책은?
⑦ 경제성은 적절한가?
⑧ 안전성, 내구성 및 유지보수 관리 등에 문제는 없는가(TPM 과의 상충성 검토)?

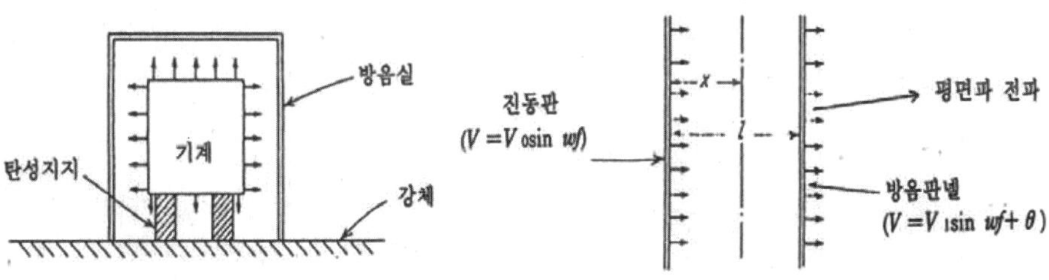

(a) 밀폐의 기본개념　　(b) 방음판넬에서의 음의 전파

그림 (2.63) 소음원의 밀폐

2.10.1 기본 개념

구 분	방음실 내부의 소음도	방음실 외부의 파워레벨
파장에 비하여 작은 방음실	$SPL = 20\log P + 94(dB)$ $SPL = PWL_S - 40\log f - 20\log V + 81(dB)$	$PWL_S - PWL_t$ $= 40\log f + 20\log V - 10\log S_P + TL - 81(dB)$
파장에 비하여 큰 방음실	$SPL = PWL_S + 10\log\left(\frac{4}{R} + \frac{Q}{4\pi r^2}\right)(dB)$ $(SPL = PWL_S - 10\log R + 6(dB))$	$PWL_S - PWL_t$ $= TL - 10\log\left(\frac{S_P}{S} \times \frac{1-\overline{\alpha}}{\overline{\alpha}}\right)(dB)$
비 고	P : 음원의 음압(N/㎡) V : 방음실의 체적(㎥) R : 실정수(㎡)	Sp : 방음실 외부 표면적(㎡) S : 방음실 내부의 전체 표면적(㎡) $\overline{\alpha}$: 흡음재의 평균흡음율

예 제(2-39)

공장외벽 근처 바닥부에 놓여있는 소음원($W = 10^{-3}$watt)이 주변 주택가에 피해를 주고 있어, TL=40dB인 방음실 대책을 적용하였다. 방음실의 규격은 9L×4.5W×3H(m)이고, 방음실 내부는 천정부만 흡음처리를 하여 $\alpha = 0.26$이었으나, 벽체부는 블록조적면에 몰탈마감($\alpha = 0.02$)한 상태이고, 바닥은 모래($\alpha = 0.10$)를 깔았다. 방음실 내부에서의 SPL과 방음실 외부에서의 PWL_t를 구하라.

【 해설 】

$$\overline{\alpha} = \frac{\sum \alpha_i S_i}{\sum S_i} = \frac{2(3\times4.5+3\times9)\times0.02 + 4.5\times9\times0.10 + 4.5\times9\times0.26}{2(3\times4.5+3\times9)+2(4.5\times9)} = 0.10$$

S=162(㎡), S_P=121.5(㎡) (바닥부 제외) 이므로,

$$R = \frac{\overline{\alpha}S}{1-\overline{\alpha}} = \frac{0.1\times162}{1-0.1} = 18(㎡)$$

$$PWL_S = 10\log\frac{W}{W_0} = 10\log\frac{10^{-3}}{10^{-12}} = 90(\text{dB})$$

$$\therefore\ SPL = PWL_S + 10\log\left(\frac{4}{R} + \frac{Q}{4\pi r^2}\right)$$

$$= 90 + 10\log\left(\frac{4}{18} + \frac{4}{4\pi \times 4.5^2}\right) = 84(\text{dB})$$

$$\therefore\ PWL_t = PWL_S - TL + 10\log\left(\frac{Sp}{S} + \frac{1-\overline{\alpha}}{\overline{\alpha}}\right)$$

$$= 90 - 40 + 10\log\left(\frac{121.5}{162} \times \frac{1-0.1}{0.1}\right) = 58(\text{dB})$$

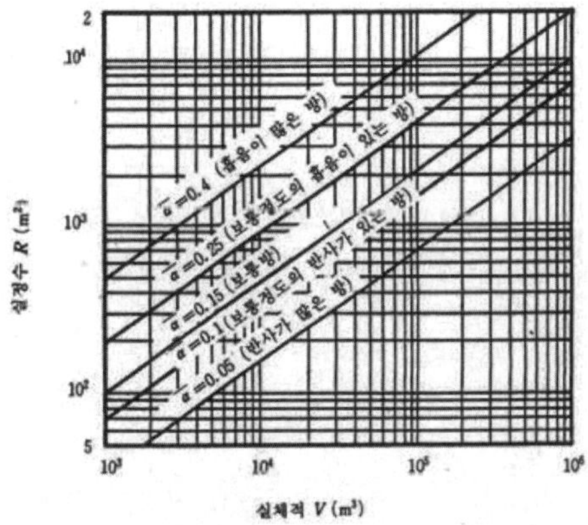

그림 (2.64) 실체적(V)별 실정수(R)의 의미

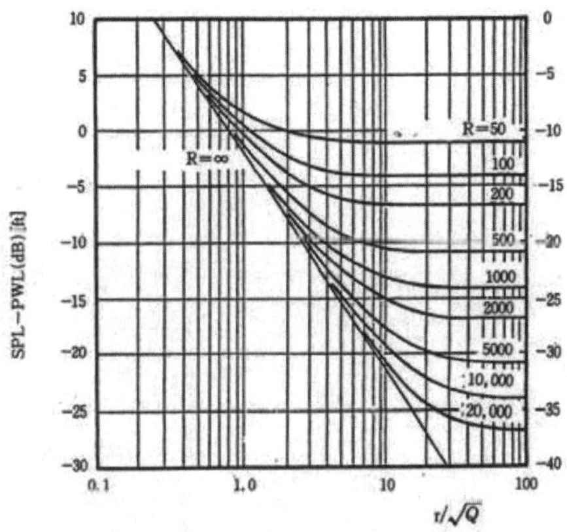

그림 (2.65) SPL−PWL, R 및 $r/\sqrt{Q}$ 의 관계도

2.10.2 방음실의 성능표시

방음실의 성능은 소음원을 부분적으로 밀폐하는 경우와, 완전밀폐하는 경우가 있으므로 각각에 대하여 다음과 같이 계산할 수 있다.

(부분 방음실) $$IL = 10\log\frac{1}{1-\%A}(\text{dB}) \quad \cdots\cdots\cdots\cdots\cdots(2.125)$$

단, %A : 밀폐면적률

(완전 방음실) $$IL = TL - 10\log\frac{1}{\overline{\alpha}} - 10\log S_0(\text{dB}) \quad \cdots\cdots\cdots\cdots(2.126)$$

단, TL : 방음판넬의 투과손실(dB)

$\overline{\alpha}$: 방음실 내부의 평균흡음율

S_0 : 개구부의 면적(㎡)

또는, $$IL = 10\log\Phi(\text{dB})$$ ··············(2.127)

$$\text{단, } \Phi : \text{밀폐비}(= \frac{\text{총밀폐면적}(m^2)}{\text{개구부면적}(m^2)})$$

일반적으로 방음실에 의한 소음감쇠효과는 20~30dB(A)이나, 특수방진구조와 이중벽구조등이 적용된다면 50~70dB(A)정도의 효과도 기대할 수 있다. 미국 테네시주에서는 시험용 사이렌(136dB(A))에 이중방음실대책을 적용하여 100dB(A)의 방음효과를 기록한 예도 있다. 그러나 방음효과는 경제성과 밀접한 관계가 있으므로 최적 설계가 되도록 하여야 한다. 표 (2.23)은 실제 적용사례를 제시하고 있으며, 그림(2.66)부터 그림(2.67)는 방음실의 각종 예이다.

(a) 캔 컨베이어 이송라인 (b) 하부 시머 (Bottom Seamer) (c) 용접기(Welder)

그림 (2.66) 부분 방음실의 예(ⓒANVI)

표 (2.23) 자동프레스 방음실 소음감쇠량 비교표(규격 : $2.7^L \times 1.2^W \times 2.4^H(m)$)(2012년 기준)

형식	방음실 사양	소음감쇠량 (dB(A))
1A	방음판넬(25mm 두께), 천정판넬은 설치 안한 경우	10-12
1B	〃 , 천정판넬, 환기팬, 전등 및 급배기 소음기 설치	15-22
2A	방음판넬(100mm 두께), 천정판넬은 설치 안한 경우	12-14
2B	〃 , 천정판넬, 환기팬, 전등 및 급배기 소음기 설치	20-30
3	두꺼운 비닐(m=5kg/m²) 커텐구조의 방음실-천정부없음, 환기팬 및 전등설치	6-9
4	두꺼운 비닐(m=5kg/m²) + 흡음폼(25mm 두께)설치 -천정부 없는 경우	10
5	방음스크린(부분방음실)-천정부 없는 경우 (m=7.5kg/m² 방음천막)	10

(개선전)　　　　　　　　　　　　　　(개선후)

시멘트 혼합 사일로용 터보 급기필터 방음실 예 (ⓒANVI)

그림 (2.67) 시멘트 사일로용 백필터 집진장치의 완전방음실 (ⓒANVI)

(개선전)　　　　　　　　　　　　　　(개선후)

그림 (2.68) 병 이송라인의 방음터널 (ⓒANVI)

그림 (2.69) 가스터빈 발전기 방음실의 예 (©ANVI)

(a) 방음판넬구조 완전 방음실

(b) 전체 투명구조 완전 방음실

그림 (2.70) 프레스용 방음실 (©ANVI)

형식 \ $f(Hz)$	125	250	500	1K	2K	4K
Ⅰ	20	26	39	50	58	63
Ⅱ	25	31	40	49	58	62
Ⅲ	24	32	44	53	58	59
Ⅳ	31	44	57	63	68	67

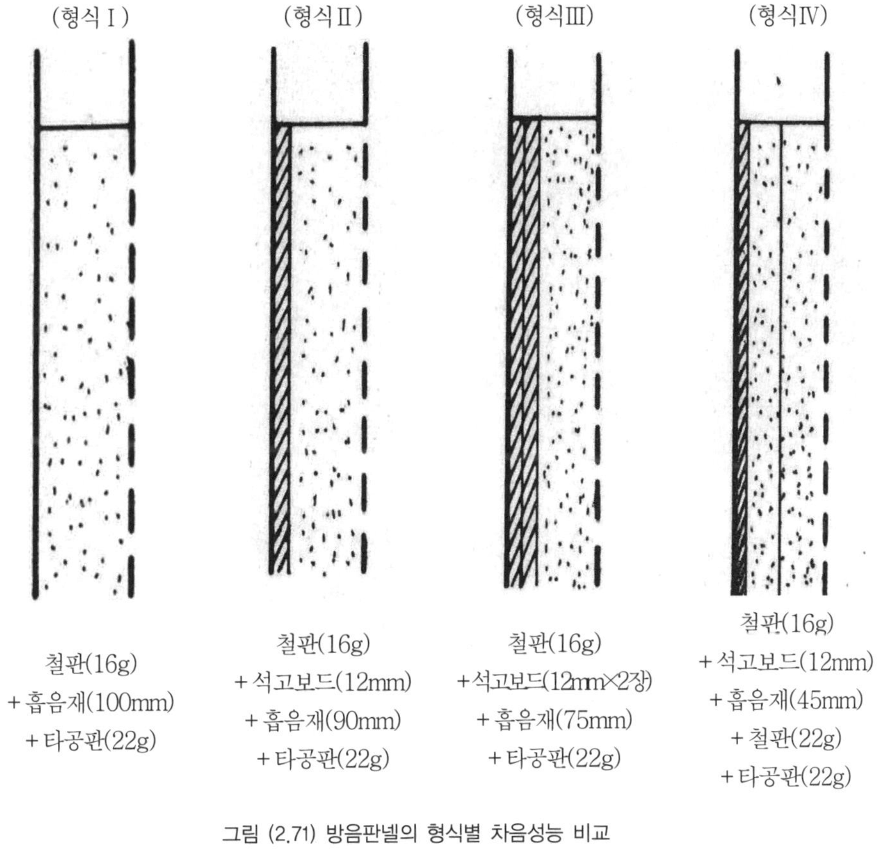

그림 (2.71) 방음판넬의 형식별 차음성능 비교

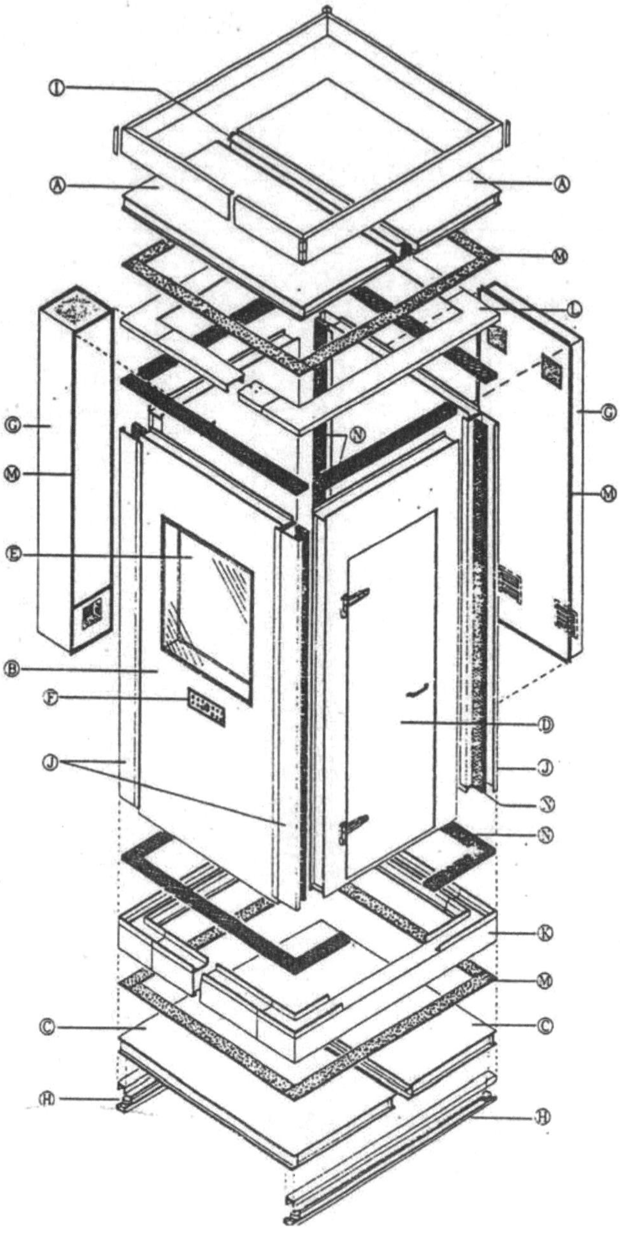

* 청력검사실의 예
(ⓒ한국, ANVI)

ⓐ 천정판넬
ⓑ 벽체판넬
ⓒ 바닥판넬
ⓓ 방문문
ⓔ 방음창
ⓕ 전기판넬
ⓖ 환기 소음덕트
ⓗ 방진구조
ⓘ 평판넬 연결부재
ⓙ 모서리판넬 연결 부재
ⓚ 바닥부 마감 부재
ⓛ 판넬 덮개용 챤넬
ⓜ 방진 패드
ⓝ 방진 패드

그림 (2.72) 청력검사실 예(일본)

2.10.3 환기량의 계산

소음원에 대한 방음실 대책시 항상 문제가 되는 것이 환기량의 계산이다. 작업장에서 고려하여야 할 발열체는 전동기, 펌프, 파이프, 전열기구, 전등 및 작업자 등이므로 이에 대한 발열량 검토후 방음실대책이 적용되어야 할 것이다. 일반적으로 발열체의 시간당 발열량을 Q(㎉/hr), 공기밀도 ρ(kg/㎥), 공기의 정압비열을 Cp(㎉/kg℃), 방음실 내외부의 온도차를 △T(℃)라 하면, 매분당 필요환기량은,

$$V = \frac{Q}{Cp\rho\Delta T}(\text{m}^3/\text{min}) \qquad (2.128)$$

이다. 그러나, 공기의 밀도와 정압비열이 각각 1.2와 1.0 이므로 윗식을 다시쓰면 다음과 같다.

$$V - \frac{0.014Q}{\Delta T}(\text{m}^3/\text{min}) \qquad (2.129)$$

예 제(2-40)

온수펌프의 소음도가 높아 방음실 대책을 적용하고자 한다. 펌프의 발열량은100,800㎉/hr이고, 실내에 250watt 작업등 2개를 설치할 예정이며, 방음실 내외부의 온도차를 10℃로 한다면, 이 방음실의 필요환기량을 계산하라.

【 해설 】

$$Q_1 = 100,800\text{㎉}/hr$$

$$Q_2 = 2 \times 250 \times 3.4 = 1700\text{㎉}/hr$$

$$\therefore\ V = \frac{0.014Q}{\Delta T}$$

$$= \frac{0.014 \times 102,500}{10} = 143.5(\text{m}^3/\text{min})$$

2.11 방음벽 이론

2.11.1 기본 개념

1896년 이후로부터 Redferan, Fehr, Rettinger, Maekawa, Rathe, Kurze 및

Beranek들에 의하여 방음벽 이론에 관한 분석기법들이 제시되고 있으나, 가장 보편적인 방법으로서는 광회절이론을 정립한 Maekawa의 식이 주로 활용되고 있다.

벽의 효과는 우선적으로 전파경로차 δ에 의하여 결정된다. δ는 그림(2.73)과 같이 소음원(S)으로부터 벽 상단부를 거쳐서 수음점(R)으로 이어지는 경로와 소음원에서 수음점으로 직접 이어지는 직선경로와의 차로 주어진다. 즉,

$$\delta = A + B - d(m) \quad \cdots\cdots (2.130)$$

소음의 주어진 주파수 성분에 대해서 δ가 클수록 벽의 음차단효과는 증가한다. 그러나 벽의 효과는 궁극적으로 음파의 굴절과 대기중에서의 산란효과 때문에 제한을 받게 되어, 실제 효과적으로 얻을 수 있는 감쇠량은 25dB 이상을 넘지 못한다.

벽의 회절효과는 Fresnel No.의 함수로서 다음과 같이 주어진다. 즉

$$N = \frac{2\delta}{\lambda} \quad \cdots\cdots (2.131)$$

단, λ : 파장(m)

δ : 전파경로차(m)

정상 대기조건하에서 음파의 속도는 340m/sec(at 15℃)이므로 f를 옥타브 밴드의 중심주파수라 할 때, f와 λ는 다음의 관계를 갖는다.

$$f\lambda = 340 \quad \cdots\cdots (2.132)$$

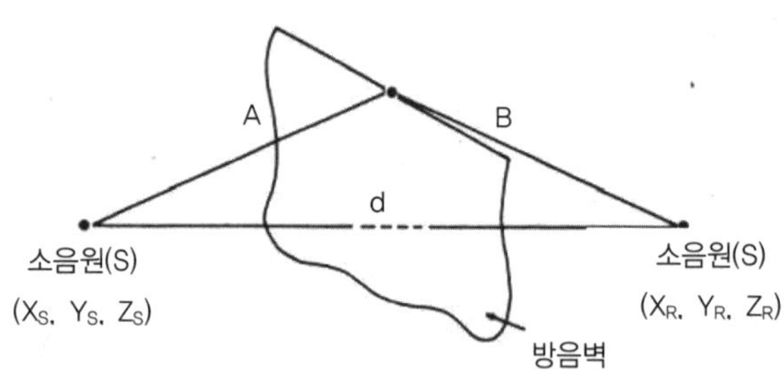

그림 (2.73) 소음전파경로차 δ의 정의

상기 식을 대입하여 정리하면 아래와 같이 된다.

$$N = \frac{f\delta}{170} \quad \cdots\cdots (2.133)$$

따라서, 벽의 효과는 실험적으로 구한 근사공식을 이용하여 위에서, 정의한 Fresnel No. 의 함수로 계산된다.

$$D_B = 20\log\left(\frac{\sqrt{2\pi N}}{\tanh\sqrt{\pi N}}\right) + 5(dB)\ (N \ge -0.2\text{인 경우})$$
$$D_B = 0\ (\text{기타의 경우}) \qquad \cdots\cdots\cdots (2.134)$$

위의 방정식은 N이 양인 경우와 음인 경우에 모두 적용되나, 실제 계산에서는 다음과 같이 몇 개 구간을 나누어 사용한다.

N≤-0.2 일때,	$D_B = 0$	(2.135)
-0.2<N≤0일때,	$D_B = 20\log\left(\frac{\sqrt{2\pi\lvert N\rvert}}{\tanh\sqrt{2\pi\lvert N\rvert}}\right) + 5$	
0<N≤5.03 일때,	$D_B = 20\log\left(\frac{\sqrt{2\pi N}}{\tanh\sqrt{2\pi N}}\right) + 5$	
N>5.03일때,	$D_B = 20$	

Fresnel No.는 주파수의 함수이므로 상기 식에 의한 벽의 효과는 주파수에 따라서 변한다. N은 주파수의 증가에 따라서 커지기 때문에 벽의 효과는 저주파보다는 고주파 소음성분에 대해서 항상 효과적인 것이다. 그림(2.74)는 자유음장내에서 Maekawa에 의해 세시된 벽의 소음감쇠량이다. 일반적으로 적용되고 있는 방음벽의 종류로서는 그림(2.75)과 같은 것들이 제안되고 있다.

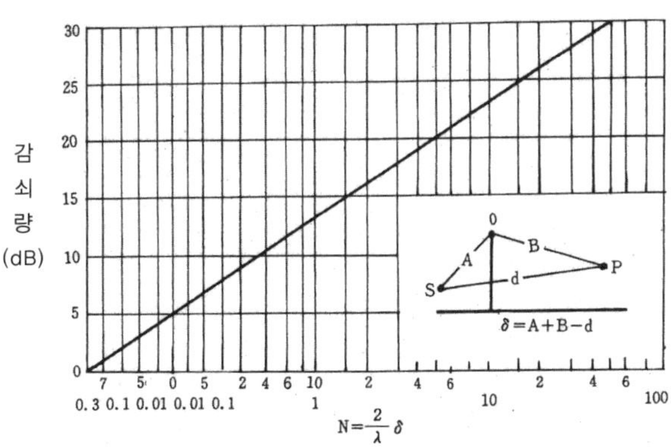

그림 (2.74) 벽에 의한 소음감쇠량

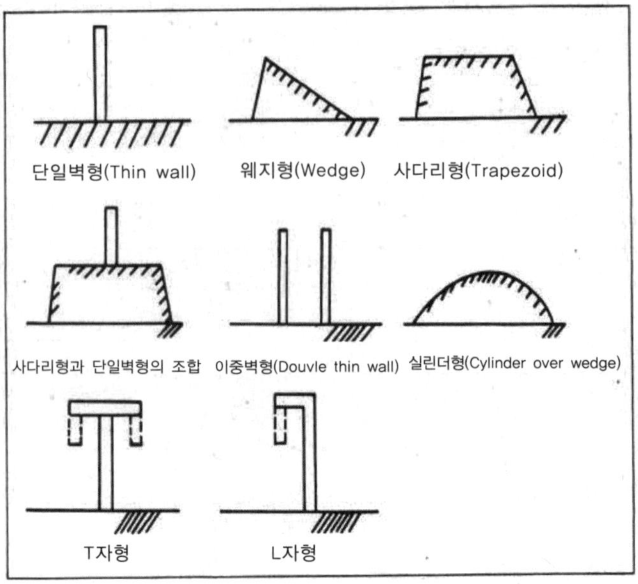

그림 (2.75) 방음벽의 종류

실제 응용시 가장 널리 적용되고 있는 방음벽의 종류는 그림(2.76)과 같다. 그림(2.77)는 고속도로변에 설치된 예이고, 그림(2.78)은 철로변에, 그림(2.79)은 건물옥상 경계선에 설치된 예를 각각 나타내고 있다.

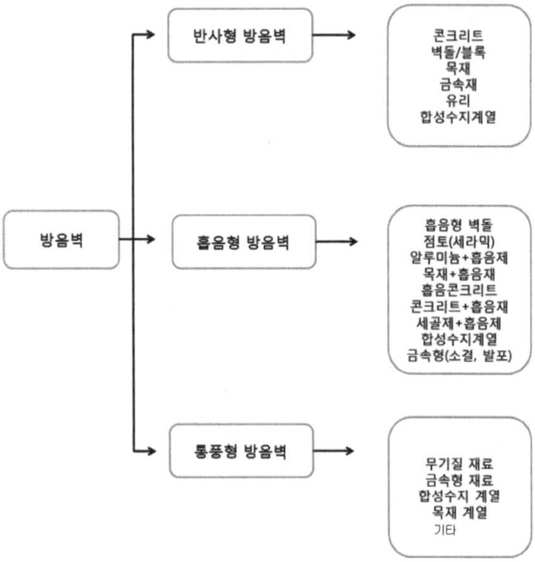

그림(2.76) 방음벽의 재료별 분류

그림(2.77) 고속도로변에 설치된 방음벽의 예

그림(2.78) 철로변에 설치된 방음벽의 예

통풍형 방음벽(©ANVI)

Air Bag 방음벽(©ANVI/Tigar)

Air Dome 방음벽(©ANVI)

Air Roof 방음벽(©ANVI/Tigar)

그림(2.79) 신개념 방음벽의 설치 사례(통풍형 및 Air Bag 방음벽) (©ANVI)

또, 그림(2.80)은 국내에서 시공되고 있는 여러 가지 방음벽의 설치 사례이고, 그림(2.81)는 외국에서 활용되고 있는 방음벽의 예이다.

① 금속형 방음벽

② 콘크리트형 방음벽

③ 투명형+벽돌형 방음벽

④ 투명형 방음벽

⑤ 목재형 방음벽

⑥ (투명형+생태형) 방음벽

그림(2.80) 방음벽의 여러 형태(국내의 예)

① 투명형 방음벽 ② 흡음형+투명형 방음벽

③ 콘크리트 + 태양열 전지판 방음벽 ④ 방음둑

⑤ 생태형(짚) 방음벽 ⑥ 생태형(콘크리트블럭) 방음벽

그림(2.81) 방음벽의 여러 형태(외국의 예)

(자료)Benz Kotzen and Colin English: EnvironmentalNoise Barriers-A Guide to their Acoustic and Visual Design, E&FN SPON, 1999.

그러나, 점차 경제적이고도 방음효과가 양호한 조합방안들이 권장되고 있다. 그림(2.82)은 이중판넬과 단일벽형의 조합방식을 공장경계선에 시공한 것으로서 단일벽만 적용하였을 경우보다 3dB(A)정도 더 효과적인 것으로 나타났다.

그림(2.82) 공장경계선에 설치한 조합방식(이중판넬+단일벽형)의 방음벽(국내의 예)(ⓒANVI)

또, 그림(2.83)과 같은 단일벽형과 흡음실린더형의 조합방안도 상기 조합방식과 동일한 정도의 효과를 나타낸 것으로 보고 되었으며, 그림(2.84)는 그 실측결과이다.

그림 (2.83) 고속도로변에 설치된 조합방식(흡음실린더형+단일벽형)의 방음벽(일본의 예)

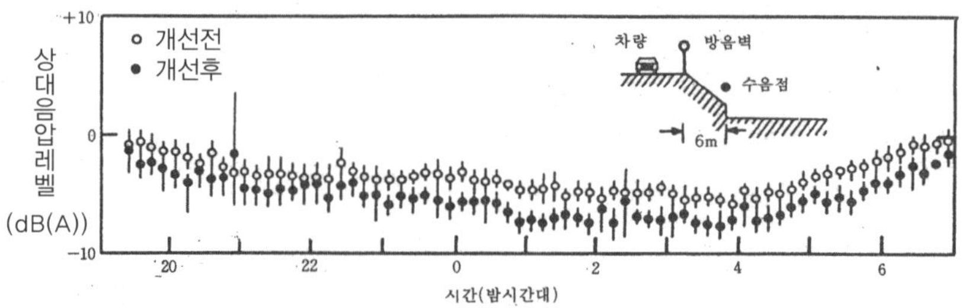

그림 (2.84) 흡음실린더형 방음벽 설치전후의 평균 소음감쇠효과 비교

2.11.2 방음벽의 특성

(1) 기본구성

기초부, 지주, 방음판넬, 부착부재 등으로 이루어진다.

(2) 안정성

(가) 풍압

각 지역의 최대 풍속을 고려한 설계를 적용하여 일반적으로 150kg/m²이 되도록 하나, 지역이나 방음벽의 높이 등을 고려하여 풍압을 조정한다. 그러나 최근의 태풍은 그 강도가 점차 커지고 있어, 설계시 충분한 안전성이 요구된다.

(나) 내후성, 내식성

초기 갤러리형 방음판의 경우, 표면재인 알루미늄판은 1mm두께이고, 차음판은 아연도강판 1.6mm이며, 내부 흡음재는 유리섬유 또는 폴리에틸렌 계열의 재질이 최근에는 합성수지형도 많이 적용되고 있다. 보호필름으로 피복된 일체 상태이므로 안정성을 유지할 수 있다.

(다) 지진

지진에 의한 신동은 신원 부근에서만 상하로 격동할 뿐, 그 외는 수평방향이 주성분이므로, $K_H = 0.20$, $K_V = 0$을 기본 설계 자료로 한다.

(3) 경제성

자재비 이외에 시공여건, 기초여건 등을 고려하여 경제성을 판단하여야 한다.

(4) 미관성

초기 방음판의 경우, 알루미늄판 표면의 적절한 Gallery와 Punch 형상의 배치, 적절한 길이와 폭을 가진 조립식 구조이므로 외관이 좋고 통일성을 주며, 최근에는 여러 가지 색상도 고려하고 있다.

2.12 방진이론

공해적 측면에서의 진동, 즉 공해진동은 작업장내 기계류의 가동에 의한 공장진동, 도로교통기관 등에 의한 도로교통진동 및 건설작업시 발생되는 건설작업진동 등으로 나누어 볼수 있으며, 정의는 소음과 마찬가지로 "내가 원치 않는 진동" 또는 "불쾌감을 유발하는 진동"이라고 할 수 있다. 공해진동의 종류중 공장진동의 경우, 주변민가 지역과 민원발생뿐만 아니라 정밀기계가공 및 실험실 등에 많은 문제를 일으키고 있으므로, 진동 배출시설로 규정되어 있는 시설에 대해서는 적절한 방지시설의 설치가 필수적이라 하겠다.

2.12.1 기본 개념

(1) 진동의 물리량

그림(2.85)과 같은 주기적인 sine진동의 경우, 시간 t에 대한 변위 x는 다음과 같이 나타낼 수 있다.

$$x = A_0 \sin wt \tag{2.136}$$

단, A_0 : 진폭

w : 각주파수($= 2\pi f$)

그리고 진동속도(u) 및 진동가속도(a)는 각각 다음과 같다.

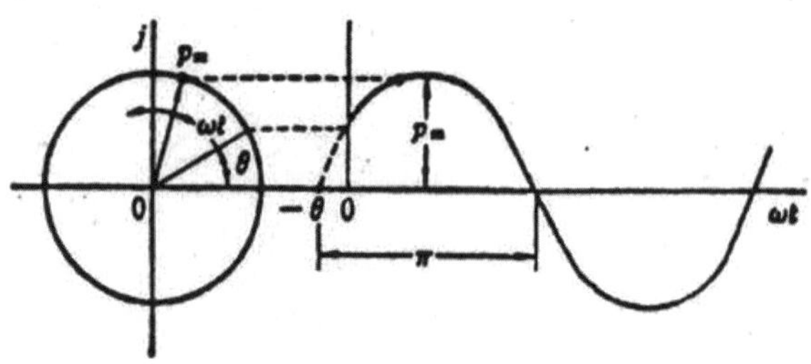

그림(2.85) 진동의 물리적 개념

$$u = \frac{dx}{dt} = A_0 w \cos wt \tag{2.137}$$

$$a = \frac{du}{dt} = \frac{d^2x}{dt^2} = -A_0 w^2 \sin wt \tag{2.138}$$

이들에 대한 위상관계는 그림(2.86)와 같다.

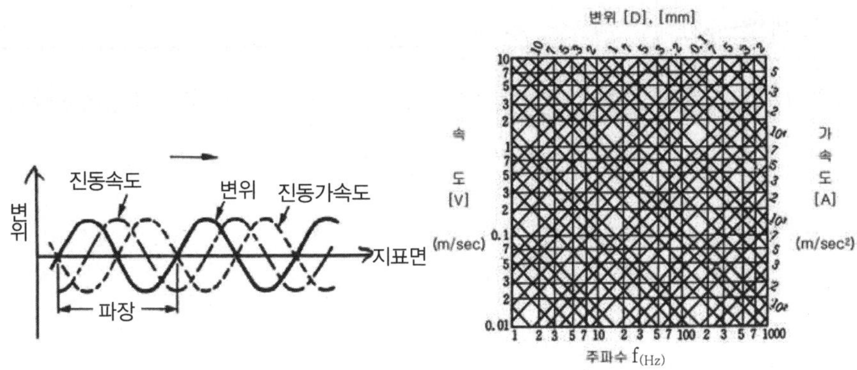

그림 (2.86) 진동의 변위, 속도 및 가속도의 위상 관계 및 환산표

예 제(2-41)

정현진동의 진동변위를 $x = A_0 \sin wt$라 할 때 진동속도(u)를 계산하라.

【 해설 】 $u = \dfrac{dx}{dt} = \dfrac{d}{dt}(A_0 \sin wt)$

$= A_0 w \cos wt$

$= A_0 w \sin(wt + \pi/2)$

$= A_0 (2\pi f) \sin(2\pi f t + \pi/2)$

예 제(2-42)

진동수(f) 20Hz, 속도진폭의 최대치가 0.0009m/s인 정현진동의 최대가속도 진폭을 구하라.

【 해설 】 $x = A_0 \sin wt$

$u = \dfrac{dx}{dt} = A_0 w \cos wt = A_0\, 2\pi f \cos 2\pi f t$

문제로부터, $A_0\, 2\pi f = 0.0009$이고, f는 20Hz이므로, $w = 40\pi$이다.

그리고, 가속도는,

$a = \dfrac{du}{dt} = \dfrac{d^2x}{dt^2} = -A_0 w^2 \sin wt$ 이므로,

$\therefore\ A_0 w^2 = \dfrac{A_0 w}{w} \cdot\ w^2$

$= \dfrac{0.0009}{40\pi} \times (40\pi)^2 = 0.113 = 1.13 \times 10^{-1} (m/s^2)$

예 제(2-43)

진동가속도계의 변위진폭(A_0) 측정오차$\left(\frac{\triangle A}{A_0}\right)$가 1%이고, 주파수($f$)의 측정오차$\left(\frac{\triangle f}{A}\right)$가 0.5%라면, 진동가속도($a$)의 측정오차$\left(\frac{\triangle a}{a}\right)$는 몇 %나 되는지 계산하라.

【 해설 】 $a = A_0 w^2 = A_0 (2\pi f)^2$

$$\frac{\triangle a}{a} = \frac{(A_0 + \triangle A)(w + \triangle w) - A_0 w^2}{A_0 w^2}$$

$$= \frac{1}{A_0 w^2}\{Aw^2 + \triangle A w^2 + 2A_0 w \triangle w + 2w \triangle A \triangle w + \triangle w^2 (A_0 + \triangle A) - A_0 w^2\}$$

2차의 미세부분의 곱은 거의 0 이므로, 이를 다시쓰면,

$$\frac{\triangle a}{a} = \frac{\triangle A}{A_0} + \frac{2\triangle w}{w} = \frac{\triangle A}{A_0} + \frac{2\triangle f}{f}$$

$$\therefore \ \frac{\triangle a}{a} = 1 + 2 \times 0.5 = 2(\%)$$

(2) 진동가속도 레벨(VAL)

공해진동문제에 있어서 실용적인 진동의 평가는 진동가속도 레벨(VAL : Vibration Acceleration Level)로 나타낸다.

$$VAL = 20\log\frac{a}{a_0} \quad (\text{dB}) \qquad \cdots\cdots (2.139)$$

단, a : 가속도 진폭의 실효치(m/s^2)

a_0 : 기준 가속도 진폭(= $10^{-5} m/s^2$) (인체 전신진동감각치의 1/1000에 해당)

일반적으로 공해진동의 대상으로서 문제가 되는 VAL은 60~80dB 정도이다.

예 제(2-44)

진동발생원의 진동을 측정한 결과, 가속도 진폭이 $2\times10^{-2}(m/s^2)$이었다. 이를 진동가속도레벨(VAL)로 나타내면 얼마인지 계산하라.

【 해설 】 $a = \frac{A_0}{\sqrt{2}} = \frac{2\times10^{-2}}{\sqrt{2}} = 0.014 = 1.4\times10^{-2}(m/s^2)$

$$VAL = 20\log\frac{a}{a_0} = 20\log\frac{1.4\times10^{-2}}{10^{-5}} = 63(dB)$$

그리고, 진동가속도레벨의 덧셈과 뺄셈은 SPL의 계산과 동일하게 다음과 같이 간편식을 사용하면 편리하다.

표 (2.24) 진동가속도레벨의 덧셈 및 뺄셈 보정치

덧 셈	$L_1-L_2(\triangle L)$	0~1	2~3	4~9	10 이상
	보정치(dB)	+3	+2	+1	0
뺄 셈	$L_1-L_2(\triangle L)$	3	4~5	6~9	10 이상
	보정치(dB)	−3	−2	−1	0

한편, 공해진동과 소음의 기본사항을 비교하여 정리하면 표(2.25)와 같이 나타낼 수 있다.

표 (2.25) 공해진동과 소음의 기본개념 비교

<table>
<tr><th>구분</th><th colspan="2">소음분야</th><th colspan="2">공해진동분야</th></tr>
<tr><td>에너지</td><td>음향강도
$I(W/m^2)$</td><td>$I=\frac{P^2}{\rho C}=\rho C vp^2$</td><td>진동강도
$I_V(W/m^2)$</td><td>$I_V=\rho V vp^2$</td></tr>
<tr><td>파워</td><td>음향파워
$W(watt)$</td><td>$W=IS$</td><td>진동파워
$W(watt)$</td><td>$W=I_V S=\rho V S vp^2$</td></tr>
<tr><td rowspan="2">대수표시</td><td>음압레벨
$SPL(dB)$</td><td>$SPL=10\log\frac{I}{I_0}=20\log\frac{P}{P_0}$</td><td>진동가속도레벨
$VAL(dB)$</td><td>$VAL=20\log\frac{a_s}{a_{0\,rms}}$</td></tr>
<tr><td>소음도
$L_A(dB)$</td><td>$L_A=10\log\sum_{i=1}^{n}10^{\frac{SPL_i-\Delta L_i}{10}}$</td><td>연직방향
진동레벨
$L_V(dB)$</td><td>$L_V=20\log\left(\frac{\left[\sum a_n^2\cdot\ 10^{\frac{Cn}{10}}\right]^{\frac{1}{2}}}{a_{0rms}}\right)$</td></tr>
<tr><td>주파수보정</td><td colspan="2">감도(dB)
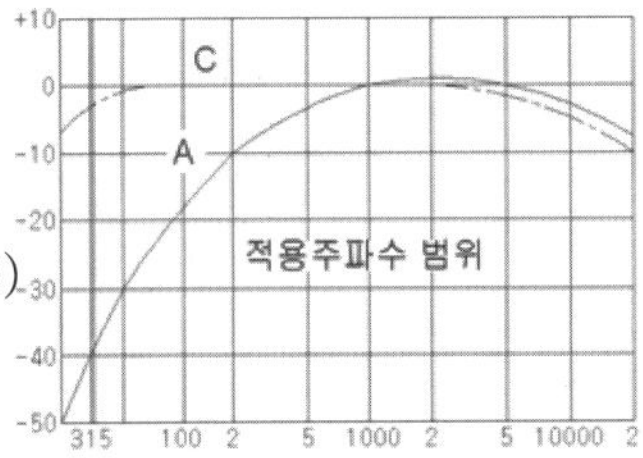
주파수(Hz)</td><td colspan="2">감도(dB)
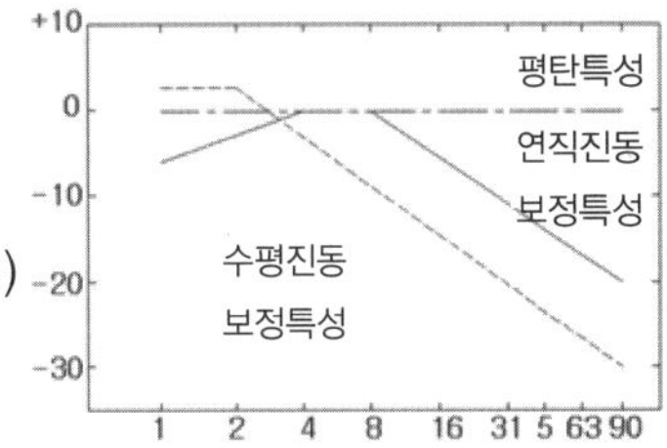
주파수(Hz)</td></tr>
</table>

(3) 진동레벨(VL)

상기 진동가속도레벨(VAL)은 물리적인 개념으로서의 수치이므로 작업자 또는 주민들, 즉 인체에 영향을 미치는 개념으로 그대로 적용시는 다소 문제가 있다. 따라서 진동가속도레벨에 인체감각보정을 한 값, 즉 진동레벨(VL)이 필요하게 된다.

$$VL = VAL + K \text{ (dB)} \qquad (2.140)$$

단, K : 진동주파수별 인체감각 보정치(dB)

인간에 대한 진동감각은 1930년경부터 Reiher와 Meister, $B\acute{e}k\acute{e}sy$, Postlethwaite, Zeller, Diechmann등에 의하여 많은 이론식들이 제기되어 국제표준기구(ISO)에 의하여 표준화 되었다. 그림(2.87)는 Reiher와 Meister가 제안한 진동감각곡선이고, 그림 (2.88)은 ISO-2631에 명시된 진동의 등감각곡선이며 이를 간단히 정리한 것이 표(2.26)이다.

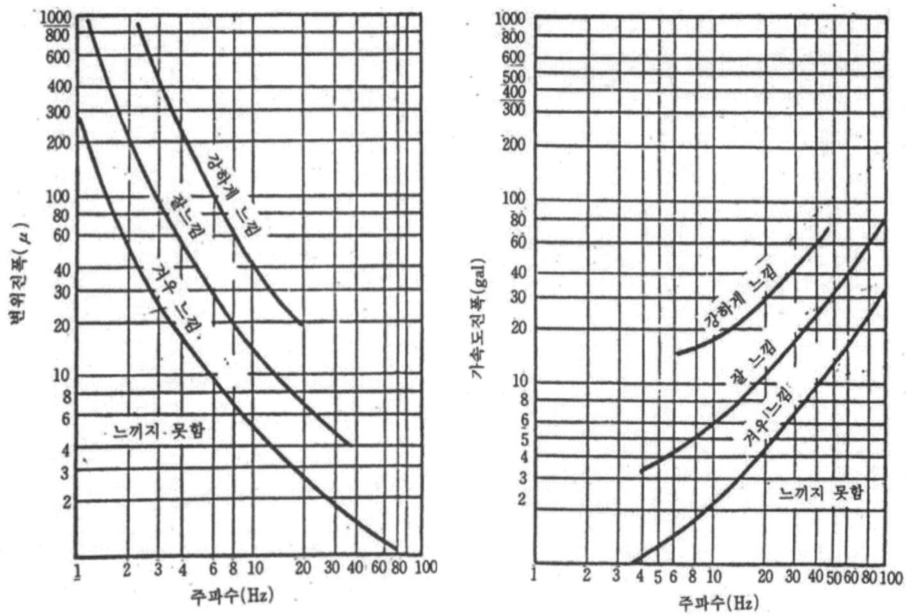

그림 (2.87) Reiher-Meister의 진동감각곡선

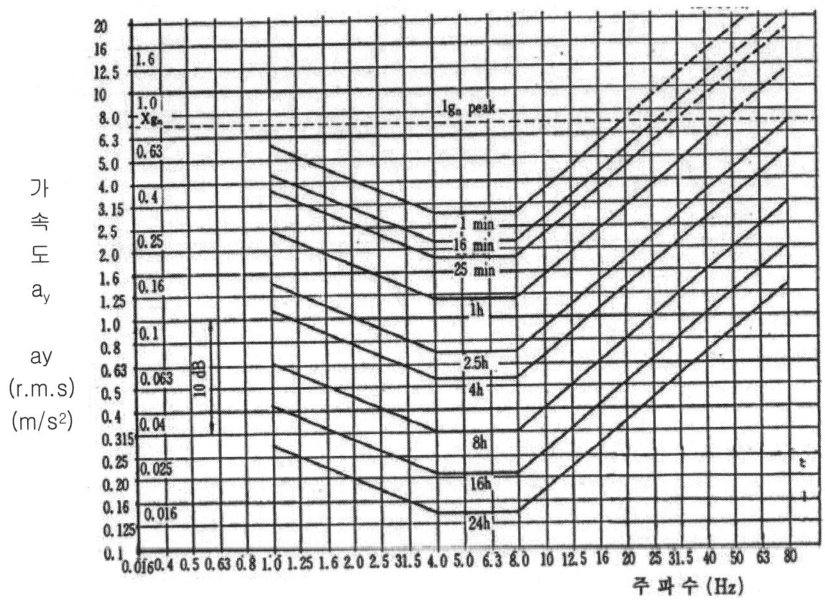

수직방향 진동

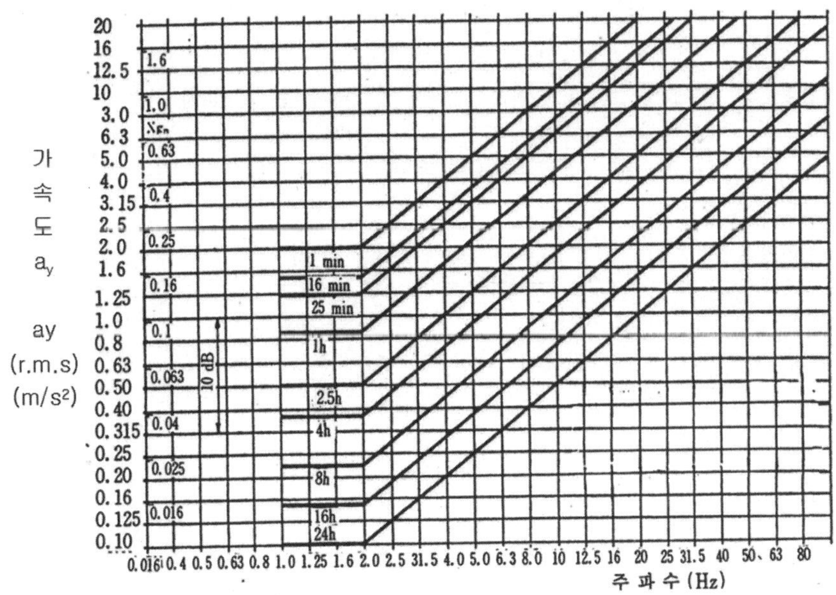

수평방향 진동

그림 (2.88) 진동의 등감각곡선 (ISO 2631)

표 (2.26) 진동 주파수별 인체감각 보정치(K)

$f(Hz)$		1	2	4	8	16	31.5	63
보정차 (dB)	수직방향	−6	−3	0	0	−6	−12	−18
	수평방향	−3	3	3	−9	−15	−21	−27

예 제(2-45)

진동발생원의 수직방향에 대한 주파수 분석결과, 진동가속도 실효치가 각각 다음과 같았다.

$2H \ : 3(mm/s^2),\ 4H \ : 4(mm/s^2),\ 8H \ : 5(mm/s^2),\ 16H \ : 6(mm/s^2)$

① 합성파의 진동가속도 실효치(mm/s^2, rms)와 VAL(dB)을 구하라.

② VL(dB)을 구하라.

【 해설 】 (1) $a = \sqrt{a_1^2 + a_2^2 + a_3^2 + a_4^2}$

$$= \sqrt{3^2 + 4^2 + 5^2 + 6^2} = \sqrt{86} \fallingdotseq 9(mm/s^2)$$

$$\therefore \ VAL = 20\log\frac{a}{a_0} = 20\log\frac{9\times 10^{-3}}{10^{-5}} = 60(\mathrm{dB})$$

(2) 각 주파수별 진동가속도 실효치를 VAL로 계산하고, 수직방향에 대한 인체감각 보정치를 가하여 합성하면 다음과 같이 정리할 수 있다.

$f(Hz)$	2	4	8	16
VAL(dB)	50	52	54	56
보정치(수직방향)	−3	0	0	−6
VL(dB)	47	52	54	50
합성 VL(dB)	58			

2.12.2 진동 기준

대상	내용		평가규격		주파수범위 (Hz)	진동기준치	비고
사람	피로능률 감퇴경계		ISO 2631(1) (1985)		1~80	VL=90dB	
사람	쾌적 감퇴경계		ISO 2631(1) (1985)		1~80	VL=90dB	
사람	생리적 영향		ISO 2631(1) (1985)		1~80	VL=90dB	
사람	수면방해		ISO 2631(1) (1985)		1~80	VL=60dB(최소)	표(2.27) 참조
사람	연속적, 간헐적, 충격성진동(전신진동)		ISO 2631(2) (1985)		1~80	(주거지)4Hz:a=0.5g	표(2.28) 참조
사람	Z축 수직진동(전신진동)		ISO 2631(3) (1982)		0.63~1		
건물	건물진동의 영향		ISO DP 4866 (1982) ISO 2631/DADI (1982)		1~80	a=0.102~1.02g이하 (VAL=40~60dB)	표(2.28) 참조
건물	일반, 특수고층건물, 해양구조물		ISO 6897 (1984)		0.063~1	(일반건물)0.5Hz:3.5g (건물내 정밀작업) 0.5Hz=2g	표(2.29), 표(2.30) 및 그림(2.87) 참조
기계	속도기준	저속기계	VDI		f	$A = f/4mm$이하	1800rpm이하
기계	속도기준	고속기계	VDI		f	$A = 124.1/f^2 mm$이하	1800rpm이상
기계	기초기준	소형기계	VDI		12.5~500	(예)25Hz : $A = 10\mu m$	그림(2.88) 참조
기계	기초기준	대형기계	VDI		10~200	(예)40Hz : $A = 10\mu m$	그림(2.89) 참조
정밀기기	광학실험장치	레이져 사진기기, 광학검사장치, 분광계, 간섭계 등	제작회사사양	특수	5이하	$1\mu m$, 0.15g이하	그림(2.98) 참조
정밀기기	정밀전자기기	전자현미경, 전자 저울 등	제작회사사양	일반	1~100	$3\sim5\mu m$, 1g이하	그림(2.98) 참조
정밀기기	정밀전자기기	3차원 측정기, 표면조도계, 경도계, 진원도 측정기, 원자계수기 등	제작회사사양	일반	1~100	$3\sim5\mu m$, 1g이하	그림(2.98) 참조
정밀기기	반도체 검사기기	웨이퍼 정밀 컴퓨터 기기 등	〃	특수	0~10 10~300	$1\mu m$, 0.2g이하 $1\mu m$, 0.1g이하	그림(2.98) 참조
정밀기기	반도체 검사기기	웨이퍼 정밀 컴퓨터 기기 등	〃	일반	5~50	$1\mu m$, 1g이하	그림(2.98) 참조
정밀기기	정밀가공기계	NC선반, 로봇기계 등	〃	특수	1~100	$3\mu m$, 0.3~0.5g	그림(2.98) 참조
정밀기기	정밀가공기계	NC선반, 로봇기계 등	〃	일반	1~100	$3\mu m$, 1~3g	그림(2.98) 참조

표 (2.27) 진동이 수면에 미치는 영향

진동레벨(dB(V))(수직방향)		피해영향
바닥면	침 대	
55	60	거의 영향 없음
60	65	수면초기 : 잠에서 깨어남, 수면중 : 영향없음
64	69	수면초기단계 : 잠에서 깨어남, 수면중 : 다소 영향미침
69	74	보통수면의 경우에는 거의 깨어나고, 깊은 잠의 경우 다소 깨어남
74	79	깊은 잠일 경우에도 거의 잠이 깨어남

표 (2.28) 진동허용기준(건물진동 및 충격에 대한 인체폭로의 평가)(ISO 2631)

지 역	시간대	연속적 · 간헐적 가속도진폭의 실효치		충격 가속도진폭의 실효치	
		rms(m/s^2)	VAL(dB)	rms(m/s^2)	VAL(dB)
정밀작업구역 (병원수술실 및 정밀실험실)	낮	0.0036	51	0.005	54
	밤	0.0036	51	0.005	54
주거지	낮	$\frac{0.072}{\sqrt{t}}$ (t=2~4초)	57	$\frac{0.1}{\sqrt{n}}$ (n=60~90회)	60
	밤	0.005	54	0.01	60
사무실	상시	$\frac{0.14}{\sqrt{t}}$ (t=4초)	63	$\frac{0.2}{\sqrt{n}}$ (n=128회)	66
공 장	상시	$\frac{0.28}{\sqrt{t}}$ (t=8초)	69	$\frac{0.4}{\sqrt{n}}$ (n=128회)	72

표 (2.29) 건축구조물별 진동조건(ISO 6897)

구조물 / 구분	건 축 물		해양구조물
	일 반	특 수	
진동주파수 범위(Hz)	0.063~1	0.063~1	0.063~1
계속시간(분)	10 이상	10 이상	10 이상
발생주기	5 년	매 일	5 년

표 (2.30) 건축구조물별 진동평가기준(ISO 6897)

구조물 / 구분	건 축 물			해양구조물
	일 반	특 수		
대상용도	일 반	고정건물	정밀작업	정밀작업
평가기준	진정발생 2%	최소진동역치	평균진동역치	작업곤란
자 료	그림(2.87) (a)곡선1	그림(2.87) (b)곡선1	그림(2.87) (b)곡선2	그림(2.87) (a)곡선2

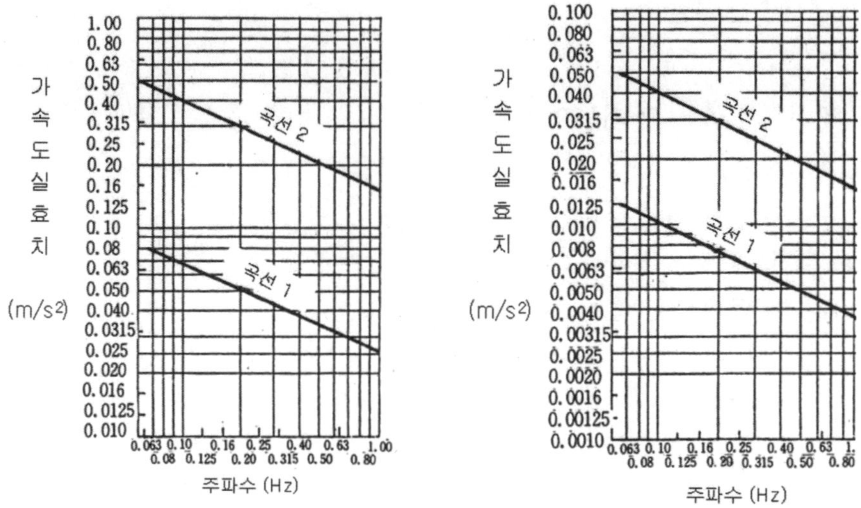

(a) 곡선 1 : 일반용도의 건축물
곡선 2 : 해양고정 구조물

(b) 곡선 1 : 인체 최소진동역치
곡선 2 : 인체 평균진동역치

그림 (2.89) 인체반응을 고려한 구조물의 진동평가 예

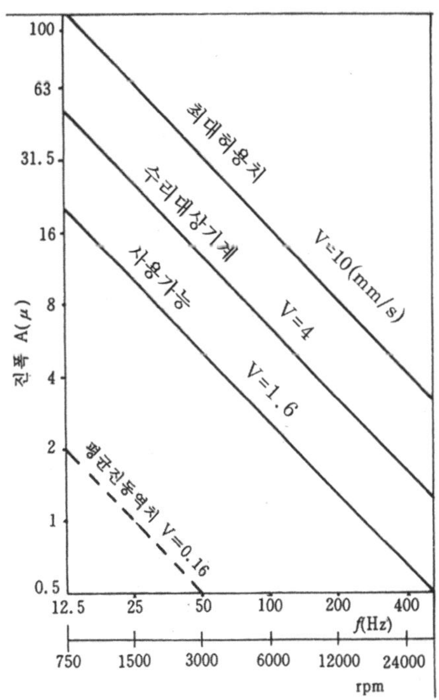

그림 (2.90) 소형기계의 진동기준(VDI)

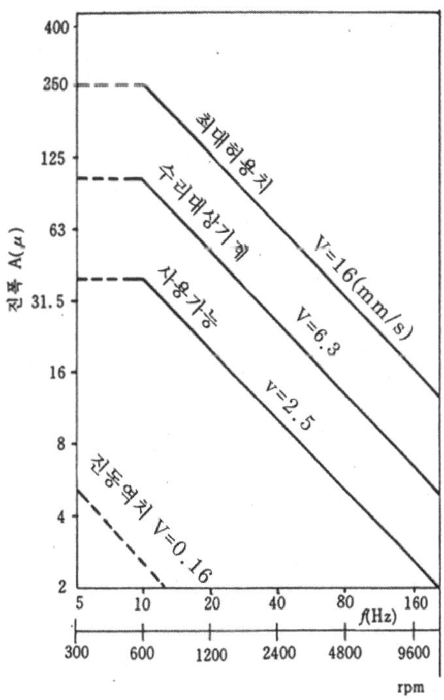

그림 (2.91) 대형기계의 진동기준(VDI)

2.12.3 방진기술

(1) 진동원의 종류 및 진동모델

일반적으로 진동의 발생원인은, 다음과 같이 몇 가지 요인으로 나누어 볼 수 있다.

(a) 왕복운동에 의한 경우 : 피스톤운동(엔진류, 압축기 등)

(b) 회전운동에 의한 경우 : 전동기, 발전기, 기어 휠 등

(c) 마찰운동에 의한 경우 : 베아링, 브레이크 등

(d) 충격에 의한 경우 : 해머작업(리벳팅 포함), 파일작업 등

(e) 전자력에 의한 경우 : 변압기의 리액터, 전동기의 코어부 등

(f) 기타 : 정전력, 초저주파 진동 등

와 같이 나누어 볼 수 있으며, 이러한 진동해석을 위한 기본 이론적 배경을 표 (2.31)과 같이 요약 정리하였다.

표 (2.31) 진동모델 및 관련공식

구 분		운동방정식	계의 모델	관련공식
자유진동	단진동	$m\ddot{x}+kx=0$ (관성력 +선형탄성력=0)	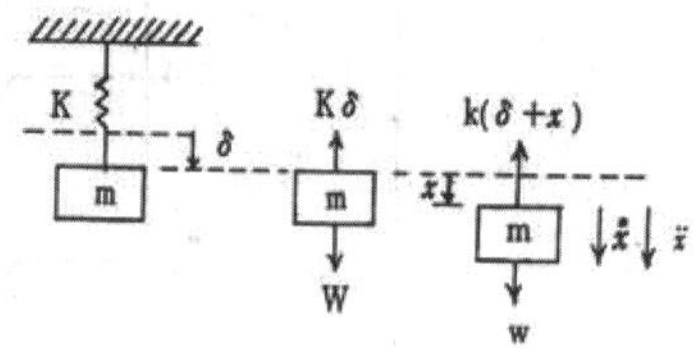	· 고유진동수(f_0) $=\frac{1}{2\pi}\sqrt{\frac{k}{m}}=\frac{15.8}{\sqrt{\delta}}$ (Hz) k:스프링정수(N/mm) m:질량(kg) δ:정적변위량(mm)
	점성감쇠진동	$m\ddot{x}+c\dot{x}+kx=0$ (관성력 +점성제동력 +선형탄성력=0)	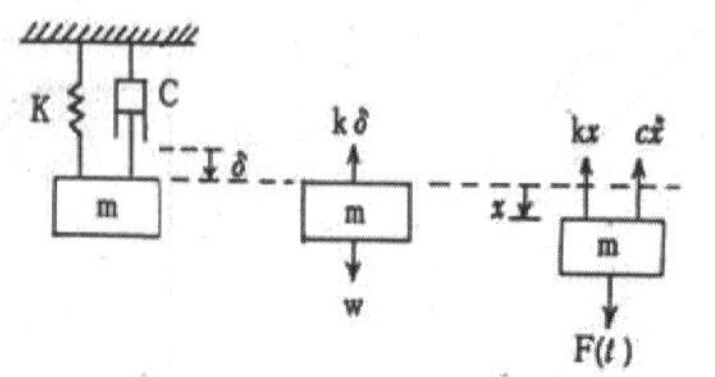	· 임계감쇠계수(C_c) $=2m\sqrt{\frac{k}{m}}$ $=2mw_0=2\sqrt{km}$ · 감쇠비(ξ)=$\frac{C}{C_c}$
강제진동		$m\ddot{x}+c\dot{x}+kx=0$ $=F_0\sin wt$ (강제외력)	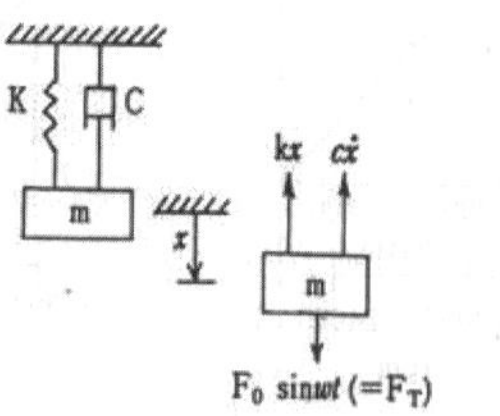	· 진동전달율(T)=$\frac{F_T}{F_0}$ $=\left\vert\frac{1}{1-(f/f_0)^2}\right\vert$ · 방진효율(η)=1−T(%) · 방진감쇠량(△L) $=20\log\frac{1}{T}$(dB) · 강제진동수(f) $=15.8\sqrt{\frac{1}{\delta}(1+\frac{1}{T})}$ (Hz)

예 제(2-46)

질량(m) 0.25kg인 물체가 스프링에 달려 있다. 고유진동수(f_0)와 정적변위량(δ)을 계산하라. 단, 이 스프링의 스프링정수는 0.1533 N/mm이다.

【 해설 】 K=153.3 N/m이므로

$$f_0 = \frac{1}{2\pi}\sqrt{\frac{k}{m}} = \frac{1}{2\pi}\sqrt{\frac{153.3}{0.25}} \fallingdotseq 4(H_Z)$$

또, $mg = k\delta$ 이므로,

$$\delta = \frac{mg}{k} = \frac{0.25 \times 9.8}{0.1533} \fallingdotseq 16(mm)$$

예 제(2-47)

대포는 포탄을 발사하고 나면 포신이 스프링으로 반발할 수 있도록 설계되어 있다.이때 스프링과 같이 병렬로 설치된 감쇠기는 포신을 진동시키지 않고 최단시간내에 원위치로 돌아갈 수 있도록 되어있다. 포신의 중량(w)이 730N, 포신의 반발속도(V)는 24.4m/s, 스프링의 최대변위가 1.52m라면, 이 포에 필요한 스프링정수(k)와 감쇠기의 용량을 구하라.

【 해설 】 초기의 운동에너지(F_1)는 모두 스프링으로 흡수(F_2)되어야 하므로,

$$F_1 = F_2 \text{ 즉, } \frac{1}{2}mv^2 = \frac{1}{2}kx^2$$

$$\frac{730}{9.8}(24.4)^2 = k(1.52)^2$$

∴ k=19, 195(N/m)≒19(N/mm)

또, 감쇠기는 임계감쇠운동을 하여야 하므로,

$$C = 2mw_0 = 2\sqrt{mk} = 2\sqrt{\left(\frac{730}{9.8}\right) \times 19{,}195} = 2{,}392 \fallingdotseq (2.4N/mm - s)$$

예 제(2-47)

질량(m) 100kg의 기계가 스프링정수 500kN/m인 스프링 위에 지지되어 있고,회전운동에 따른 진동을 발생하고 있다. 특히, 3000rpm에서 회전불균형에 의한 강제외력(F_0)이 300N이었다면, 이 기계 가동에 따른 진동전달율(T)과 전달력(F_r)를 구하라.단, 감쇠계수(ξ)는 0.2로 한다.

【 해설 】 계의 정적변위량(δ)는 $W = mg = k\delta$ 로부터

$$\delta = \frac{mg}{k} = \frac{100 \times 9.8}{500 \times 10^3} = 1.96 \times 10^{-3}(m) = 1.96(mm)$$

그리고, 계의 고유진동수(f_0)는,

$$f_0 = \frac{1}{2\pi}\sqrt{\frac{k}{m}} = \frac{1}{2\pi}\sqrt{\frac{g}{\delta}} = \frac{1}{2\pi}\sqrt{\frac{9.8}{1.96\times 10^{-3}}} = 11.3(Hz)$$

계의 강제고유진동수(f)는,

$$f = \frac{rpm}{60} = \frac{3000}{60} = 50(Hz)$$

따라서, 진동전달율(T)은,

$$T = \left| \frac{1}{1-\left(\frac{f}{f_0}\right)^2} \right| = \left| \frac{1}{1-\left(\frac{50}{11.3}\right)^2} \right| = 0.054 = 5.4(\%)$$

그리고, 전달력(F_T)은, $T = \frac{F_T}{F_0}$ 로부터,

$$F_T = F_0 \times T = 300 \times 0.054 = 16.2(N)$$

(2) 방진대책 기법

기계류에 대한 방진대책시는 그림(2.92)과 같이 기계로부터 바닥면으로 진동이 전달되는 경우와 주변으로부터의 진동이 기계로 전달되는 경우로 나누어 고려하여야 한다.

표(2.32)는 방진대책기법 종합요약표이다.

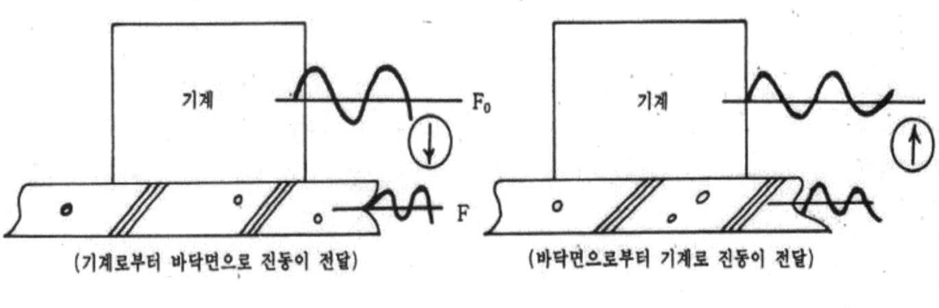

그림 (2.92) 방진대책 개념

표 (2.32) 방진대책기법 종합요약표

구분	대책기법	내 용	평 가
진동원대책	가진력의 저감	(1) 충격가진력$(F_i) = \sqrt{kwv/g}$ (2) 회전가진력$(F_r) = mrw^2 l$ (3) 왕복가진력 $(F_x) = mrw^2(\cos wt + \frac{r}{l}\cos 2wt)$	충격물의 중량(W)을 줄이든가, 가진 주파수(f)를 조정하여 가진력을 최대한 저감시킨다.
	공정 및 가공기법 개선	(1) 진동원의 정비	불균형 마모부분의 교정, 윤활
		(2) 공정 및 가공기법 개선	저진동발생 공정으로의 검토 (낙하식→콘베이어식/유압식, 리벳팅→용접)
	기초부 개선	$L_a = 20\log\frac{F_0}{M_0} + 97 + 20\log\tau_1\,(dB)$ 단, $\tau_1 = \frac{\left(\frac{f}{f_0}\right)^2}{\sqrt{\left\{1-\left(\frac{f}{f_0}\right)^2\right\}^2 + (2)\left(\frac{f}{f_0}\right)^2}}$ $M_0 = m + M$(기계질량+ 기초질량)	(1)$\frac{f}{f_0} < 1$:기초부 바닥면적(A)크게 기초부 실량(M) 삭게 (2)$\frac{f}{f_0} > 1$:A를 작게, M을 크게 (3)$\frac{f}{f_0} \gg 1.4$:탄성지지기법을 적용
	탄성지지	$T = \left\| \frac{1}{1-\left(\frac{f}{f_0}\right)^2} \right\| < 1$ $\left(\frac{f}{f_0} \gg 1.4\text{일때}\right)$ $R = 20\log\frac{1}{T}(dB)$	각종 탄성재료를 용도에 맞게 활용한다. (1) 패드 및 코르크류 (2) 방진고무 (3) 금속스프링 (4) 공기스프링 (5) 특수 방진 장치
전파경로대책	거리감쇠	$L_r = L_0 - 8.7\lambda_0(r - r_0) - 20\log\left(\frac{r}{r_0}\right)^n (dB)$	λ_0:지반내부의 감쇠정수$(= 2\pi hf/c)$ h :지반의 손실계수 n :진동파 정수 (표면파 : n=$\frac{1}{2}$)
	방진구설치 (도랑)	△L=6dB를 얻기위해서 5~10m의 깊이가 필요하나, 일반적으로 효과가 거의 없다.	구의 폭은 $\frac{\lambda}{20}$로하고, 깊이는 $\frac{\lambda}{4}$ 이상이 되도록 한다.
	차단층설치	$\triangle L = 20\log\frac{1}{\tau_0}$(dB) (실제 적용시 큰 효과를 기대하기 어렵다)	△L=평면진동파의 감쇠량(dB) $\tau_0 = \frac{\text{투과파의 변위진폭}}{\text{입사파의 변위진폭}}$

(계속)

구분	대책기법	내 용	평 가
전파경로대책	장애물설치	진동원 부근에 대형중량물이나 별도의 건물을 신축하여 진동차단을 기한다.	
수진점대책	피해대상이 민가일 경우, 깊은 도랑을 파거나, 건물의 일부 또는 전부에 탄성지기기법을 적용할 수 있지만, 큰 효과를 기대할 수 없을 뿐 아니라, 경제성 및 기타의 문제요인이 더 크므로, 진동원이나 전파경로상에 대책을 취하는 것이 바람직하다.		

(가) 기초부 개선

그림(2.93)과 같이 지반위 기초에 기계가 설치되어 있다. 기계의 질량을 m, 기초의 질량을 M, 이들의 합을 $M'(=m+M)$라하고, 지반의 스프링정수 k, 감쇠계수를 C라 할 때, 이 진동계의 고유진동수는 다음과 같이 나타낼 수 있다.

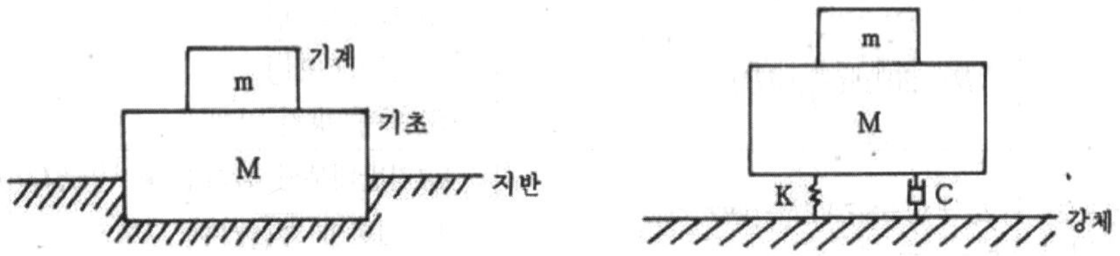

그림 (2.93) 기계기초의 진동계

$$f_0 = \frac{1}{2\pi}\sqrt{\frac{k}{M_0}} = \frac{1}{2\pi}\sqrt{\frac{k_0 A}{M_0}} = \frac{1}{2\pi}\sqrt{\frac{k_0}{\frac{M_0}{A}}} \quad \cdots\cdots (2.141)$$

단, k : 지반의 스프링 정수$(=k_0A)$(kg·m)

k_0 : 지반계수(kg/m³)($= k'_0\left(\frac{0.5}{A}\right)^{\frac{1}{2}\sim\frac{2}{5}}$) (표(2.33) 참조)

A : 기초 바닥부의 면적(m²)

$\frac{M_0}{A}$: 기초 바닥부에 가해지는 평균 압력(kg/m²)

표 (2.33) K'_0 및 ξ

구 분	K'_0(kg/cm³)	ξ	비 고
표 면 토	3~5	0.06	
점 토	3~5	0.10	
모 래 층	8~10	0.15	
자 갈 층	11~13	0.20	

예 제(2-49)

모래층 위에 설치된 기계기초가 있다. 중량(w)은 9ton이고, 바닥부 면적(A)은 4.5m² (=3×1.5)일때, 고유진동수(f_0)를 구하라.

【 해설 】 식(2.141)에 $M_0 = \frac{w}{g}$를 대입하면, $f_0 = \frac{1}{2\pi}\sqrt{\frac{k_0 Ag}{W}}$ 이고,

$$f_{01} = \frac{1}{2\pi}\sqrt{\frac{k'_0\left(\frac{0.5}{A}\right)^{\frac{1}{2}}Ag}{W}} = \frac{1}{2\pi}\sqrt{\frac{0.71\,k'_0 g\,A^{0.5}}{W}}$$

$$f_{02} = \frac{1}{2\pi}\sqrt{\frac{k'_0\left(\frac{0.5}{A}\right)^{\frac{2}{5}}Ag}{W}} = \frac{1}{2\pi}\sqrt{\frac{0\ 71\,k'_0 g\,A^{0.6}}{W}}$$

여기에, A=4.5(m²), $k'_0 = 9\times10^6$(kg/m³), w=9000(kg), g=9.8((m/s^2)을 대입하여 정리하면, $f_{01} \fallingdotseq 19Hz$, $f_{02} \fallingdotseq 22Hz$을 얻는다.

한편, 기초개선에 따른 방진효과는 M_0가 가진력 $F = F_0 \sin 2\pi ft$에 작용하게 되므로 M_0의 진동가속도 실효치 A는,

$$A = \tau_1 \cdot \frac{F}{\sqrt{2}M_0} \quad \cdots\cdots (2.142)$$

$$\text{단, } \tau_1 = \frac{\left(\frac{f}{f_0}\right)^2}{\sqrt{\left\{1-\left(\frac{f}{f_0}\right)^2\right\}^2 + \left(2\xi\frac{f}{f_0}\right)^2}}$$

이고, 윗 식의 양변에 상용로그를 취하여 계수를 정리하면, 진동가속도레벨(La)은 다음과 같이 계산된다.

$$\boxed{La = 20\log\frac{F_0}{M_0} + 97 + 20\log\tau_1\,(\mathrm{dB(V)})} \quad \cdots\cdots (2.143)$$

예 제(2-50)

기존 기계 기초의 질량이 M_0이었으나, $f/f_0 = 0.8(<1)$로서 다소 진동 문제가 야기되고 있어 M_0를 절반으로 줄여 재설치하였다. 이때 방진효과를 계산하라.

【 해설 】 기초의 질량을 n배 증감하였을 때의 진동가속도레벨(La')는 식(2.143)으로부터 다음과 같이 나타낼 수 있다.

$$La' = 20\log\frac{F_0}{nM_0} + 97 + 20\log\frac{n\left(\frac{f}{f_0}\right)^2}{\sqrt{\left\{1-n\left(\frac{f}{f_0}\right)^2\right\}^2 + n\left(2\xi\frac{f}{f_0}\right)^2}}\,(\mathrm{dB})$$

따라서,방진효과는,

$$\triangle La = La - La' = 20\log\sqrt{\frac{\left\{1-n\left(\frac{f}{f_0}\right)^2\right\}^2 + \left(2\xi\frac{f}{f_0}\right)^2}{\left\{1-\left(\frac{f}{f_0}\right)^2\right\}^2 + \left(2\xi\frac{f}{f_0}\right)^2}}$$

$$\text{여기서, } \xi = 0 \text{ 이라면, } \triangle La = 20\log\left|\frac{1-n\left(\frac{f}{f_0}\right)^2}{1-\left(\frac{f}{f_0}\right)^2}\right| = 6 \quad \text{dB 이다.}$$

(나) 탄성지지

기계의 탄성지지에 따른 진동계는 그림(2.94)와 같이 나타낼 수 있으며, 진동수비 및 임계감쇠비에 따른 진동전달율(T)의 관계는 그림(2.95)과 같이 나타낼 수 있다. 따라서, 방진효과를 기대하기 위해서는 그림(2.96)에서 보는바와 같이 $f > f_0$가 되도록 설계하여야 한다.

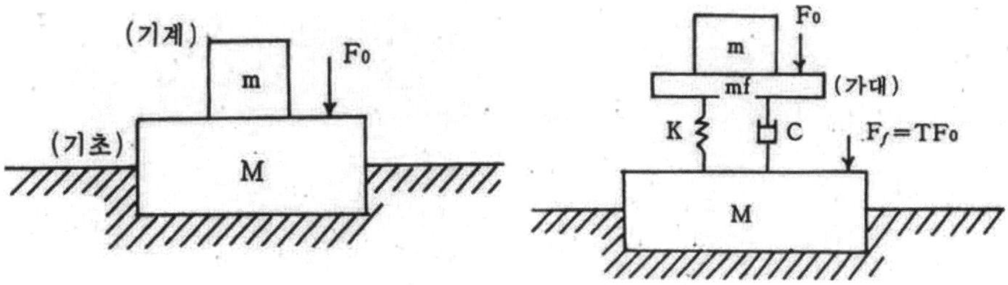

그림 (2.94) 기계의 탄성지지에 따른 진동계

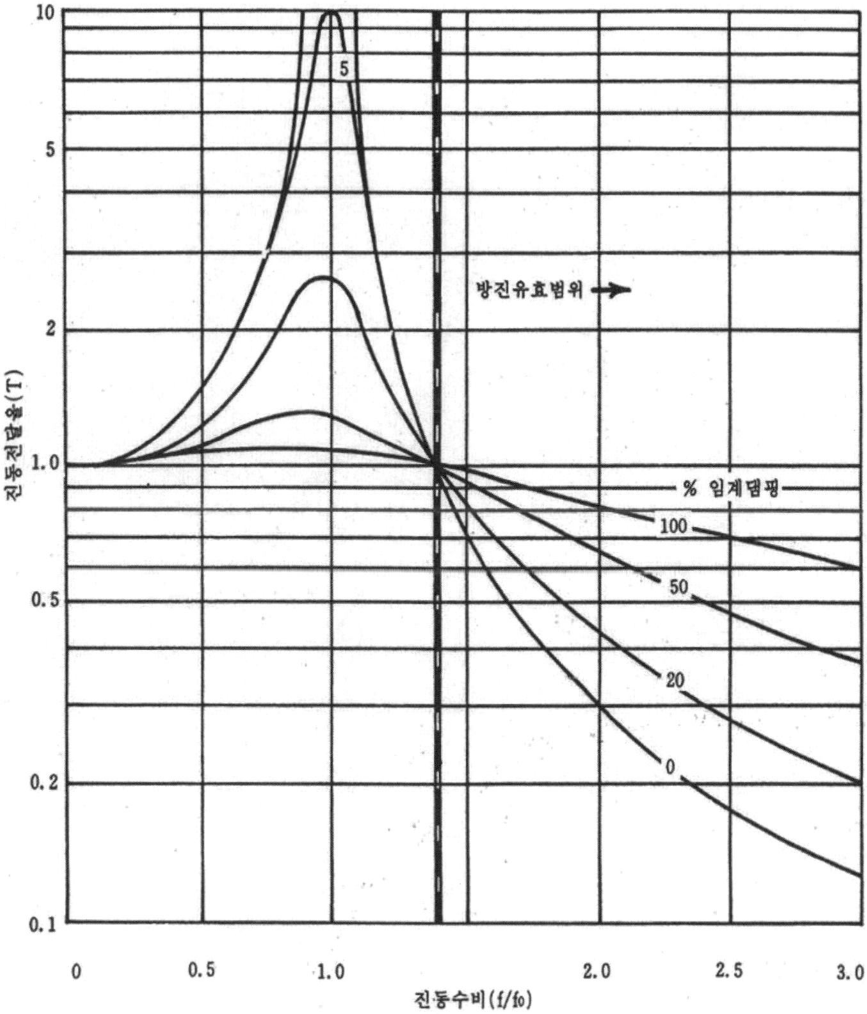

그림 (2.95) 진동수비 및 임계감쇠비에 따른 진동전달율(T)의 관계

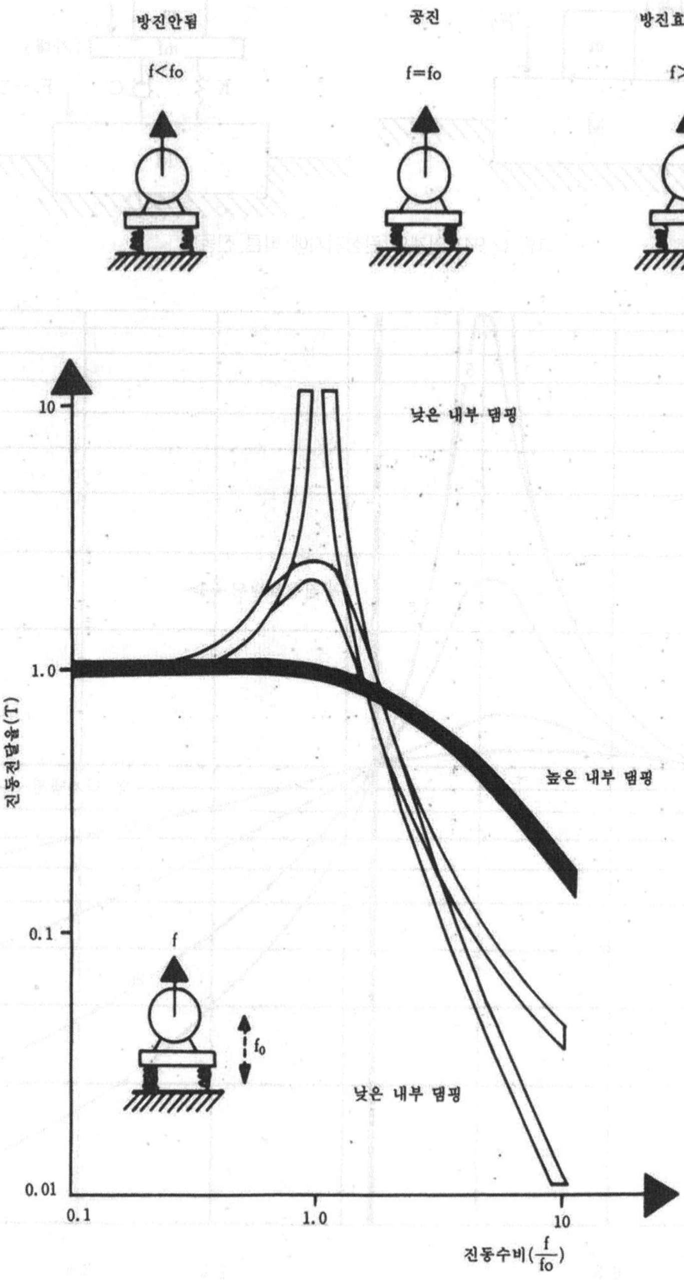

그림 (2.96) 방진효과의 기본도
(자료) BPK: Noise Control, 97, 1982.

그림(2.97)는 진동수비 및 진동전달율에 관한 몇가지 예를 나타낸 것이고, 표(2.34)는 일반적으로 권장되고 있는 대상기계별 방진효율의 예이다.

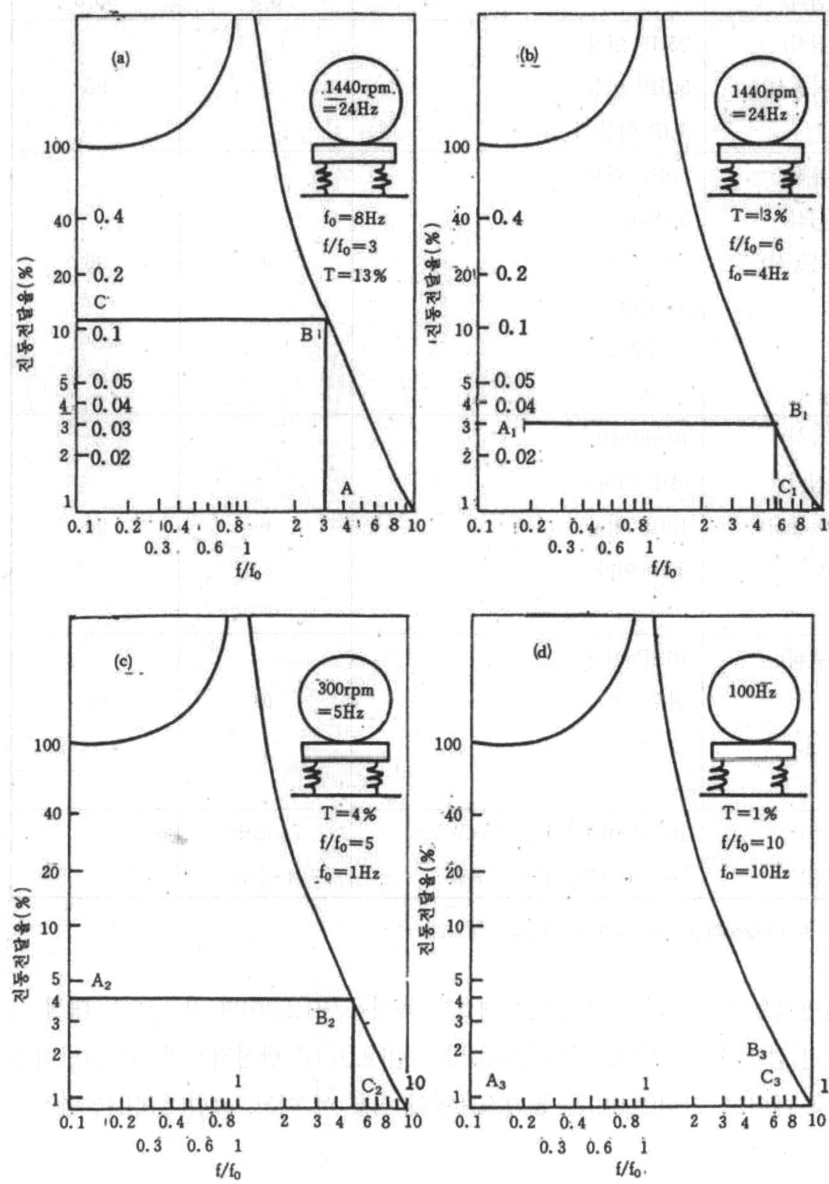

그림 (2.97) 진동수비 및 진동전달율의 관계 예

(자료) J D webb : Noise Control in Industry, SRL, 90,1978.

표 (2.34) 대상기계별 권장 방진효율

기 계 명	사 양	진동전달율(T) (%)	방진효율(ξ) (%)
압축기(원심식)		0.5	99.5
송풍기(원심식) 압축기(왕복동식) 펌 프	25HP 이상 50HP 이상 5HP 이상	2	98
송풍기(축류식) 송풍기(원심식) 압축기(왕복동식) 펌 프 에어컨 팬코일유닛	50HP 이상 5~25HP 10~50HP 3~5HP 지지구조 〃	4	96
송풍기(축류식) 송풍기(원심식) 송풍기(왕복동식) 펌 프 공조기	10~50HP 5HP 이하 10HP 이하 3HP 이하	6	94
송풍기(축류식) 에어컨 팬코일 유닛 파이프류	10HP 이하 현수구조 〃 〃	10	90
보일러(가스) 보일러(오일)	100,000BTU이상, 25KW 60,000BTU이상, 15KW	7~12Hz 4~7Hz	

(주) 바닥구조는 두께 150mm의 콘크리트 슬라브를 기준으로 한 값임.

한편, 일반적으로 사용되는 탄성지지 재료별 특성은 표(2.35)와 같으므로, 대책 적용시 충분한 검토가 요망된다. 그림(2.96) 및 그림(2.97)은 탄성지지재료의 일반적인 모양과 적용 예이고, 그림(2.98)은 공기스프링의 적용 예 이고, 그림(2.99)는 방진장치의 설치 예 이다.

예 제(2-51)

기계의 중량(w)이 50kgf인 왕복동 압축기가 있다. 분당회전수(rpm)는 600이고, 상하방향의 불균형력(F_0)이 6kgf으로 발생되고 있다. 기초는 콘크리트 재질로서 탄성지지 되어있으나, 진동전달력(F_f)이 2kgf이었다. 감쇠를 무시하고, 다음 문제를 계산하라.

(a) 계의 고유진동수

(b) 기계의 허용진폭을 0.2mm로 할 때, 기계 기초의 중량

(c) 방진재의 스프링정수

【 해설 】 (a) 문제로부터 압축기의 강제진동수(f)는, $f=\frac{600}{60}=10(Hz)$이고,

$$T=\frac{F_f}{F_0}=\left|\frac{1}{1-\left(\frac{f}{f_0}\right)^2}\right| \text{로부터, } \frac{2}{6}=\left|\frac{1}{1-\left(\frac{10}{f_0}\right)^2}\right| \qquad \therefore f_0=5Hz$$

(b) 변위 $x=\frac{F_0}{m}\frac{1}{\sqrt{(w_0^2-w^2)^2}}$이고, $m=\frac{w}{g}$이므로,

$$\text{w}=\frac{g}{x}=\frac{F}{w_0^2\left\{\left(\frac{w}{w_2}\right)^2-1\right\}}=\frac{9800}{0.2}\times\frac{6}{(2\pi\times5)^2\left\{\left(\frac{10}{5}\right)^2-1\right\}}=99.25\text{kg}f$$

∴ M=w−m=99.25−50=49.25kgf

(c) $k=mw^2=\frac{99.25}{9800}(2\pi\times5)^2=10\text{kg}f/mm$

표 (2.35) 방진자재별 권장 방진효율

구 분	펠트류	코르크	방진고무	금속스프링	공기스프링
유효주파수범위	25~50Hz	20~30Hz	5~20Hz	2~10Hz	1~3Hz
정적변위의 제한	-	최대 10cm두께일때 6%까지	최대두께의 10%까지	설계자유	설계자유
허용하중(kg/㎠)	0.2~0.5	2.5~4	2~6	설계자유	설계자유
감쇠비	0.05~0.06	0.05~0.06	0.05	0.005	-
간결성	양호	양호	우수	양호	보통
내열성	양호	양호	우수	양호	보통
내유성	양호	양호	보통	우수	양호
내구성	보통	양호	양호	우수	양호
설치성	우수	우수	보통	보통	주의요망
경제성	저렴	저렴	보통	보통	고가

(a) 코일스프링(개방형)

(d) 방진고무

(b) 코일스프링(밀폐형)

(e) 방진고무 패드

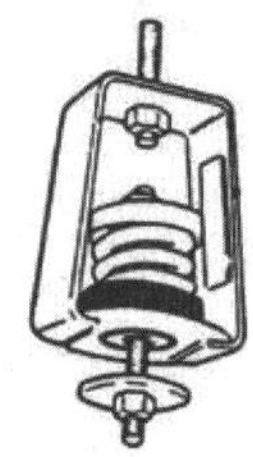

(c) 코일스프링 행가

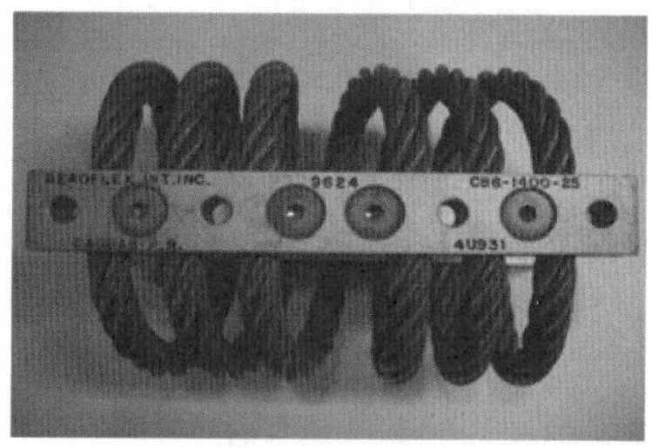

(f) 와이어 스프링

그림 (2.98) 일반적인 탄성지지재료의 예

(a) 공기압축기 : 코일스프링($\delta = 25 \sim 70mm$)

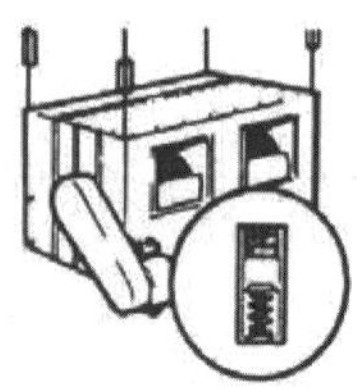

(b) 공조기 : 코일스프링 행가($\delta = 25 \sim 50mm$)

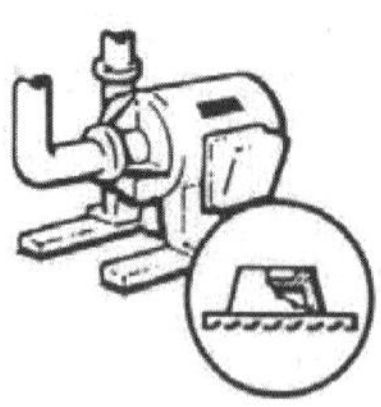

(c) 펌프 : 방진고무($\delta = 6mm$)

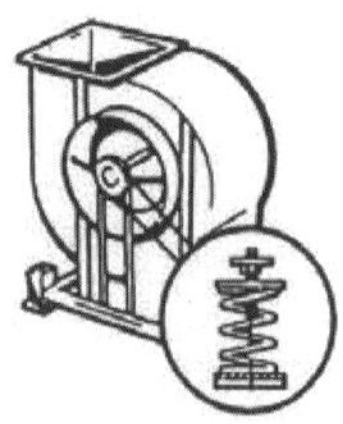

(d) 송풍기 : 코일스프링($\delta = 12 \sim 60mm$)

그림 (2.99) 탄성지지의 적용 예

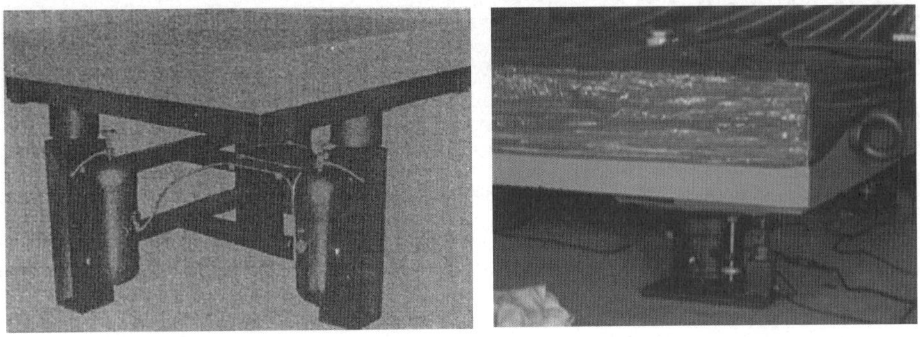

(a) 광학실험장치 및 정밀측정장치용 정반의 구조　　　　(b) 전자 현미경의 방진구조

그림 (2.100) 공기스프링의 적용 예

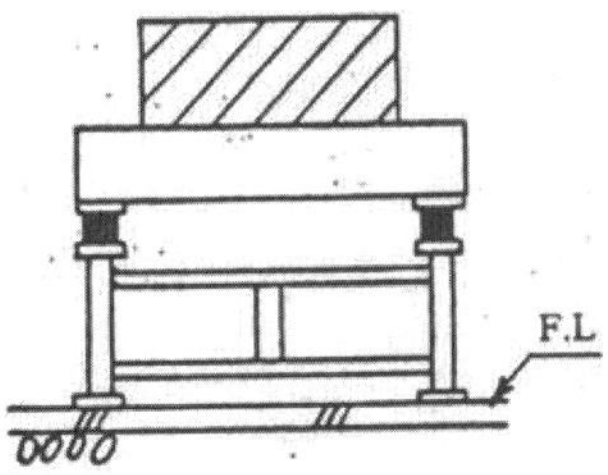

(a) 정반형 : Holography, 레이져 간섭기기

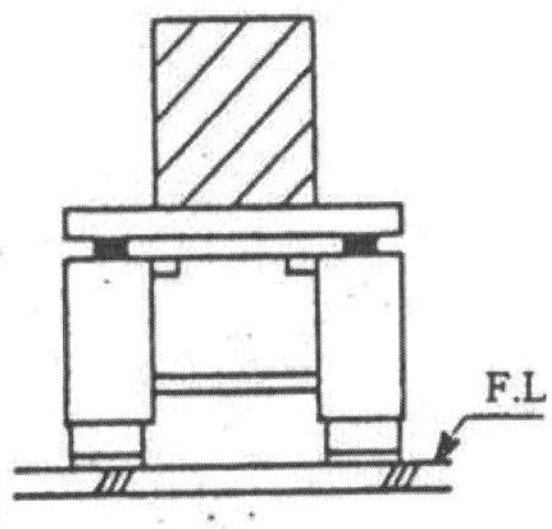

(b) 테이블형 : 표면조도계, 반도체 검사기기

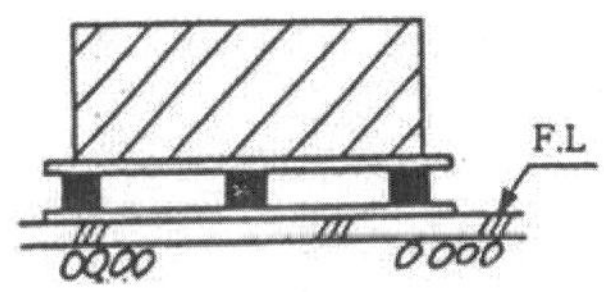

(c) 평판형 : 정밀가공기, 정밀사무기기

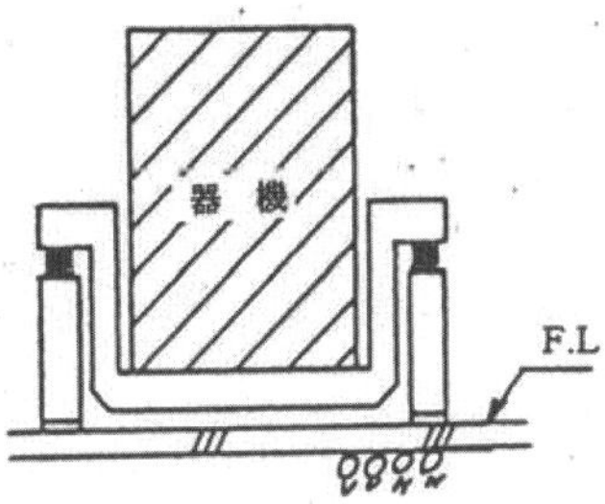

(d) 현수형 : 전자현미경, 3차원 측정기, 반도체 검사기기

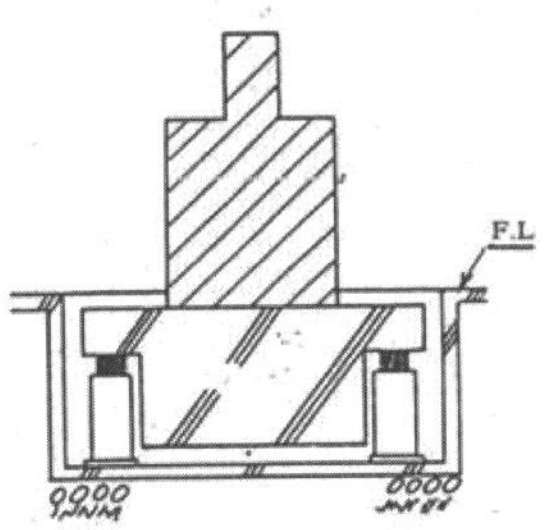

(e) 핏트형 : 전자현미경, 3차원 측정기

예 제(2-52)

아래와 같은 조건의 펌프에 대하여 방진대책을 적용하고자 한다. 방진고무의 사용시 진동전달율을 검토하라.

(펌프) 4단, Φ50, 60Hz, $W_1 = 270\text{kg}$, (전동기) 7.5㎾, 전폐형, $W_2 = 65\text{kg}$, 1800rpm

(물) $W_3 = 240\text{kg}$

【 해설 】

① 설계목표 : T=5%내외

② 강제진동수$(f) = \dfrac{1,800}{60} = 30(Hz)$

③ 진동계의 고유진동수(f_0)

$$T = \frac{1}{1-u^2} = \frac{1}{1-\left(\frac{f}{f_0}\right)^2} \text{ 로부터, } \quad f_0 = 7(Hz)$$

④ 진동수비 : $\dfrac{f}{f_0} = 4.5$

⑤ 방진고무의 사양 결정

• 총중량(W_T)=펌프중량(W1)+전동기중량(W2)+물중량(W3)+기타(배관,가대등)(W4)

=270+65+240+α ≒ 1120(㎏)

• 지지점 : 4개소

• 지지점당 하중(W')=$\dfrac{W_T}{4} = \dfrac{1120}{4} = 280(\text{kg})$

• 전문회사의 제품 사양으로부터 적절한 용량의 고무를 선정한다.

(예 : $W_c = 335\text{kg}, K_c = 610\text{kg/cm}, K_s = 90\text{kg/cm}$)

⑥ 정적변위량$(\delta) = \dfrac{m}{K_c} = \dfrac{575}{610} = 0.94(\text{cm})$

(그러나, 실제는 2~3mm내외가 변위되는 것이 양호하다)

⑦ 선정된 방진고무 사용시 지지계의 고유진동수 결정

$$f_0{}' = \frac{1}{2\pi}\sqrt{\frac{k}{m}} = \frac{1}{2\pi}\sqrt{\frac{g}{\delta}} \fallingdotseq 4.93\frac{1}{\delta}$$

따라서, $f_0{}' = 4.93 \times \dfrac{1}{0.94} \fallingdotseq 5(Hz)$

⑧ 방진고무 사용시 진동전달율 검토

$$T' = \left|\frac{1}{1-\left(\frac{f}{f_0{}'}\right)^2}\right| = \left|\frac{1}{1-\left(\frac{30}{5}\right)^2}\right| = 0.0286 \fallingdotseq 0.03 \text{ (5\% 이내이므로 만족)}$$

(다) 거리감쇠

일반적으로 진동원으로부터의 거리감쇠효과는 진동파의 종류 및 지반의 상태등에 따라 다르나, 실용적으로는 다음과 같은 식을 적용한다.

$$L_r = L_0 - 8.7\lambda_0(r - r_0) - 20\log\left(\frac{r}{r_0}\right)^n \text{(dB)} \quad \cdots\cdots (2.144)$$

단, L_0 : 진동원의 진동레벨(dB) (1m 지점)

λ_0 : 지반의 내부감쇠정수($= \frac{2\pi hf}{c}$)

n : 진동파 정수(표면파 : $n = \frac{1}{2}$, 실체파(반무한 자유표면상):n=2,

실체파(무한 탄성체):n=1)

r : 진동원으로 부터의 거리(m)

예 제(2-53)

f=5Hz인 표면파가 전파속도(c) 100m/s로 손실계수(h) 0.05인 지반을 전파해 갈 때,진동원으로부터 20m 지점에서의 진동레벨을 예측하라. 단, 진동원의 진동레벨은 5m 지점에서 80dB이다.

【 해설 】 $L_r = L_0 - 8.7\frac{2\pi hf}{c}(r - r_0) - 20\log\left(\frac{r}{r_0}\right)^n$

$= 80 - 8.7 \times \frac{2 \times 3.14 \times 0.05 \times 5}{100}(20 - 1) - 20\log\left(\frac{20}{5}\right)^{\frac{1}{2}}$

$\fallingdotseq 72(\text{dB})$

(라) 방진도랑

진동감쇠식의 일반해

$$A = Ae^{-\beta t} \quad \cdots\cdots (2.145)$$

단, $t = \frac{h}{\lambda}$

h : 구의 깊이(m)

λ : 파장(m)

(마) 차단층

지반하부에 차단층을 할 경우, 평면진동파의 감쇠량(△L)은 다음과 같다.

$$\triangle L = 20\log\frac{1}{\tau_0}\,(\text{dB}) \quad \cdots\cdots (2.146)$$

$$단,\ \tau_0 = \frac{투과파의\ 변위진폭}{입사파의\ 변위진폭} \quad 도랑$$

$$= \frac{4\tau}{\sqrt{(1+\tau)^4 + (1-\tau)^4 - 2(1-\tau^2)^2\cos\left(\frac{4\tau f t}{c_2}\right)}}$$

τ : 투과율($= \frac{\rho_2 c_2}{\rho_1 c_1}$)

ρ : 매질의 밀도(kg/㎥)

c : 매질내에서의 전파속도(m/s)

t : 차단층의 두께(m)

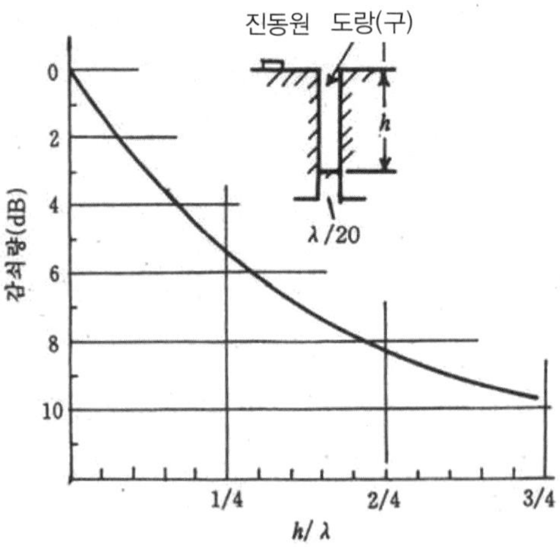

그림 (2.101) 방진도랑의 방진효과

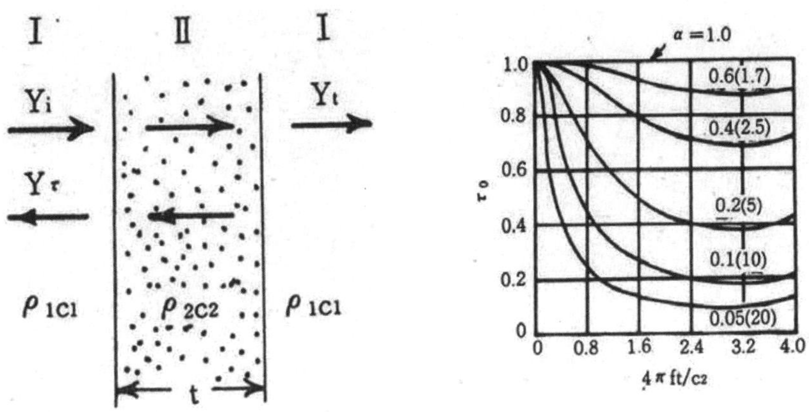

(a) (b)

그림 (2.102) 차단층의 기본개념도

예 제(2-54)

매질 I : 콘크리트($c_1 = 3{,}100m/s, \rho_1 = 2{,}600\text{kg/m}^3, \rho_1 c_1 = 81 \times 10^5 NS/\text{m}^2$)

매질 II : 모래($c_2 = 230m/s, \rho_2 - 1{,}750\text{kg/m}^3, \rho_2 c_2 = 4 \times 10^6 NS/\text{m}^2$)

R=10dB를 얻기 위한 차단층의 두께를 계산하라.

(단, f는 100Hz와 30Hz에 대하여 각각 구할 것)

【 해설 】 상기 공식으로부터,

$10 = 20\log\dfrac{1}{\tau_0}$ 이고,

$\therefore\ \tau_0 = 0.316$

따라서, 상기 그림(2.95)으로부터, $\tau = 0.05$ 이고,

$\dfrac{4\pi ft}{c_2} = 0.6$ 이므로

I) $t = \dfrac{0.6c_2}{4\pi f} = \dfrac{0.6 \times 230}{4 \times 3.14 \times 100} \fallingdotseq 0.11(m) = 11(\text{cm})$

II) $t = \dfrac{0.6 \times 230}{4 \times 3.14 \times 30} \fallingdotseq 0.37(m) = 37(\text{cm})$

제3장 음향생리 및 피해영향

3.1 청각기관

3.1.1 귀의 구조와 역할

일반적으로 귀의 구조는 그림(3.1)과 같이 외이, 중이, 내이의 3개 부분으로 되어 있다. 외이는 귓바퀴, 외이도 및 고막으로 되어 있고, 중이는 외이의 고막에서 일어난 진동을 효율성 있게 내이로 전달하는 역할을 하며, 망치뼈, 모루뼈와 등자뼈로 구성되어 있다. 그리고, 내이는 달팽이관과 신경섬유로 되어 있어 외부로부터 온 자극이 전기적인 충격작용으로서 신경섬유로 전달되어 음을 감지하게 된다. 특히, 달팽이관 내부는 임파액이 채워져 있고, 기저막으로서 상부의 즉 전정실과 하부의 고실계로 나뉘어진다.

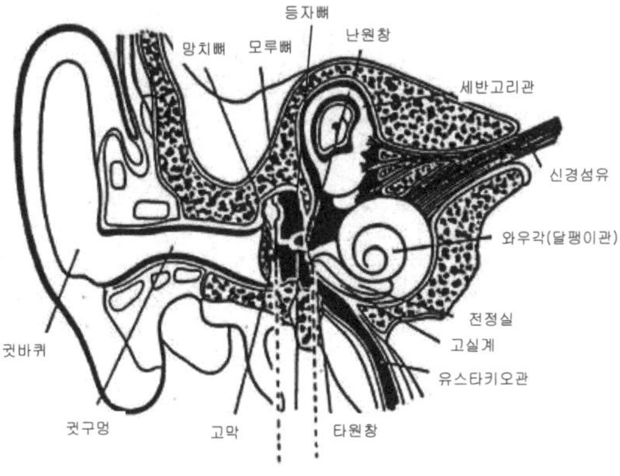

그림 (3.1) 귀의 구조

그림(3.2)는 달팽이관내 기저막에 의한 반응관계로서 가까운 곳의 청신경 섬유는 높은 주파수를 느끼고, 먼쪽에서는 낮은 주파수를 느낀다. 그림(3.3)은 유모세포의 상세도이다.

그림(3.4)로부터 그림(3.8)까지는 소음원에 대한 기저막의 응답주파수 특성을 각각 나타내고 있다. 그리고, 표(3.1)은 귀의 구조별 역할을 요약 정리한 것이다.

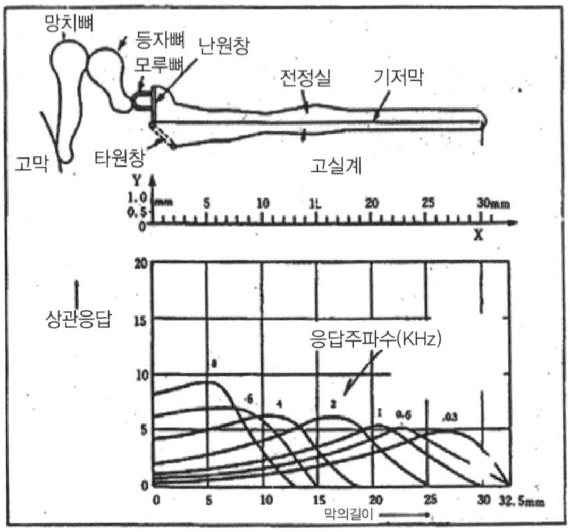

그림 (3.2) 달팽이관의 반응 관계

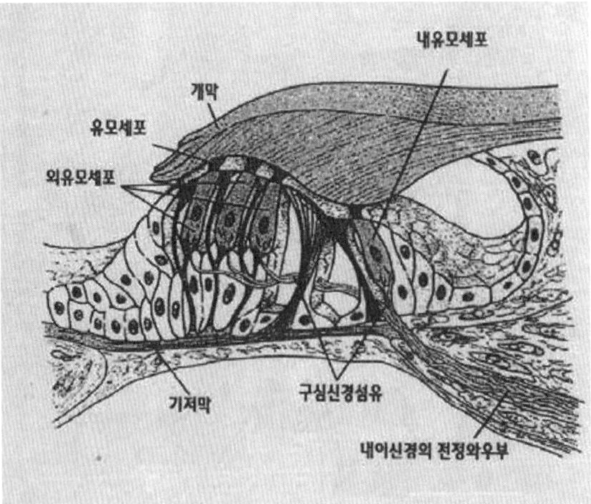

그림 (3.3) 유모세포 상세도

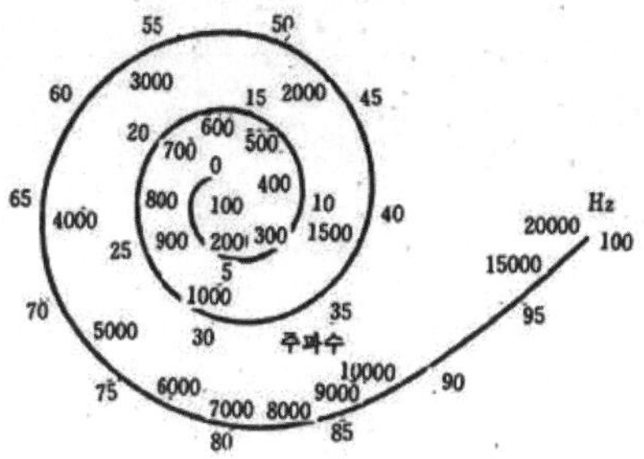

그림 (3.4) 달팽이관내 기저막상의 위치 및 응답주파수와의 관계

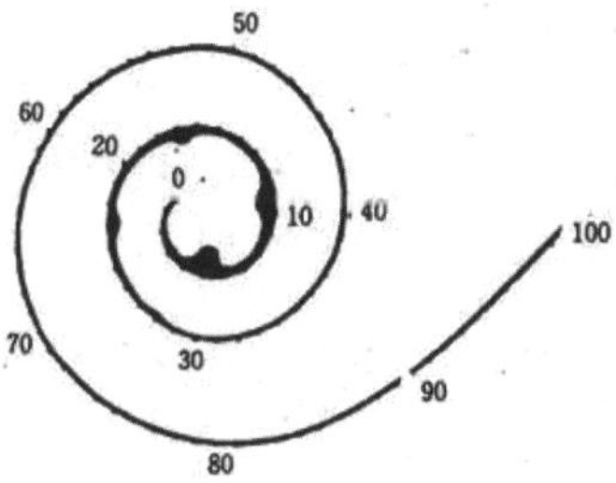

그림 (3.5) 200Hz, 90dB인 순음의 청감모형

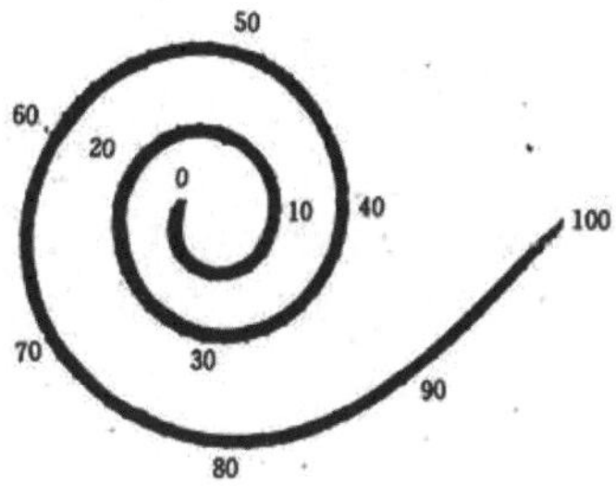

그림 (3.6) 열요란잡음의 청감모형

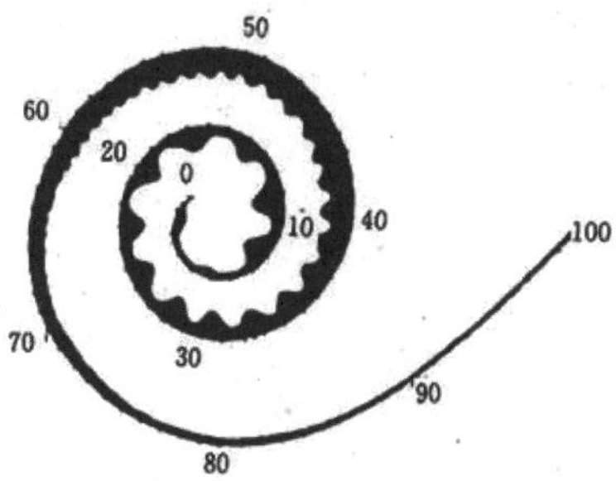

그림 (3.7) 상선 기적소리의 청감모형 예

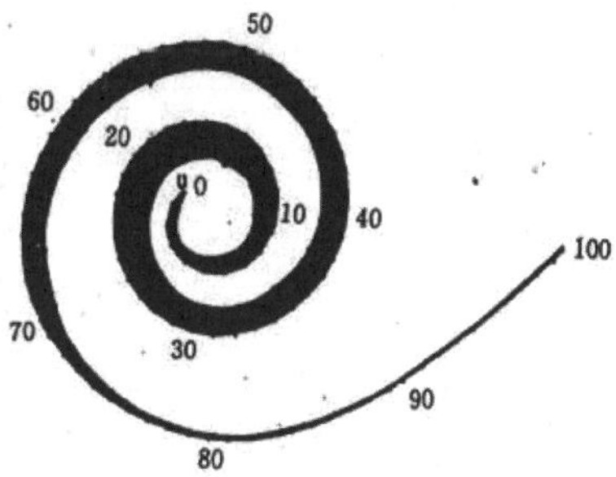

그림 (3.8) 도로소음의 청감모형 예

(자료) 伊騰 毅, 騷音制御工學, 360-361,Corona, 1977.

표 (3.1) 귀의 구조별 역할

구분	외 이	중 이	내 이
역할	공기전달음의 집음기 (기체 매질)	임피던스 변환기 (고체 매질)	균형 및 청감기능 (액체 매질)
구성	(1) 귓바퀴 • 역할 : 집음기 (2) 외이도(귓구멍) • 구조: Φ=5~7mm ℓ=27mm •역할:공기전달음을 증폭하는 공명기 (3KHz) (3) 고막 • 구조 :진동막(판) Φ=7mm 단면적=0.3~0.5㎠	(1) 고실 • 구조 : 단면적=1~2㎠ 망치뼈 모루뼈 등자뼈 • 역할 : – 진동음압을 단계적으로 20배 증폭시킴 – 외부의 과도한 음압을 감쇠시키는 작용 (2)유스타키오(Eustachian) 관 • 구조:고막의 진동을 쉽게 하기 위한 기압조정역할 (항상 대기압과 동일한 상태유지)	(1) 세반고리관 • 역할 : 몸의 균형작용 (2) 달팽이관(와우각) • 구조: Φ=3mm ℓ=35mm(2.5회전형태) • 기저막에 의하여 전정실과 고실계로 나뉘어짐 • 역할 : 기체와 액체사이에서의 이론적 손실을 보상함(약 30dB)정도 • 전정실(난원창) :고실의 진동을 와우각내의 림프액에 전달하는 진동판 * 섬모(24,000개 내외)를 림프액이 자극하면 전기적인 작용으로 청신경이 이를 대뇌에 전달하여 소리를 듣게 된다. * 위치이론(Place Theory) 소리의 크기는 기저막의 진폭의 크기로 뇌신경에 전달되고, 주파수는 기저막의 진동위치에 따라 분별하게 된다.

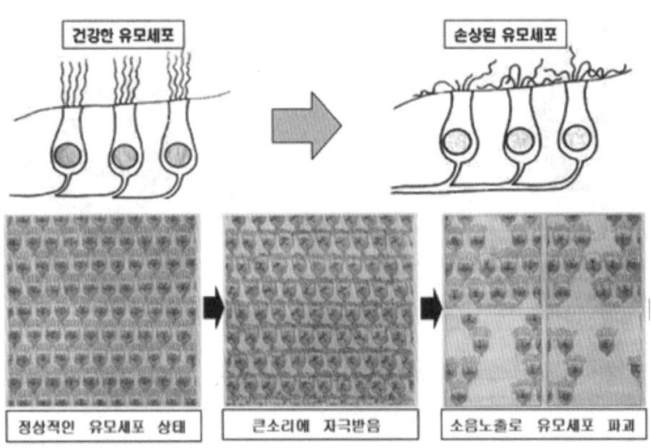

3.1.2 옴(Ohm)의 법칙

사람의 청각구조는 순음이 아닌 복합음을 들었을 때, 각 성분의 스펙트럼을 느끼게 되는데 이를 옴(Ohm)의 법칙이라고 한다. 즉, 음의 파형이나 위상과는 상관없이 와우각에서 음의 진폭에 따른 감각을 느끼게 되는 것이다.

3.1.3 웨버-훼흐너(Weber-Fechner)의 법칙

모든 감각기관에서 자극량과 감각량 사이에 성립하는 법칙으로서, 청각기관의 경우 음의 감각상의 세기는 물리적인 세기에 비례하지 않고 음의 세기의 대수(logarithm)에 비례한다는 법칙으로서, 초기 음의 세기 I_0와 나중 음의 세기가 I인 음의 감각상의 차 $\triangle I$는, 즉

$$\triangle I = K ln \frac{I}{I_0} \quad \cdots\cdots (3.1)$$

단, $\triangle I = I - I_0$

로 된다.

여기서, I는 음의 강도(Intensity)로서 상용대수를 취하고 K=10으로 놓으면 다음과 같이 나타낼 수 있으며, 단위는 dB이다.

$$\triangle I = 10 \log_{10} \frac{I}{I_0} \text{(dB)} \quad \cdots\cdots (3.2)$$

3.1.4 청각에 관한 현상

가. 매스킹 효과(Masking Effect)

"어떤 소리가 또 다른 소리를 들을 수 있는 능력을 감소시키는 현상“을 소리의 음폐효과 또는 매스킹효과라고 한다. 즉, 사람이 A의 소리를 들을 때 B라는 소리가 클수록 A소리는 듣기 어려워지게 되다. 경우에 따라서는 A의 소리가 안 들리게 된다. 이때 A의 소리는 B의 소리에 매스크되었다고 한다. 이것은 B의 소리에 주의를 게을리 했다고 하는 심리적 효과와는 전혀 다른 현상으로, 제2의 소리가 있으면 귀의 감도는 감소한다는 라디오 수신기의 자동음향제어와 같은 신경의 생리적 현상이다.

매스킹을 생리학적으로 고찰하면, 어떤 소리의 자극에 따라 방전하는 신경섬유는 다른 정보를 뇌에 전달할 수 없도록 되어 있다. 소음으로 인하여 듣고자 하는 소리가 매스크되는 것은 좋지 않다. 그러나 역으로 이 효과를 이용하여 소음을 음악으로 매스크 할 수 있다. 예를 들면, 아파트에서 사용하는 BGM(background music)은 매스킹 효과를 이용한 것이다. 또한 소음 또는 잡음을 이용하는 경우도 있다.

한편, 매스킹에 관한 많은 연구결과, 다음과 같은 경향들이 제시되고 있다.

① 저음이 고음을 마스크하기는 쉬우나, 고음이 저음을 매스크하기는 힘들다.

② 매스크하는 음이 약할 때는 그 음에 가까운 주파수의 음만이 매스크되나, 강할때는 그것보다 높은 음도 폭넓게 매스크 한다.

나. 양이효과(Binaural Effect)

사람의 귀가 양쪽에 있기 때문에 한쪽 귀로 듣는 경우와 양쪽 귀로 듣는 경우 서로 다른 효과가 나타나는데 이를 양이효과라 한다. 일반적으로, 한쪽 귀를 막으면 소리의 방향감도 가 거의 없어지게 되고, 양쪽 귀로 들으면 방향감각으로 인한 소리를 입체적으로 들을 뿐만 아니라, 여러 가지 음원이 동시에 소리를 낼 때 이들 소리를 서로 구별하기가 쉽게 된다. 순음에 대한 양이효과의 연구결과를 요약하면 다음과 같다.

① 1200Hz를 기준으로 하여 그것보다 낮은 소리에 대해서는 양쪽귀에 도달하는 음파의 위상차에 의해서 판별된다. 이것에 의한 방향 판정의 정도에서 역산하면 10^{-5}초만큼의 시간차를 느낄 수 있다.

② 이것보다 높은 소리(파장 28㎝이하)에 대해서는 양쪽 귀에 도달하는 소리의 위상차가 너무 커져서, 좌우 어느 쪽이 더 나아가 있는지를 알 수 없게 되어 방향감각이 불확실하게 된다.

③ 일반적으로 아주 높은 소리에서는 머리에 의한 회절작용에 의하여 머리의 그늘쪽에 있는 귀에는 약하게 들리므로 강약의 차이로서 판정한다.

④ 복잡한 파형의 소리에 대해서는 각 부분음에 대한 음원방향의 자료가 많기 때문에 전체의 방향감에 확신을 준다.

다. 주관음(Subjective Tone)

순음을 점점 더 강하게 하면, 그 정수배의 음 즉, 배음이 들리게 된다. 또 주파수 f_1 및 f_2의 두 개의 순음을 동시에 들을 때 그것이 강하게 되면, 그 외의 f_1-f_2,

f_1+f_2, $2f_1 \pm f_2$, $f_1 \pm 2f_2$등이 들린다. 이와같이 "외계에는 객관적으로 존재하지 않는데, 주관적으로 들리는 음"을 주관음이라 한다. 주파수는 합 또는 차인 주관음을 화음(덧셈음) (summation tone) 또는 차음(뺄셈음)(difference tone)이라 한다. 이 현상은 증폭기 등의 입력에 강한 정현파를 걸어주면, 과부하에 의한 비직선상 때문에 고주파 및 혼변조가 일어나는 것과 비슷하다.

또 강한 소리가 귀에 들렸을때 청각기를 보호하기 위해 자동적으로 감도가 떨어지는 작용, 즉 automatic volume control과 같은 기능도 갖추고 있다.

예로서 스피커를 통하여 순음을 듣고 있을 때, 그 소리가 어느 세기 이상이 되면, 우리는 주관배음이라 하는 소리를 동시에 듣는다. 즉, 1000Hz의 순음이 나오고 있을 때 2000, 3000Hz등의 소리도 약하지만 들린다. 또 두개 이상의 순음이 동시에 귀에 들어올때는, 그들의 합과 차에 해당하는 복합음(combination tone)도 들린다.

3.1.5 청각의 범위 및 음의 크기

가. 청각의 범위

귀로 듣는 감각은 사람의 나이, 성별, 개인특성등에 따라 각가 다르나, 통계적으로는 20~20,000Hz라 한다. 귀로 들을 수 있는 최소음의 세기를 최소가청치(threshold of hearing)라 하며, 정상청력의 경우 $2\times10^{-5}N/㎡$(rms값)이다. 이를 소음도로 환산하면, 0dB로부터 130dB이다. 그림(3.9)는 청각의 범위를 나타내고 있다.

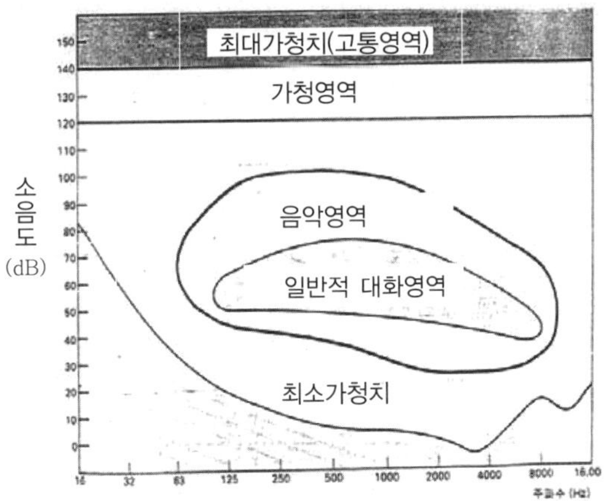

그림 (3.9) 청각의 범위

나. 음의 크기

(1) 폰(phon)

"1000Hz 순음의 어떤 특정음압도와 동일한 크기로 들리는 소리"로 정의되며, 단위는 폰(phon)이다. 이는 Fletcher-Munson이 제안한 것으로 청감곡선 또는 등감곡선(equal-loudness contour)이라 한다.

이는 주파수와 함수관계가 성립되어, 50phon, 즉 1000Hz에서 50dB의 음압레벨은 100Hz에서는 60dB의 음압이 되어야 50phon의 청감을 느낄수 있게 된다. 그림(3.10)은 청감곡선을 나타내고 있다.

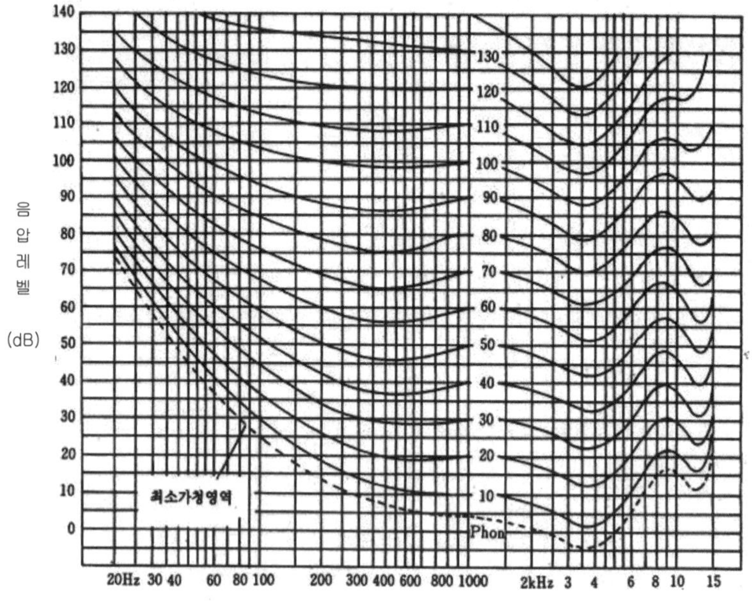

그림 (3.10) 청(등)감 곡선

사람이 두 귀로 들을 수 있는 최소가청치(threshold of hearing)란, 「신호를 저하시키면서 귀로 최소한 들을 수 있는 자유음장내 음압 또는 신호를 증가시킬 때 귀로 느끼는 최초의 음압」으로서 정의되며, 정상청력을 가진 경우 $2\times10^{-5}N/m^2$ (rms)이고, 최대가청치(threshold of pain)는 60N/㎡(rms)이다. 최소가청치는 주파수와 함수관계가 있는바, 예로서, 정상청력을 가진 사람은 2000Hz에서 0dB를 가청할 수 있지만, 200Hz에서는 15dB의 음압을 주어야만 들을 수 있는 것이다.

이것은 음의 크기를 객관적으로 나타낸 것으로 귀의 특성을 고려하는데 필요하다.

(2) 손(Sone)

phon은 10phon씩 커질때마다 청감은 2배로 느껴지기 때문에, 100phons은 5phons에 비하여 매우 크게 느껴지고, 50phons은 단순히 100phons의 $\frac{1}{2}$의 크기가 아닌 것이다. 이와 같이 음의 감각적인 크기를 수량화한 것이 sone이다. 즉, sone는 1000Hz에서 40dB인 음의 크기량으로 정의된다. 따라서, 40phons은 1sone과 같은 음의 크기를 나타낸다. 그림(3.11)은 sone과 phon의 관계도이다.

$$S = 2^{\frac{SPL-40}{10}} \ (sones) \qquad \cdots\cdots (3.3)$$

$$SPL = 33.3 \log S + 40 \ (phons) \qquad \cdots\cdots (3.4)$$

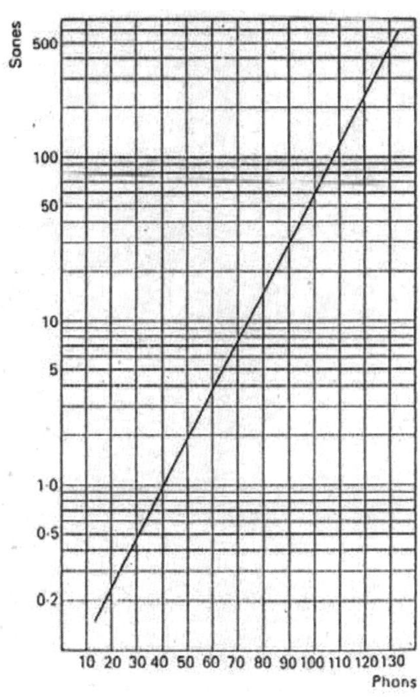

그림 (3.11) sone과 phon의 관계도

실제의 음은 거의 모두가 주파수 성분이 혼합된 복합음으로서 이들 복합음의 크기를 나타내기 위하여 Stevens는 그림(3.12)와 같은 곡선을 제안하고 있다. 즉,

$$S_t = S_m + F\left(\sum S - S_m\right)\ (sones) \quad \cdots\cdots (3.5)$$

단, S_l : 총 음의 크기(sones)

S_m : 가장 높은 주파수 대역에서의 음의 크기(sones)

F : 주파수 대역별 상수

(0.15 : $\frac{1}{3}$ 옥타브 밴드 사용 시

0.2 : $\frac{1}{2}$ 옥타브 밴드 사용 시

0.3 : $\frac{1}{1}$ 옥타브 밴드 사용 시)

$\sum S$: 주파수 대역별 각각의 음의 크기(sones)

$(= S_1 + S_2 + \ldots + S_8)$

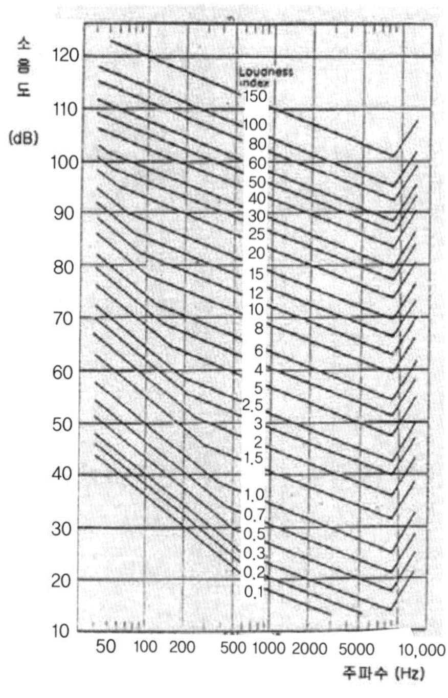

그림 (3.12) 복합음의 크기 지수(loudness index)(by Stevens)

예 제(3-1)

어떤 소음원이 다음과 같은 소음도를 발생하고 있다. phons값을 계산하라.

옥타브밴드	20~75	75~150	150~300	300~600	600~1200	1200~2400	2400~4800	4800~10000
소음도 (dB)	90	85	80	70	65	63	60	60

【 해설 】 그림 (3.12)으로부터 음압도 자료를 통하여 sones값을 대비시킬수 있다. 즉,

옥타브밴드	20~75	75~150	150~300	300~600	600~1200	1200~2400	2400~4800	4800~10000	$\sum S$
소음도 (dB)	90	85	80	70	65	63	60	60	–
sones	12	12	10	7	6	6	7	8	68

그리고, S_m=12sones이므로, $S_t = S_m + F(\sum S - S_m) = 12 + 0.3(68-12) = 28.8$ sones따라서, 그림(3.11)로부터, 90phons을 얻을 수 있다.

예 제(3-2)

80phons은 몇 sones인가?

【 해설 】 $S = 2^{\frac{SPL-40}{10}} = 2^{\frac{80-40}{10}} = 2^4 = 16(\text{sones})$

예 제(3-3)

100sones은 몇 phons인가?

【 해설 】 $SPL = 33.3\log S + 40$

$= 33.3\log(100) + 40$

$= 66.6 + 40 \fallingdotseq 107(phons)$

예 제(3-4)

80phons의 소리와 60phons의 소리를 합하면 몇 sones의 크기로 들리는가?

【 해설 】 $S_1 = 2^{\frac{SPL-40}{10}} = 2^{\frac{80-40}{10}} = 2^4 = 16(\text{sones})$

$S_2 = 2^{\frac{60-40}{10}} = 2^2 = 4(\text{sones})$

$\therefore \sum S = S_1 + S_2 = 16 + 4 = 20(\text{sones})$

예 제(3-5)

60phons의 소리는 50phons의 소리에 비하여 몇배의 크기로 들리는가?

【 해설 】 $S_1 = 2^{\frac{60-40}{10}} = 2^2 = 4(sones)$

$S_2 = 2^{\frac{50-40}{10}} = 2^1 = 2(sones)$

∴ 2배로 크게 들린다.

3.2 소음의 피해영향

3.2.1 현황

(1) 전체 인구의 60%이상은 매일 소음환경에 노출되고 있다.

(2) 도시내 소음도는 10년마다 배로 증가하는 추세(예, 미국 뉴욕시)이다.

(3) 도시지역 신경질환의 70%는 소음이 그 원인이며, 각종 피해증상의 호소가 급증(수면부족, 이명, 두통, 불쾌감, 불안감, 소화불량, 신경질 등) 하고 있다.

(4) "지나친 소음은 고혈압, 현기증, 환각증세, 과대망상증을 유발할 수 있으며, 자살이나 살인충동을 야기시킬 수 있다. 특히, 심장질환이나 정신질환의 발생율이 높은 이유 중의 하나는 아마도 소음공해 때문일 것이다."(미국 난청치료전문가 : John M.Handley)

3.2.2 소음의 영향

가. 불쾌감

정서적 불안정, 시끄러워 화가 난다.

* 주민의 50%가 불쾌감을 호소하기 시작하는 소음도

주택지역 : 50dB(A)

상업지역 : 55~59dB(A)

학　　교 : 50~54dB(A)

병　　원 : 45~49dB(A)

공항지역 : 86~91dB(A)

나. 수면방해

(1) 수면방해를 받시 않는 정도의 소음도 : 20~25dB(A)

(2) 소음도가 35dB(A)일때는 3dB(A)에 비하여 잠드는데 걸리는 시간이 20% 더 소요되며, 깨는데는 10%가 짧아진다.

(3) 소음에 의한 피로현상은 "인체내 비타민 B_1의 소비량이 증가된다"는 실험결과로부터 확인되고 있다.

(4) 사례 "야간 노동자가 낮잠을 방해하는 13세 소년(Roy Innis 2세)을 권총으로 사살함" (John M. Mecklin, Fortune, 1969. 10)

다. 회화방해

(1) 원인 : 음의 매스킹 효과

(2) 회화방해 소음도

학교 : 50~54dB(A), 라디오, TV : 50~54dB(A)

라. 작업방해

(1) 작업능률 저하 : 95dB(A)-작업량 30% 감소

(2) 주의력이 집중안됨 : 70dB(A)

(3) 암산속도가 저하됨 : 45~55dB(A)

마. 청력장해

(1) 일시적 청력손실(TTS : Temporary Threshold Shift)

(2) 영구적 청력손실(PTS : Permanent Threshold Shift)

(3) 노인성 난청(Presbycousis)

3.3 청력손실

소음에 의한 청감 자극은 청력장해를 유발한다. 그 외에도, 병으로 인한 것, 약물장해(가나마이신, 스트렙토마이신), 노화현상에서 일어나는 것 등으로 나눌 수 있으나, 오늘날에는 공장 및 건설현장 등에서 생기는 직업성 난청의 수가 의외로 많아지고 있는 실정이다.

소음성난청은 소음의 세기, 소음의 스펙트럼, 소음의 지속시간, 개인의 건강상태들의 복합적인 요소가 관계되고 있다. 큰 소리를 오랜 시간동안 듣고 있으면 위험하다. 또 순음과 같이

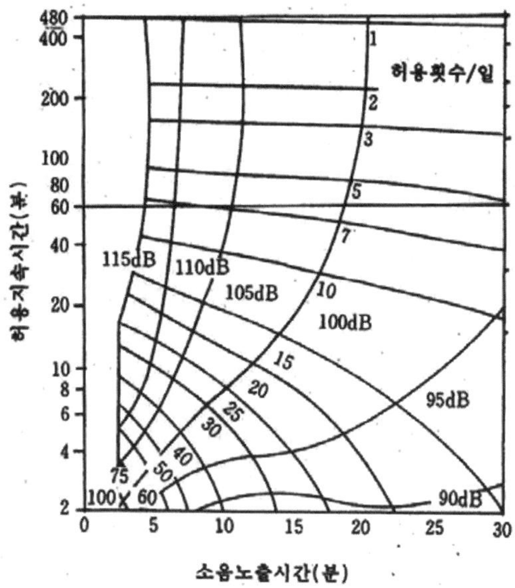

그림 (3.13) 간헐적인 작업시간의 소음허용기준(ISO)

좁은 진동수 대역에 에너지가 집중되고 있는 소리도 또한 좋지 않다. 그리고 어떤 소리든지 소음도가 80dB(A)이하이면 아무리 오랫동안 그 소리를 듣고 있어도 난청은 되지 않는다. 청력장해는 정상적인 귀로써 들을 수 있는 최소 가청치를 0dB이라 하고 그것에 대한 청력변화를 청력계(audiometer)로 측정하여 구하며, 그 정도에 따라 다음과 같이 나눈다.

(1) 일시적 난청(TTS 또는 NITTS : Noise Induced Temporary Threshold Shift)

강렬한 소음의 영향에 의하여 일시적으로 청신경의 전도성이 저하되는 가역적인 피로현상으로 시간이 지남에 따라 원래의 상태로 회복하지만, 그 회복 속도는 청력손실의 정도에 따라 다르다. Glorig에 의하면 하루 8시간의 소음작업으로 받은 가청역의 변화는 그 다음날 아침까지 계속된다고 한다. 그림(3.10)은 ISO에서 권장하고 있는 소음도와 시간과의 관계도이다.

(2) 영구적 난청(PTS 또는 NIPTS : Noise Induced Permanent Threshold Shift)

간헐적인 소음에 폭로되는 것이 오랫동안 계속되면 드디어 영구적인 난청을 초래한다. 소음성 난청은 고막의 파열, 내이 cortis 기관내 신경말단의 손상 또는 소골열의 위치변경 등으로 생기는 것이며, 초기에는 3,000~6,000Hz범위, 특히 4,000Hz에 대한 청력장해가 나타나고, 점차로 난청의 정도가 심하여질수록 6,000Hz 이상의 고음역과 3,000Hz 이하의 저음역에까지 청력손실이 파급된다. 이 4,000Hz 부근의 청력손실은 소음성난청의 중요한 특징의 하나로서 C_5-dip현상이라고 한다. 즉 청력도(audiogram)상으로 C_5음계(4,096Hz)에서 청력손실이 커서 움푹 들어가기 때문에 이와 같이 부르게 된 것이다.

예로서, Cohen(1970)에 의하면 Rock and Roll 음악에 노출된 악단원들과 감상하는 사람들의 청력 감퇴정도는 그림(3.14)과 같이 음악에 노출되기 전보다 후에 심하였음을 보고한 바 있다.

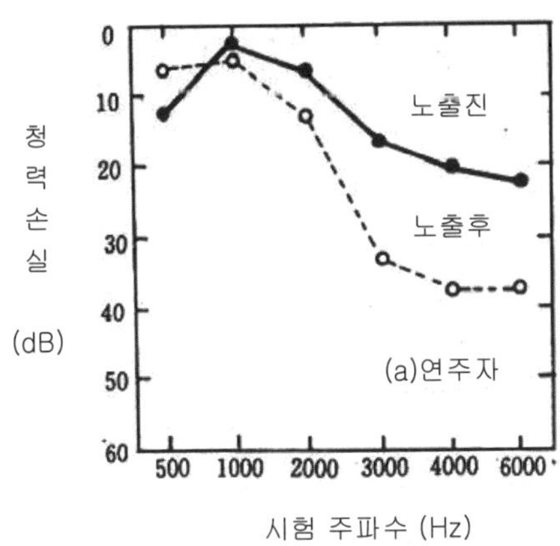

(a) 록큰롤 음악 연주자(6명)

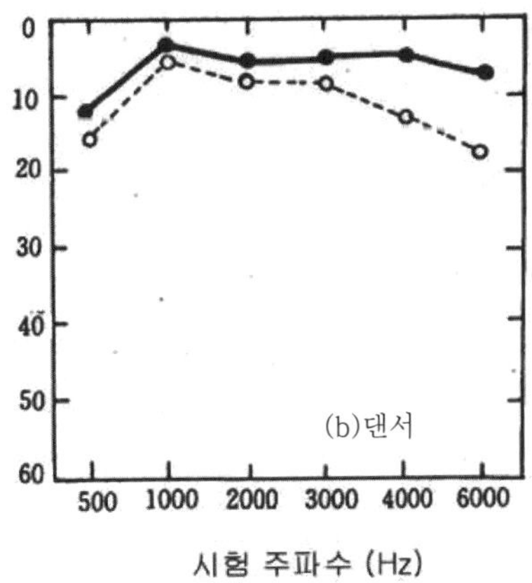

(b) 록큰롤 댄서(10명)

그림 (3.14) 록큰롤 음악에 노출(112dB(A)에 3시간 노출)된 10대 청소년들의 청력손실 예

한편, 공장의 근로자들에게 발생하는 영구적 난청과 소음과의 인과관계는 다음 두 가지설로 제시되고 있다.

① 등에너지설

"난청은 어느 기간 사이에 귀로 축적된 소리의 전에너지에 의해 결정된다"는 것으로서 공장의 근로자가 8시간 폭로된 소음에서 일어나는 난청의 위험율과, 그것보다 3dB 높은 소음으로 4시간 동안 폭로되어 일어나는 난청의 위험율은 같다.

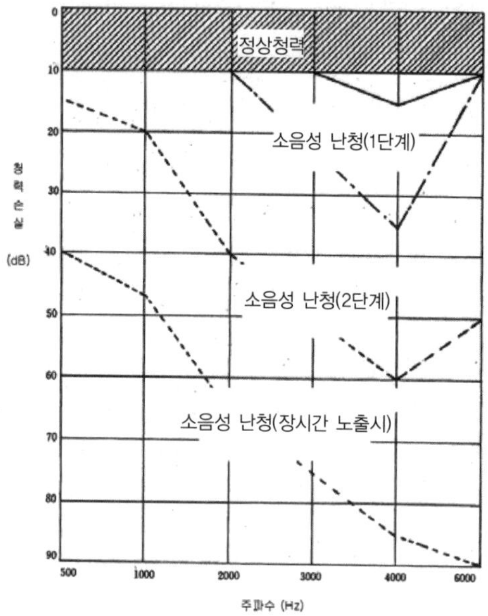

그림 (3.15) 소음성 난청의 시간별 청력손실 상태 예

② 등시간효과설

"사람의 정상적인 청력에 대해 일시적 난청을 주는 소음은 영구적 난청 발생의 위험율에도 같은 효과를 준다." 일반적으로 소음폭로 2분 동안의 일시적난청(TTS_2)은 1000Hz 이하에서 10dB, 2000Hz에서 15dB, 3000Hz 이상에서 20dB을 넘는 소음폭로를 받으면 영구적 난청의 위험이 있다고 한다.

그림(3.16) 및 그림(3.17)은 시간별 청력손실의 상태를 나타내고 있다.

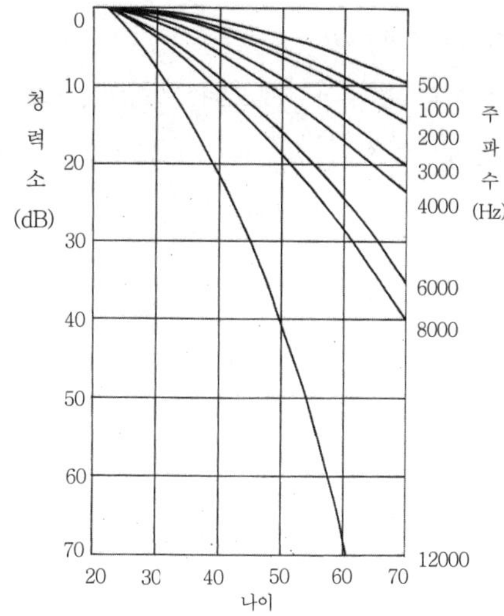

그림 (3.16) 나이에 따른 청력손실

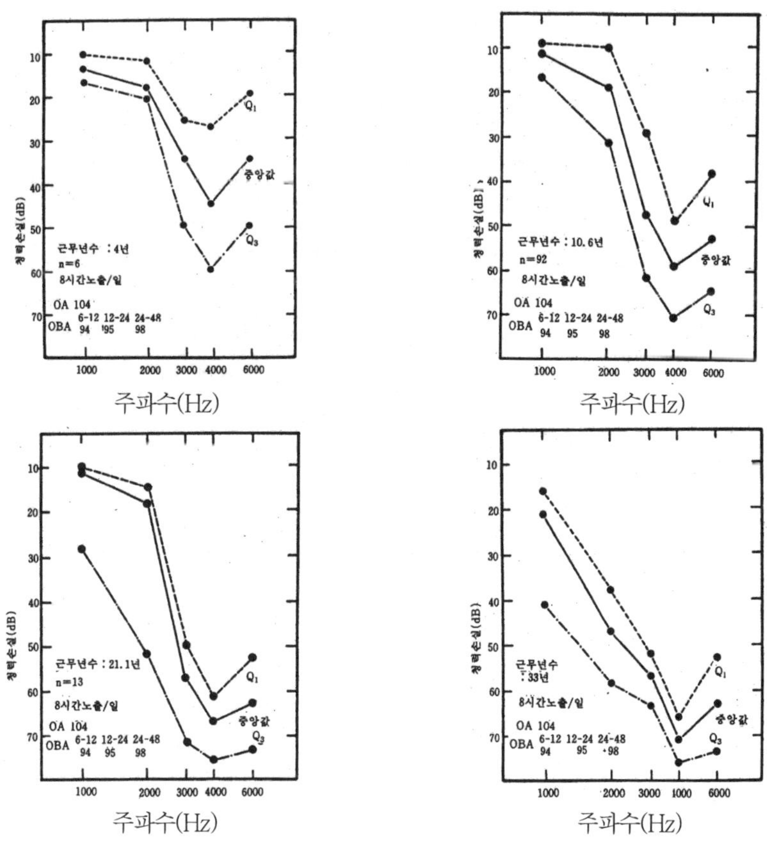

그림 (3.17) 직업 근무년수별 청력손실 비교 예

(3) 노인성 난청(Presbycousis)

나이가 많아짐에 따라 생리적인 신경세포의 노화현상으로 청력이 감퇴되는 것으로 남자의 경우 30세를 전후로, 여자의 경우는 35세 전후로 나타나기 시작한다고 한다. 그림(3.16)는 나이에 따른 청력손실을 나타낸다.

(4) 직업성 난청의 특징

① 청력손실은 주로 와우각(달팽이관) 유모세포의 손상에 기인한다.
② 직업환경상 소음의 허용기준치를 초과하는 조건이 있어야 한다.
③ 급성에 의한 영향보다 지속적 영향에 의하여 손실이 나타난다.
④ 소음성 작업장에서 소음에 폭로된지 최소 8~10년의 기간이 경과되어야 나타난다.
⑤ 청력손실은 고주파역(특히, 3000~6000Hz)에서 먼저 시작되며, 양귀에 동일하게 그 효과가 나타난다.
⑥ 일반 회화음역의 청력손실은 4000Hz에서 $C_5 - dip$ 현상으로 그 효과가 나타난다.

그림(3.18)는 청력검사상 소음성 난청이 진행되는 상태를 보여주고 있다.

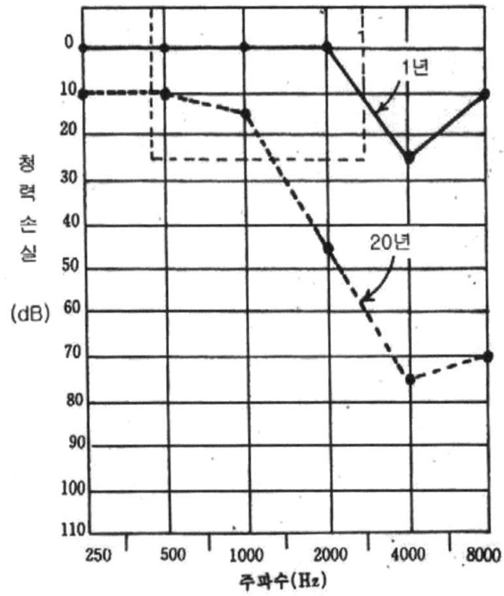

그림 (3.18) 청력검사상의 소음성 난청 진행과정 예

일반적으로, 소음폭로량은

$$E = L + 10\log T \quad \cdots\cdots (3.6)$$

단, E : 소음 폭로량
L : 노출 소음도(dB(A))
T : 노출 기간(5일/주, 50주/년)

또, 노인성 난청에 의한 청력손실(PL : Presbycousis Loss)

$$PL = \frac{K}{1000}(N-20)^2 \quad \cdots\cdots (3.7)$$

단, N : 나이(20세 이상)
K : 청력 주파수에 따른 상수(표(3.2) 참조)

표 (3.2) 노인성 난청을 계산하기 위한 상수

주파수(Hz)	0.5	1	2	3	4	6
K	4	4.3	6	8	12	14

그리고, 부분적인 소음폭로지수는

$$E_i = \frac{\triangle t_i}{40}10^{0.1(L_i - 70)} \quad \cdots\cdots (3.8)$$

단, L_i : 노출 소음도(dB(A))
$\triangle t_i$: 폭로기간(시간/주)

따라서, 등가노출소음도(L(E)eq)는, 다음과 같이 계산된다.

$$L(E)eq = 70 + 10\log\sum E_i \quad \cdots\cdots (3.9)$$

예 제(3-6)

금속조립공장에서 25년째 근무하고 있는 45세된 작업자의 4KHz에서의 노인성 난청 청력손실값은 얼마나 되겠는가? 단, 평균노출소음도는 95dB(A)였다.

【 해설 】 노인성 난청에 의한 청력손실 = $\frac{12}{1000}(45-20)^2 = 7.5$ dB(A)

예 제(3-7)

어느 작업자가 85dB(A)에서 1시간, 95dB(A)에서 8시간, 그리고 100dB(A)에서 1시간씩 1주일에 총 40시간이 노출되었다면, 이때의 40시간 등가 소음도를(Leq)를 구하라.

【 해설 】 $L_{eq} = 10\log\left(\frac{1}{40}\right)(4\times10^{8.5}+32\times10^{9.5}+4\times10^{10})$

$= 95.5$ dB(A)

3.4 진동에 의한 피해영향

3.4.1 진동의 발생

(1) 전신진동(Whole-body Vibration) : 교통기관이나 지지구조물 등을 통하여 전신에 전파되는 진동

(2) 국소진동(Hand-arm Vibration) : 공구사용에 의하여 국소적으로 손과 팔 등 특정 부위에 전파되는 진동

3.4.2 피해의 원인

(1) 전신진동의 영향 : 교통기관 이용시, 기중기, 분쇄기 등의 운전시

(2) 진동공구에 의한 작업 : 착암기, 절단기, 연마기, 전기톱, 못 공구작업 등

(3) 생활주변에서 저주파 공기진동에 노출 : 대형냉각탑, 교통기관, 항공기, 변전소옆 등

3.4.3 영향의 예

(1) 레이노 현상(Raynaud's Phenomenon)

말초기능장해에 의한 기능적 현상으로서 전신이 냉각되었을 때 손가락 끝에 창백현상이 생기고 손저림과 동통이 수반되는 현상

(2) 손이 저리고, 곱고, 동통이 있으며, 냉각이 생긴다.

(3) 중추신경계의 기능장해가 있다.

(4) 골 · 관절계 장해가 있다.

(5) 심혈관계의 장해와 소화기의 장해를 초래한다.

3.4.4 진동허용기준(작업능률의 유지를 위한 피로·능률 감퇴경계)

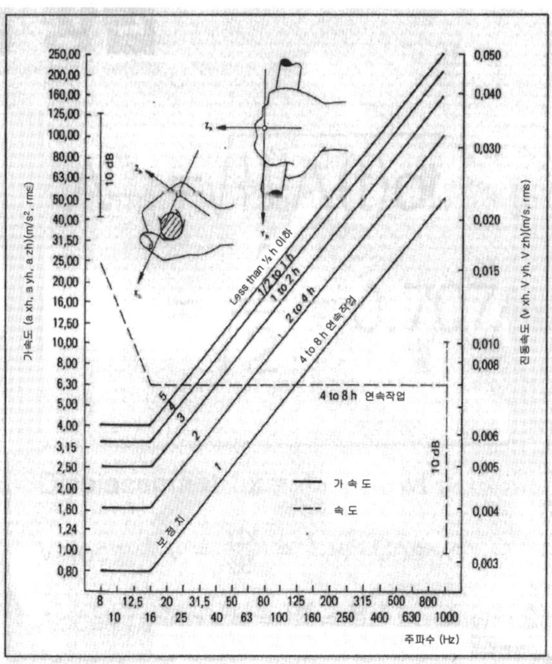

24시간/일 . 83dB(V)
($0.14m/s^2$)
8시간/일 : 90dB(V)
($0.315m/s^2$)
1.5시간/일 : 100dB(V)
($1.0m/s^2$)
1분/일 : 110dB(V)
($10m/s^2$)

그림 (3.20) 국소진동기준(ISO-2631)

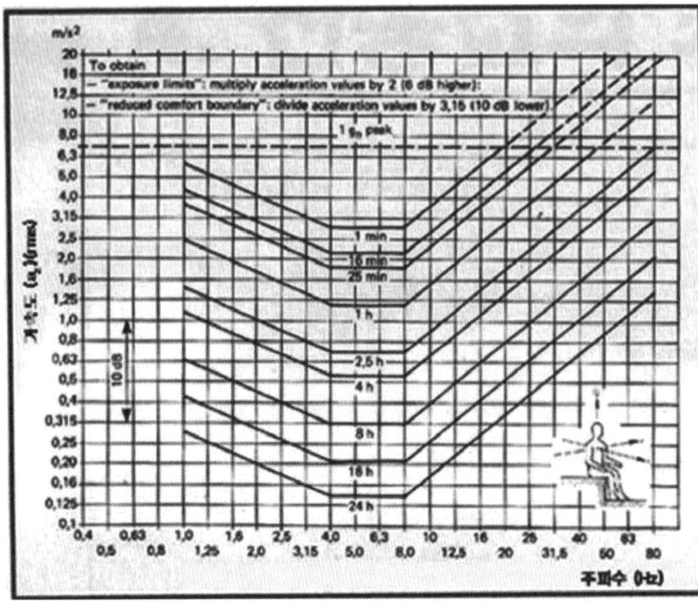

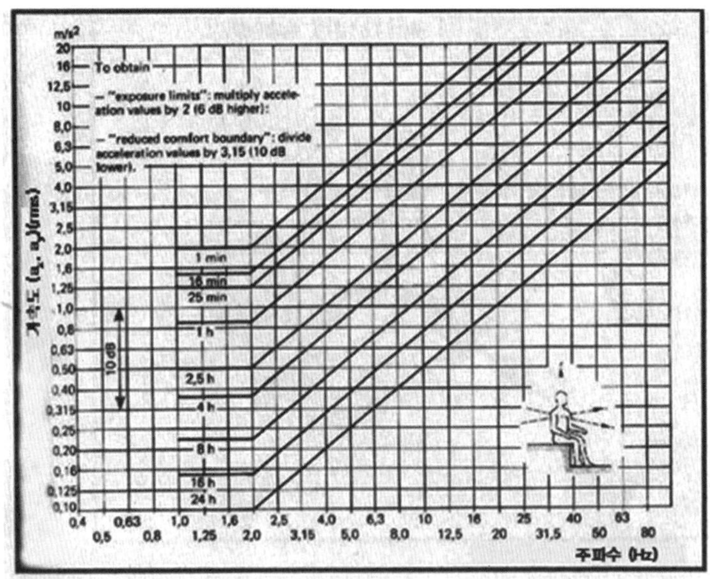

그림 (3.20) 전신진동기준(ISO-2631)

제4장 소음진동의 측정및 평가

작업환경소음측정은 「작업환경측정 및 정도관리규정」(노동부 고시 제2009-3호(2009.2.13.))에서 규정하고 있는 방법으로 하도록 되어있다. 그 외에 국제표준기구(ISO) R1999,청력보호에 관한 직업성 소음폭로의 평가방법이나 미국의 노동안전위생법(OSHA) 및 일본의 산업위생학회 권고기준 등을 참조하여 비교 평가하면 양호한 결과를 얻을 수 있다.

표(4.1)은 노동부 고시 내용중 소음관련 부분만 발췌 요약한 것이다.

표(4.1) 작업환경측정 및 정도관리규정중 소음관련부분(발췌)

조 항	내 용
제19조 (시료채취 근로자수)	① 단위작업장소에서 최고 노출근로자 2인 이상에 대하여 동시에 측정하되, 단위작업장소에 근로자가 1인인경우에는 그러하지 아니하며, 동일 작업근로자수가 10인을 초과하는 경우에는 매 5인당 1인(1개 지점) 이상 추가하여 측정하여야 한다. 다만, 동일 작업근로자수가 100인을 초과하는 경우에는 최대 시료채취 근로자수를 20인으로 조정할 수 있다. ② 규칙 제93의3제1항제3호의 규정에 의한 지역시료채 취방법에 의한 측정시료의 개수는 단위작업장소에서 2개 이상에 대하여 동시에 측정하여야 한다. 다만, 단위작업장소의 넓이가 50평방미터이상인 경우에는 매 30평방미터마다 1개 지점 이상을 추가로 측정하여야 한다.
제20조 (단위)	소음수준의 측정단위는 데시벨[dB(A)]로 표시한다.

(계속)

제26조 (측정방법)	규칙 별표 11의3에 의한 소음수준의 측정은 다음 각 호의 방법에 의하여야 한다. 1. 측정에 사용되는 기기(이하"소음계"라 한다)는 누적소음 노출량측정기, 적분형소음계 또는 이와 동등 이상의 성능이 있는 것으로 하되 개인시료 채취방법이 불가능한 경우에는 지시소음계를 사용할 수 있으며, 발생기간을 고려한 등가소음레벨 방법으로 측정하여야 한다. 다만, 소음발생 간격이 1초 미만을 유지 하면서 계속적으로 발생되는 소음(이하 "연속음"이라 한다)을 지시소음계 또는 이와 동등 이상의 성능이 있는 기기로 측정할 경우에는 그러하지 아니할 수 있다. 2. 소음계의 청감보정회로는 A특성으로 행하여야 한다. 3. 제1호 단서 규정에 의한 소음측정은 다음과 같이 행하여야 한다. 가. 소음계 지시침의 동작은 느린(Slow)상태로 한다. 나. 소음계의 지시치가 변동하지 않는 경우에는 당해 지시치를 그 측정점에서의 소음수준으로 한다. 4. 누적소음노출량 측정기로 소음을 측정하는 경우에는 Criteria=90dB, Exchange Rate=5dB, Threshold=80dB로 기기 설정을 하여야 한다. 5. 소음이 1초 이상의 간격을 유지하면서 최대음압수준이 120dB(A)이상의 소음(이하 "충격소음"이라 한다)인 경우에는 소음수준에 따른 1분 동안의 발생횟수를 측정하여야 한다.
제27조 (측정위치 및 지점)	단위작업장소에서 소음수준측정은 제17조 내지 제19조의 규정에 따라 측정을 하여야 한다. 다만, 소음수준을 측정할 때에는 측정대상이 되는 근로자의 근접된 위치의 귀 높이에서 실시하여야 한다.
제28조 (측정시간 및 횟수)	① 단위작업장소에서 소음수준은 규정된 측정위치 및 지점에서 1일 작업시간동안 6시간 이상 연속 측정하거나 작업시간을 1시간 간격으로 나누어 6회 이상 측정하여야 한다. 다만, 소음의 발생특성이 연속음으로서 측정치가 변동이 없다고 자격자 또는 지정측정기관이 판단한 경우에는 1시간동안을 등간격으로 나누어 3회 이상 측정할 수 있다. ② 단위작업장소에서의 소음발생시간이 6시간 이내인 경우나 소음발생원에서의 발생기간이 간헐적인 경우에는 발생시간동안 연속 측정하거나 등 간격으로 나누어 4회 이상 측정하여야 한다.

(계속)

<table>
<tr>
<td>제36조
(소음수준의평가)</td>
<td>
① 제28조제1항의 규정에 의하여 1일 작업시간동안 연속 측정하거나 작업시간을 1시간 간격으로 나누어 6회 이상 소음수준을 측정한 경우에는 이를 평균하여 8시간 작업시의 평균소음수준으로 한다(제34조제1항 단서의 규정은 이 경우에도 이를 준용한다. 다만, 제28조제1항 단서규정에 의하여 측정한 경우에는 이를 평균하여 8시간 작업시의 평균소음 수준으로 한다.
② 제28조제2항의 규정에 의하여 측정한 경우에는 이를 평균하여 그 기간 동안의 평균소음수준으로 하고 이를 1일 노출시간과 소음강도를 측정하여 등가소음레벨방법으로 평가한다.
③ 지시소음계로 측정하여 등가소음레벨방법을 적용할 경우에는 다음의 식5에 따라 산출한 값을 기준으로 평가하여야 한다.

(식5)
$$Leq[dB(A)] = 16.61 \log \frac{n_1 \times 10^{\frac{LA_1}{16.61}} + n_2 \times 10^{\frac{LA_2}{16.61}} + n_N \times 10^{\frac{LA_N}{16.61}}}{\text{각 소음레벨측정치의 발생시간합}}$$
단, LA: 각 소음레벨의 측정치[dB(A)]
n: 각 소음레벨측정의 발생시간(분)
④ 단위작업장소에서 소음의 강도가 불규칙적으로 변동하는 소음 등을 누적소음 노출량측정기로 측정하여 노출량으로 산출되었을 경우에는 별표1을 이용하여 시간가중평균 소음수준으로 환산하여야 한다. 다만, 누적소음 노출량측정기에 의한 노출량 산출치가 별표1에 주어진 값보다 작거나 크면 시간가중평균소음은 다음의 식6에 따라 산출한 값을 기준으로 평가할 수 있다.
(식 6) $TWA = 16.61 \log(\frac{D}{100}) + 90$
단, TWA : 시간가중평균소음수준[dB(A)]
D : 누적소음노출량(%)
</td>
</tr>
<tr>
<td>제38조
(측정농도
평가에 따른
조치)</td>
<td>
사업주는 제33조 내지 제37조의 규정에 의한 측정농도를 평가하였을 때는 가능한 한 다음의 표2에서 정하는 바에 따른 조치를 강구하여야 한다.

〈표 2〉 평가 결과에 따라 강구해야 할 조치
<table>
<tr><th>평가 결과</th><th>강구 해야할 조치</th></tr>
<tr><td>노출기준미만</td><td>현재의 작업상태 유지</td></tr>
<tr><td>노출기준초과</td><td>시설·설비 등에 대한 개선대책수립 시행 및 적정보호구 지급</td></tr>
</table>
</td>
</tr>
</table>

(노동부고시 제2009-3호(2009.2.13.))

4.1 소음측정 시스템

4.1.1 소음측정시스템의 요약

구 분	측정시스템개요	측정항목
소음도 측 정	소음계	• 소음도
	소음계 ― 기록계	• 비정상소음 • 정상소음
	소음계 ― 녹음계 ― 기록계	• 녹음 · 분석
주파수 분 석 측 정	소음계 ― 주파수분석계	• 정상음의 소음분석 • 주파수별 소음도
	소음계 ― 주파수분석계 ― 기록계	• 비정상소음의 분석기록 • 정상소음의 분석기록 • 잔향시간 측정
	소음계 ― 녹음계 ― 주파수분석계 ― 기록계	• 녹음 · 분석

4.1.2 소음계의 구성 및 종류

소음계는 적용되는 규격에 따라 표(4.2)와 같이 나누어지며, 그림(4.1)은 소음계의 구성도 이고, 그림(4.2)는 일반적으로 사용되고 있는 소음계의 예이다.

표 (4.2) 소음계의 구성 및 종류

구 분	적용규격	사용주파수범위	검정공차	용 도
간이 소음계	KSC IEC 61672-1 및-2 (2005)	70~6000Hz	-	간이 측정용
보통 소음계		31.5~8000Hz	±2dB	일반 측정용
정밀 소음계		20~12500Hz	±1dB	정밀 측정용

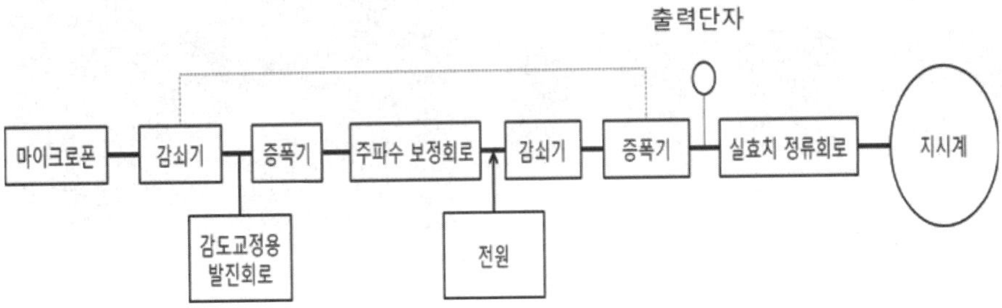

그림 (4.1) 소음계의 구성

그림 (4.2) 전형적인 소음계의 예

(1) 마이크로폰

소음계에 사용되는 마이크로폰은 무지향성이고 압력형이며, 주파수특성이 양호하여야하고 안정성이 있어야 하는 조건이 필요하다. 이와같은 조건을 만족하는 것으로 콘덴서형(정전형), 세라믹형(압전형) 및 다이나믹형(동전형)등이 있으나 주로 콘덴서형이 많이 쓰이고 있다. 그림(4.3)은 일반적으로 사용되고 있는 콘덴서형 마이크로폰들을 나타내고 있다.

그림 (4.3) 전형적인 콘덴서형 마이크로폰의 예

(2) 기록계

소음도는 항상 시간에 따라 변동되므로 기록의 유지와 특성을 파악하기 위하여 기록계가 필요하다. 그림(4.4)는 일반적으로 사용되고 있는 전형적인 기록계의 예이고, 그림(4.5) 및 그림(4.6)은 실측 적용예이다.

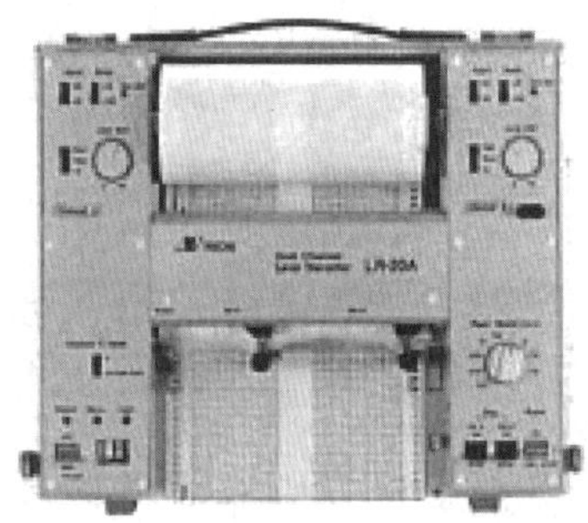

그림 (4.4) 전형적인 소음도 기록계의 예

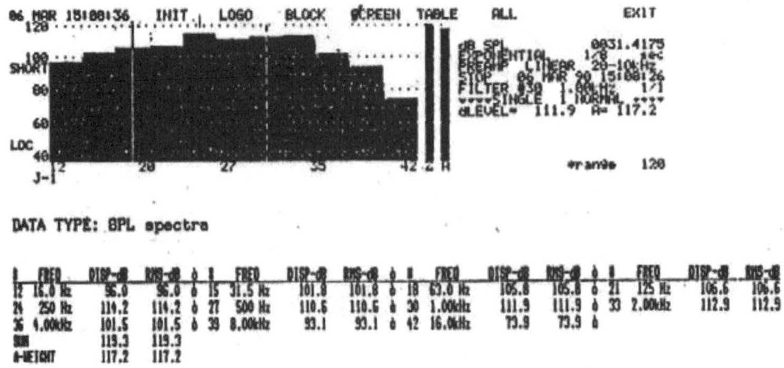

그림 (4.5) 지수응답형 기록계의 예

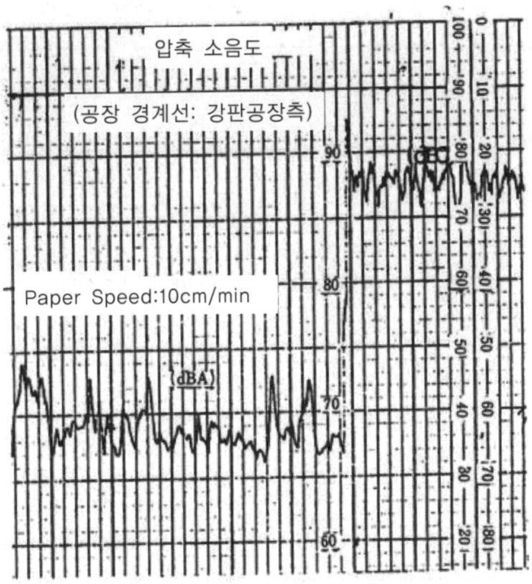

그림 (4.6) 등속형 기록계의 예

(3) 주파수분석계

소음은 소음원에 따라 다수의 주파수성분이 합성된 복잡한 파형으로 이루어져 있으므로 그 특성을 분석할 필요가 있나. 이때 사용되는 장비가 주파수분석계 또는 주파수분석기로서 표(4.3)과 같이 대별할 수 있으며, 밴드필터의 주파수관계는 표(4.4)와 같다.

① 정비형 : 밴드의 하한 및 상한주파수를 f_L 및 f_U라 할때 어떤 밴드에서도 $\frac{f_U}{f_L}$의 비가 일정한 필터로서, 중심주파수(f_c)는 $f_c = \sqrt{f_U \cdot f_L}$의 관계가 성립한다.

② 정폭형 : 각 밴드의 주파수폭 $\triangle f$가 일정한 필터로서 $f_c = \frac{(f_U + f_L)}{2}$의 관계가 성립한다.

③ $\frac{1}{1}$ 옥타브분석기 : $\frac{f_U}{f_L} = 2,\ f_c = \sqrt{f_L \times f_U} = \sqrt{2} f_L$

$\frac{1}{3}$ 옥타브분석기 : $\frac{f_U}{f_L} = \sqrt[3]{2},\ f_c = \sqrt{1.26} f_L$

표 (4.3) 주파수 분석계의 종류

<table>
<tr><th>사용목적</th><th colspan="2">필 터</th><th>주파수 분석기</th><th>비고</th></tr>
<tr><td rowspan="4">소음 · 진동의
평가와 일반대책</td><td rowspan="4">정비형</td><td>옥타브밴드 패스필터</td><td>$\frac{1}{1}$ 옥타브 분석기</td><td rowspan="4"></td></tr>
<tr><td rowspan="2">$\frac{1}{3}$ 옥타브밴드 패스필터</td><td>$\frac{1}{3}$ 옥타브 분석기</td></tr>
<tr><td>실시간 분석기</td></tr>
<tr><td>협대역 필터</td><td>협대역 분석기</td></tr>
<tr><td rowspan="3">소음 · 진동원의
대책</td><td rowspan="3">정폭형</td><td rowspan="2">헤테로다인 방식</td><td>Tracking 분석기</td><td rowspan="3"></td></tr>
<tr><td>실시간
스펙트럼분석기</td></tr>
<tr><td>FFT 방식</td><td>실시간
스펙트럼분석기</td></tr>
</table>

예 제(4-1)

옥타브밴드의 중심주파수(f_c)가 1000Hz일때 f_L, f_U 및 밴드폭(bw)을 구하라.

【 해설 】 (1) $f_c = \sqrt{f_U \cdot f_L}$ 이고, $f_U = 2f_L$ 이므로 $f_c = \sqrt{2} f_L$

$$\therefore f_L = \frac{f_c}{\sqrt{2}} = \frac{1000}{\sqrt{2}} = 707(Hz)$$

(2) $f_c = \sqrt{f_U \left(\frac{f_U}{2}\right)} = \frac{f_U}{\sqrt{2}}$

$$\therefore f_U = \sqrt{2} f_c = \sqrt{2}(1000) = 1414(Hz)$$

(3) $bw = f_U - f_L = 1414 - 707 = 707(Hz)$

표 (4.4) 밴드필터의 중심주파수와 차단 주파수

밴 드	주 파 수(Hz)					
	1/1 옥 타 브			1/3 옥 타 브		
	하 한	중 심	상 한	하 한	중 심	하 한
12	11	16	22	14.1	16	17.8
13				17.8	20	22.4
14				22.4	25	28.2
15	22	31.5	44	28.2	31.5	35.5
16				35.5	40	44.7
17				44.7	50	56.2
18	44	63	88	56.2	63	70.8
19				70.8	80	89.1
20				89.1	100	112
21	88	125	177	112	125	141
22				141	160	178
23				178	200	224
24	177	250	355	224	250	282
25				282	315	355
26				355	400	447
27	355	500	710	447	500	562
28				562	630	708
29				708	800	8591
30	710	1,000	1,420	891	1,000	1,122
31				1,122	1,250	1,413
32				1,413	1,600	1,778
33	1,420	2,000	2,840	1,778	2,000	2,239
34				2,230	2,500	2,818
35				2,818	3,150	3,548
36	2,840	4,000	5,680	3,548	4,000	4,467
37				4,467	5,000	5,623
38				5,623	6,300	7,079
39	5,680	8,000	11,360	7,079	8,000	8,913
40				8,913	10,000	11,220
41				11,220	12,500	14,130
42	11,360	16,000	22,720	14,130	16,000	17,780
43				17,780	20,000	22,390

(4) 소음폭로계

직업성난청을 방지하기 위하여 소음변동 상황의 등가치를 측정하는 기기를 소음폭로계 또는 소음조사량 측정기(Noise Dosimeter)라 하며, 규정된 측정지점에서 1일 작업시간동안 (6~8시간) 측정하여, 다음 식으로 시간 가중평균한 후 평가치가 1.0 이상이면 허용기준을 초과하는 것으로 한다. 그림(4.7)은 소음폭로계의 예이다.

$$D=\frac{C_1}{T_1}+\frac{C_2}{T_2}+\ldots\ldots+\frac{C_n}{T_n} \qquad \ldots\ldots\ldots\ldots\ldots\ldots(4.1)$$

단, C : 각각의 소음도에 노출되는 시간(시간)
T : 각각의 소음도에 노출될 수 있는 허용시간(시간)

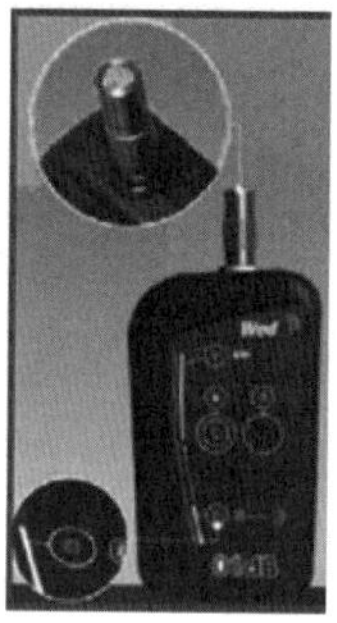

그림 (4.7) 소음폭로계의 예

표 (4.5) 허용 소음 폭로기준(OSHA)

소음도 (dB(A))	허용노출 시간 (hr)	소음폭로량 (%)	소음도 (dB(A))	허용노출 시간 (hr)	소음폭로량 (%)	소음도 (dB(A))	허용노출 시간 (hr)	소음폭로량 (%)
<u>90</u>	<u>8.00</u>	<u>100</u>	99	2.25	800	108	0.67	6300
91	6.97	125	<u>100</u>	<u>2.00</u>	<u>1000</u>	109	0.57	8000
92	6.07	160	101	1.73	1250	<u>110</u>	<u>0.50</u>	<u>10000</u>
93	5.28	200	102	1.52	1600	111	0.43	12500
94	4.60	250	103	1.32	2000	112	0.38	16000
<u>95</u>	<u>4.00</u>	<u>315</u>	104	1.15	2500	113	0.33	20000
96	3.48	400	<u>105</u>	<u>1.00</u>	<u>3150</u>	114	0.28	25000
97	3.03	500	106	0.87	4000	<u>115</u>	<u>0.25</u>	<u>31500</u>
98	2.83	630	107	0.77	5000			

예 제(4-2)

금속가공공장에서 근무하고 있는 작업자에 대하여 하루중 소음폭로상태를 측정한 결과,3시간 90dB(A)에서 4시간, 그리고 85dB(A)에서 1시간이 노출되었다. 이 작업 자의 소음폭로량(D:noise dose)을 평가하라.

【 해설 】 C_1 : 3시간, C_2 : 4시간, C_3 : 1시간

T_1 : 4시간, T_2 : 8시간, T_3 : 제한시간 없음

따라서,

$$D=\frac{C_1}{T_1}+\frac{C_2}{T_2}+\frac{C_3}{T_3}=\frac{3}{4}+\frac{4}{8}+\frac{1}{0}=1.25(>1.0)$$

예 제(4-3)

어느 공장내의 제품 생산공정은 단일의 제품이 완성되기 위해서 102dB(A)에서 6분동안, 106dB(A)에서 0.75분 동안 각각 소음에 노출되어야만 한다. 이 공정에서 작업하고 있는 $D=4\left(\frac{C_1}{T_1}+\frac{C_2}{T_2}\right)=4\left(\frac{0.1}{1.52}+\frac{0.0125}{0.87}\right)=0.32$ 작업자의 시간당 소음폭로량(D)을 계산하라. 단, 이 공정은 시간당 4회씩 완성제품을 생산하고 있다.

【 해설 】 C_1=6분=0.1시간, C_2=0.75분=0.0125시간

T_1=1.52시간(102dB(A)), T_2=0.87시간(106dB(A))

따라서, 시간당 소음폭로량은

$$D=4\left(\frac{C_1}{T_1}+\frac{C_2}{T_2}\right)=4\left(\frac{0.1}{1.52}+\frac{0.0125}{0.87}\right)=0.32$$

4.2 작업환경소음측정

4.2.1 목적

(1) 청력보호 및 관리 측면에서의 측정

(2) 설비관리 측면에서의 측정

(3) 건강관리면에서의 측정

4.2.2 소음측정의 기본절차

(1) 귀의 활용

(2) 예비조사

① 작업장내의 일상적인 소음발생상황

② 작업자 청력의 기본자료

③ 지금까지의 측정결과 및 특성

(3) 현장측정

① 측정기간 및 시기

② 측정 항목

③ 측정시각의 선정

④ 측정지점의 설정 원칙에 따른 선정

⑤ 측정 실시

i) 소음계의 기본조작

a) 소음계의 등급 확인

b) 전원의 확인 및 마이크로폰 확인

c) 지시소음도의 교정

d) 청감보정회로의 고정 : A특성

e) 동특성 : 느림(Slow)

f) 현장 소음도와 적합한 범위의 소음도 조정

ii) 소음계의 설치 : 지상 1.2~1.5m 높이

iii) 부속장비(기록계— 주파수분석기 등)를 연결시 확실하게 연결한다.

iv) 측정시 유의사항

a) 소음계의 마이크로폰은 매우 민감하므로 먼지, 약품 및 수분 등에 묻지 않도록, 그리고 충격을 받지 않도록 주의한다.

b) 삼각대, 방풍망 등은 필요에 따라 정확히 사용한다.

c) 측정자는 간편한 옷차림으로 공정, 기계 또는 작업자에게 영향을 주지 않는 상태 에서 측정하여야 하며, 필요시 안전보호구(헬멧, 작업화 등)를 착용후 안내자의 지시에 따라 측정하여야 한다.

d) 측정지점별 소음 수준도 중요하지만, 공정의 특성 및 작업자의 상태 등도 기록지에 상세히 기록하여 자료의 평가시 참조하도록 한다.

⑥ 지시치의 평가

구 분	지시치의 평가
i) 소음계의 지시치가 변동하지 않는 경우	측정된 지시치로 한다.
ii) 지시치가 규칙적으로 변동하는 경우	최대측정치로 하되, 최소치는 참고자료로 한다.
iii) 지시치가 불규칙적으로 변동하는 경우	5초간격으로 10회 이상에서 얻어진 최대치의 산술평균치로 한다.

⑦ 측정결과의 기록

i) 작업장의 명칭 및 평면도

ii) 작업 상태

iii) 측정일시

iv) 측정방법

v) 측정점

vi) 측정조건 및 결과

vii) 측정자 성명

viii) 기타

예 제(4-4)

작업장내 소음환경을 개선하기 위한 소음측정절차에 대하여 논하라.

표 (4.6) 작업자 소음폭로량 조사표(예)

<table>
<tr><td>작 업 자 명</td><td></td><td rowspan="9">평면도</td></tr>
<tr><td>현 장 위 치</td><td></td></tr>
<tr><td>작업자 성명</td><td></td></tr>
<tr><td>작업자 위치</td><td></td></tr>
<tr><td>측정기기형식</td><td></td></tr>
<tr><td>교 정 일 자</td><td></td></tr>
<tr><td>측정자(부서명)</td><td></td></tr>
<tr><td>측 정 일 시</td><td></td></tr>
<tr><td colspan="2">특기사항</td></tr>
</table>

<table>
<tr><td>최대
소음도
(dB(A))</td><td>작업공정명</td><td>C_n
(hr/일)</td><td>T_n
(hr/일)</td><td>$\frac{C_n}{T_n}$</td><td rowspan="13">D>1 조치사항

(1) 방음보호구 지급여부 ……( )
(2) 청력시험 실시여부 ………( )
(3) 행정적대책 실시여부 ……( )
(4) 기술적대책 실시여부 ……( )
(5) 기타 대책 조치상태 …… ( )</td></tr>
<tr><td>>115</td><td></td><td></td><td>-</td><td></td></tr>
<tr><td>115</td><td></td><td></td><td>0.25</td><td></td></tr>
<tr><td>110</td><td></td><td></td><td>0.5</td><td></td></tr>
<tr><td>105</td><td></td><td></td><td>1.0</td><td></td></tr>
<tr><td>102</td><td></td><td></td><td>1.5</td><td></td></tr>
<tr><td>100</td><td></td><td></td><td>2</td><td></td></tr>
<tr><td>97</td><td></td><td></td><td>3</td><td></td></tr>
<tr><td>95</td><td></td><td></td><td>4</td><td></td></tr>
<tr><td>92</td><td></td><td></td><td>6</td><td></td></tr>
<tr><td>90</td><td></td><td></td><td>8</td><td></td></tr>
<tr><td><90</td><td></td><td></td><td>-</td><td>0</td></tr>
<tr><td colspan="4">$D=\sum\frac{C_n}{T_n}$</td><td></td></tr>
<tr><td colspan="5"></td><td>충격 소음도 : (dB)
빌 생 횟 수 : (회/일)</td></tr>
<tr><td>종합
평가
및
조치
사항</td><td colspan="5"></td></tr>
</table>

예 제(4-5)

작업자의 노출소음의 정도를 작업환경 소음측정과 공학적 개선을 위한 소음측정의 차이점에 대하여 논하라.

【 해설 】

작업환경 소음측정	공학적 개선을 위한 소음측정
작업자들에게 폭로되는 소음의 상태확인	기존 소음도와 목표기준치와의 차이에 따른 물리적 수치 및 특성확인
어느 작업라인의, 어느 작업자가, 얼마나 노출되었나? (측정시점의 노출소음도만 평가: 작업시간대별,무슨작업에 의한 영향이 컸는지, 왜 그렇게 되었는지 알수없고, 총누적 노출상태만 확인 가능함)	①소음원의 물리적 특성자료 (PWL, SPL, 주파수, 소음발생특성, 전파확산상태 등) ②작업자 또는, 작업자에게 영향을 미치는 요인분석 ③대책 적용시 문제점 여부 파악 ④기타 -대책우선순위 평가 -대책방안의 효율성 평가 -관리적·교육적 개선방안의 검토

4.3 등음선도 평가

4.3.1 목적

등음선도 평가는 소음원의 소음도 수치에 의한 평가보다, 발생원인과 전파 영향범위 등을 시각적으로 확인하여 적절한 조치를 하기 위함이 그 목적이다.

4.3.2 등음선도 작성의 원리

등음선 작성의 원리는 두 소음도 간의 차이에 의한 합성이론이다. 즉,

$$\triangle L = L_2 - L_1 = -20\log\left(\frac{r_2}{r_1}\right)$$

$$\therefore \quad \frac{r_2}{r_1} = 10^{-\triangle L/20}$$

표(4.7) 점음원의 거리에 따른 소음도 차이

변화소음도△L (dBA)	거리비r_2/r_1
0	1.000
1	0.891
2	0.794
3	0.708
4	0.631
5	0.562
6	0.501
7	0.447
8	0.398
9	0.355
10	0.316
11	0.251
20	0.100

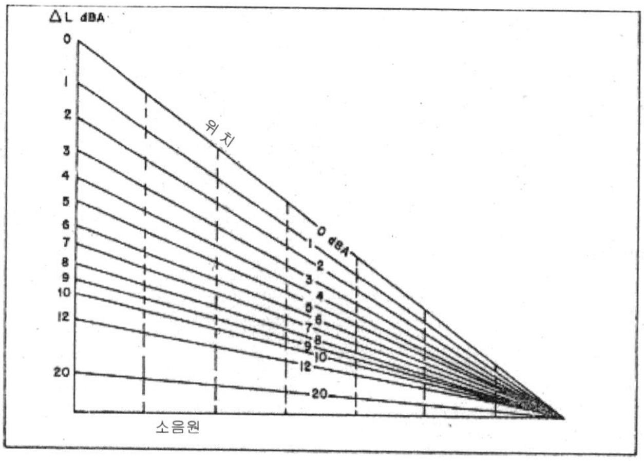

그림(4.8) 점음원의 이격거리별 합성

(자료) Paul N.Chevemisinoff and Peter P. Cheremisinoff:

Industrial Noise Control Handbook, Ann Abor Science Pub.,Inc,. 342-344, 1977.

4.3.3 등음선도 작업과정

① Mesh Point 측정　　② Worksheet 작성　　③ 프로그램 입력/출력

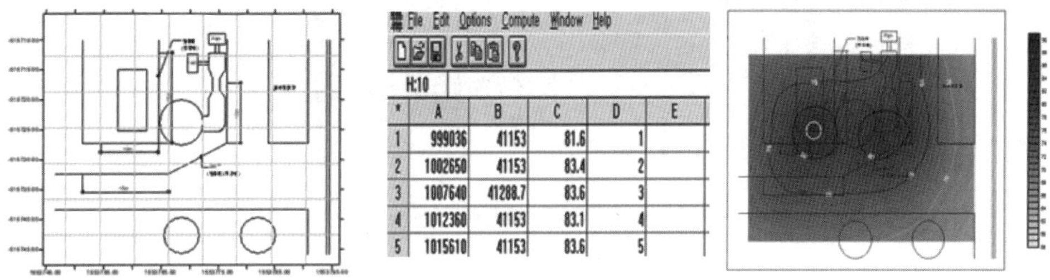

그림(4.9) 등음선도 작업과정의 예

4.4 소음의 예측 및 평가

컴퓨터의 발달로 미지의 소음도를 예측 평가할 수 있는 음향예측프로그램들이 많이 보급되고 있다 : (예) Cadna "A", Sound Plan, Mithra, Raynoise 등

그림(4.10)은 공장소음의 예측 절차 사례를 정리한 것 이고, 그림(4.11)은 도로교통소음에 의한 아파트 층별 소음도를 예측평가한 예 이다.

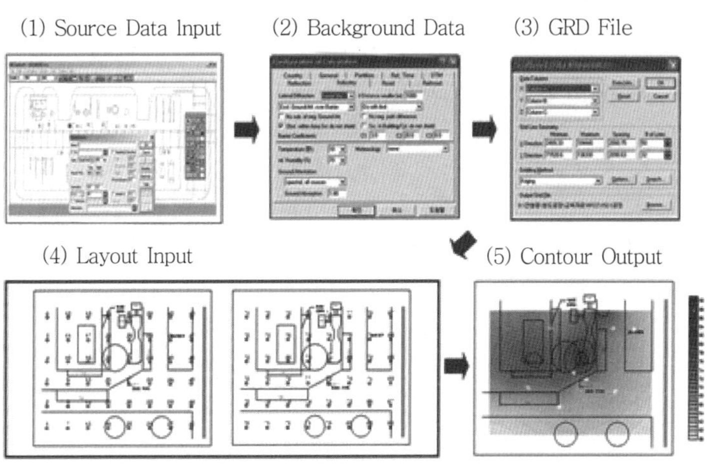

그림 (4.10) 공장소음예측절차 사례

< 방음벽 있을 경우 >

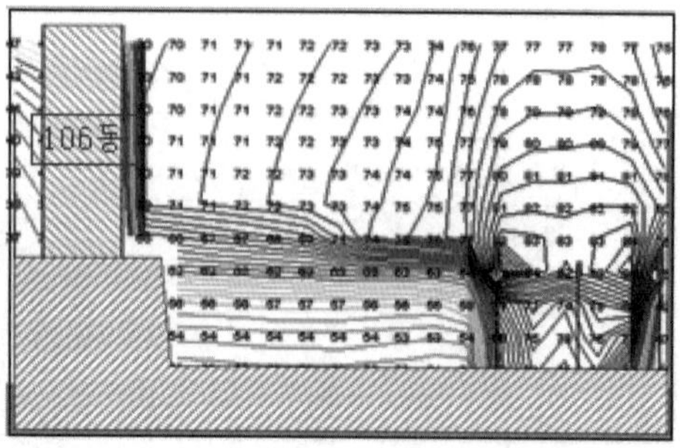

< 방음벽 없을 경우 >

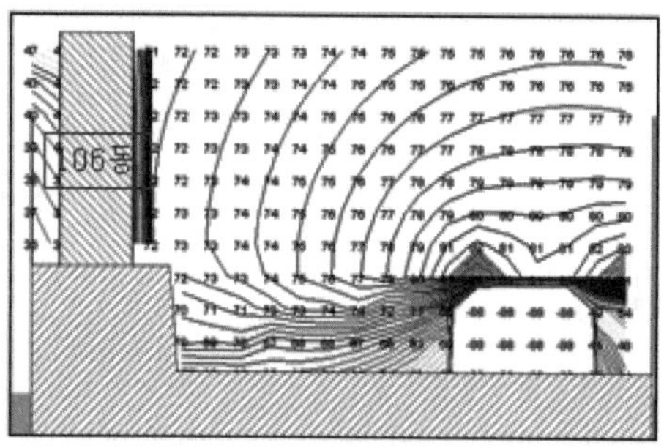

그림 (4.11) 도로교통소음에 의하여 아파트에 미치는 영향 예측 사례(ⒸANVI)

4.5 진동 측정시스템

4.5.1 진동 측정시스템의 요약

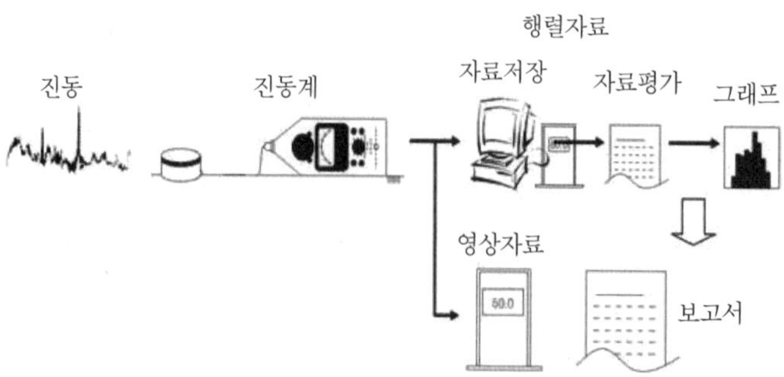

그림 (4.12) 진동측정시스템 개요도

4.5.2 진동센서의 구성 및 종류

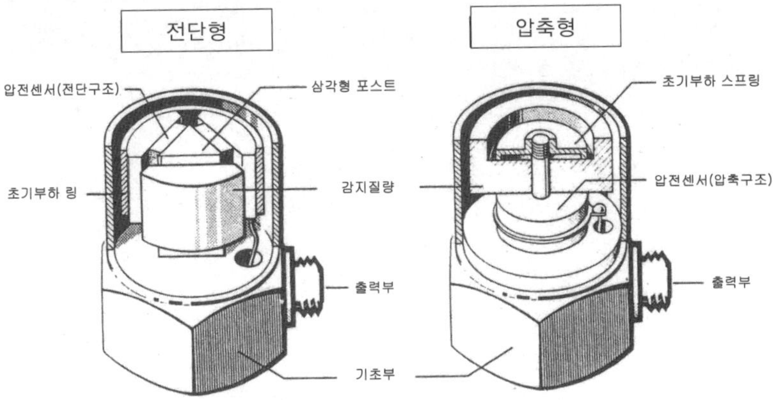

그림 (4.13) 진동센서의 구성 및 종류

4.5.3 진동측정결과의 평가

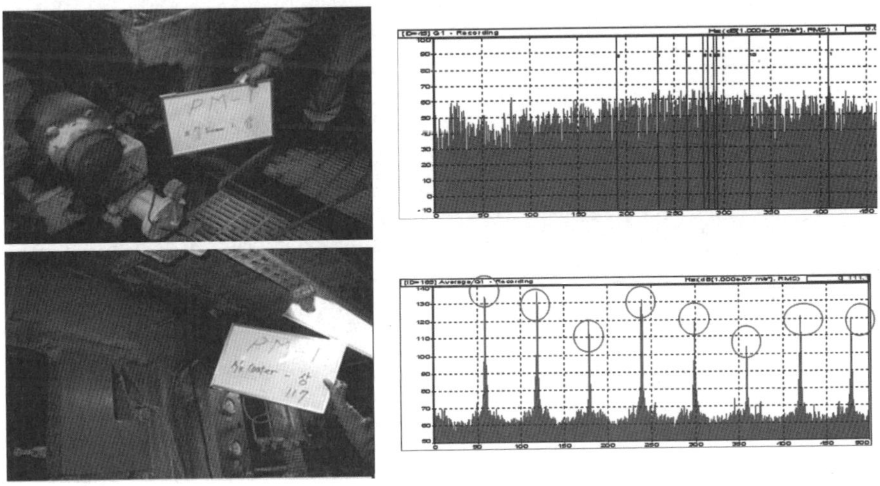

그림 (4.14) 초지기 진동의 측정결과 사례(ⓒANVI)

제5장 소음방지대책

소음방지대책시는 작업환경상 관리적 측면과 기술적 측면을 동시에 고려하여야만 한다.

즉, 소음방지 목적만을 강조하다보면, 작업의 생산성이나 유지관리적인 측면에서 많은 문제점을 유발할 수 있기 때문이다. 따라서 소음방지대책시는 충분한 시간과 의견을 모아 합리적으로 문제 해결을 하고자 하는 자세가 중요하다고 하겠다.

5.1 대책개요

5.1.1 대책의 기본개념

소음방지대책은 기존 또는 신설작업장에 접근하는 경우로 나누어 볼 수 있으나, 거의 동일하므로 그림(5.1)과 같은 절차를 따르면 될 것이다.

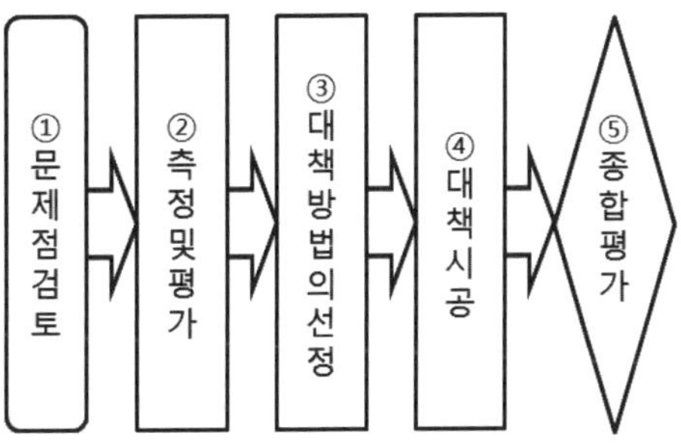

그림 (5.1) 소음방지대책의 기본절차

(1) 문제점 검토

소음대책시 가장 중요한 점은 소음원의 실태를 정확히 파악하는 것이다. 즉 소음발생의 원인뿐만 아니라, 피해대상이 무엇이며, 왜 대책을 하여야만 하는가에 대한 목적의식이 있어야 한다.

(점검항목)

① 문제점으로 대두된 근본 원인이 무엇인가?

② 소음원의 소음이 기준치보다 높기 때문인가?

③ 작업공정상(운전상태, 가동시간 등) 소음문제는 없는가?

④ 소음원의 주변조건에 문제는 없는가?

⑤ 피해의 대상(사람, 동물, 구조물, 정밀기계, 기타 등)은 무엇인가?

⑥ 소음방지대책의 최종목표는 무엇인가?

(2) 측정 및 평가

소음발생의 원인이 되는 소음원의 음향특성, 주변 조건의 상태 및 수음점과의 위치 등을 조사한다. 소음측정에는 사람의 귀로써 소음원의 소음도, 전달방향 및 주파수특성 등을 판단하는 간이적 방법과 정밀측정장비를 사용하는 전문적 방법이 있으나, 두 가지를 모두 병행하는 것이 바람직한 결과를 얻을 수 있다. 그리고 소음측정결과를 관련기준치와 비교하여 초과되는 소음도, 주파수특성 및 주기성 등을 평가하도록 한다.

(3) 대책방법의 선정

대책의 기본요소인 효율성, 경제성, 시공성, 내구성, 내화성, 외관성 및 안전성 등을 고려한 조합방안을 선정하는 것이 중요한다. 특히 동일한 소음원이라 하더라도 현장여건 등이 모두 상이하기 때문에 기존의 대책사례를 그대로 적용하는 것은 무리가 있을 수 있음을 염두에 두어야 할 것이다.

(4) 대책시공

선정된 방법에 따른 설계 및 시공시는 현장 작업자와의 충분한 대화를 통하여, 재시공하는 경우가 발생하지 않도록 유의하여야 한다.

(5) 종합평가

대책시공후 소음측정을 실시하여 그 결과를 확인하도록 한다. 만일 목표치를 만족하지 못하였을 경우에는 원인의 재확인 후 재시공 조치 하도록 하고, 만족하였을 경우에는 지금까지의 모든 자료 및 도면 등을 정리하여 종합평가 보고서를 작성하도록 한다.

5.1.2 대책개요

소음방지대책을 크게 나누면,

i) 소음원 대책

ii) 전파경로 대책

iii) 수음점 대책

의 3가지로 요약할 수 있으며, 각각의 경우를 고려하여 대책을 취하게 되면 좋은 결과를 얻을 수 있다. 표(5.1)은 대표적인 소음방지대책 방법의 예이다.

표 (5.1) 대표적 소음방시내책 빙법의 예

구 분	방 법	적용사례
1. 소음원 대책	발생원의 저소음화 발생원인제거 차 음 소 음 방진 · 제진 운전방법개선	저소음형 기계의 선정 급유, 부품교환 등 방음실, 방음스크린 소음기, 흡음덕트 방진고무, 스프링, 제진재 자동화, 배치변경
2. 전파경로 대책	거리감쇠 차폐효과 흡 음 지향성	배치변경 차폐물, 방음벽 실내 흡음처리 음원의 방향조정
3. 수음점 대책	차 음 작업방법개선 보호구	운전실의 방음 작업공정조정, 원격조작 귀마개, 귀덮개, 헬멧

그러나, 실제로 대책적용시 한가지 방법만으로는 효과를 기대할 수 없으므로 2~3개

요소를 조합하는 경우가 대부분이다. 또한 대책방법은 가장 경제적이면서 효과적이어야 하므로 "시스템 원칙" 또는 "$(Dollar) Sign"의 개념을 염두에 두어야 할 것이다.

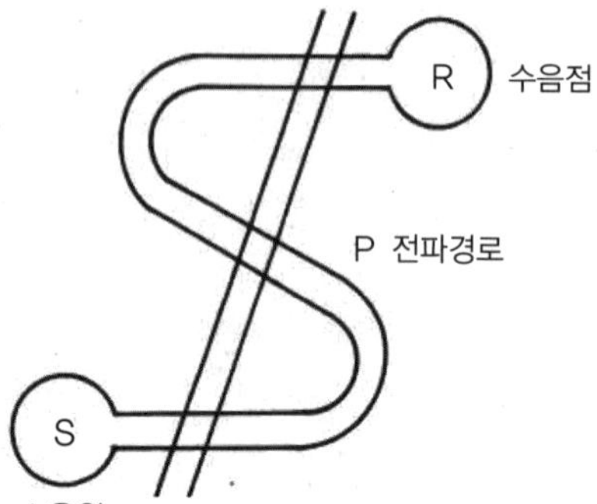

그림 (5.2) 소음방지대책의 시스템 원칙($ sign)

5.2 음원대책

소음방지대책에서 가장 효과적인 것이 음원대책이므로 음원인 기계와 설비에 대한 대책을 우선적으로 고려하여야 할 것이다.

5.2.1 발생원인의 제거

(1) 기계적 원인에 의한 경우

① 저소음형 기계의 선정

② 소음원의 대체

소형 · 고속 → 대형 · 저속

해 머 → 프 레 스

사각전단기 → 회전전단기

기계프레스 → 유압프레스

기어구동 → 벨트구동

③ 소음원의 정비에 유의

불균형 · 마모품 → 균형 · 신품

마찰부분 → 윤 활

④ 공정 및 가공기법 개선

충격식 리벳팅 → 압축식 리벳팅

리 벳 팅 → 용 접

냉연가공 → 열연가공

압연 · 단조 → 프 레 스

낙하식 → 낙하높이 조절, 유압식

기류식 → 기계식

⑤ 기계의 방신 및 제진 치리

(2) 연소에 의한 경우

버너의 경우, 연소조건에 따라 소음의 차이가 심하므로 안정 연소가 되도록 조치한다.

(3) 유체적 원인에 의한 경우

① 흡배기 소음기의 설치

(내연기관류, 고압가스 방출부 등)

② 급격한 난류 생성부에 대한 검토

(써징, 캐비테이션의 발생억제)

③ 소음원의 대체

(소형 · 고속 송풍기 → 대형 · 저속 송풍기)

(4) 전자적 원인에 의한 경우

유도전동기의 경우, 전원 전압의 불평형 또는 전자적 흡인력과 반발력에 의하여 소음발생이 크게 되는 경우가 있으므로 주의가 요망된다.

5.2.2 음원의 밀폐

음원에 대한 발생원인 대책이 미흡할 시, 음원을 밀폐(enclosure)하여 음의 방사를 방지하는 방법이며, 일반적으로 단일벽구조의 경우 15~25dB(A) 내외의 감쇠효과를 얻을 수 있고, 특수설계에 의한 방진과 이중벽 구조를 적용하면 30~50dB(A)의 감쇠량도 기대할 수 있다. 밀폐대책시 주의사항은 다음과 같다.

(1) 차음효과가 충분한 차음재를 선정할 것

(2) 기계의 보수, 점검 및 조작상 지장이 없도록 할 것

(3) 기계의 진동이 밀폐 차음재에 전달되지 않도록 방진재를 적절하게 사용 할 것

(4) 공정상 또는 환기상 흡배기용 개구부가 필요시는 되도록 면적을 최소화 하여 소음이 전파되지 않도록 하고 가능한 한 소음처리가 병행되도록 할 것

(5) 시공시 틈새가 생기지 않도록 최대한 주의하고, 부득이한 경우 코킹재를 사용하여 밀폐시킬 것

(6) 방음문의 차음성은 밀폐용 차음재와 동등한 정도가 되도록 하고, 설치후 틈새가 생기지 않도록 주의할 것

(7) 배관, 덕트 등 외부와의 접촉부에는 후렉시블 죠인트로 처리하여 진동을 절연하도록 할 것

(8) 기계 자체의 발열에 따른 문제가 생기지 않도록 실 체적 및 흡배기량에 유의할 것

(9) 음원을 밀폐하면, 반사에 의하여 실내음압이 높아지게 되므로 차음효과가 낮아질 수 있다. 따라서, 내면에는 흡음처리를 하여 반사에너지를 저감할 필요가 있다.

(10) 차음재의 유효차음도는 실험자료의 약 70% 정도로 판단하면 안전하다.

(11) 밀폐용 차음재는 단일구조보다는 이중구조가 더욱 효과적이며, 차음재와 차음재간에는 서로 연결되어 있는 것보다 독립적으로 떨어져 있는 것이 더 효과적이다.

5.2.3 소음

흡배기구 등의 개구부에서 소음문제가 발생되는 경우 소음기나 흡음덕트 등의 소음장치가 사용된다. 소음장치의 적용시 주의사항은 다음과 같다.

(1) 허용압력손실 이하가 되도록 소음기의 압력손실을 고려하여 설계 및 시공할 것

(2) 덕트 외벽면으로부터 다른 소음이 유입되지 않도록 충분한 차음능력을 가진 재질을 선정할 것

(3) 음원의 진동이 덕트 및 접속부분을 통하여 전달되면 새로운 소음발생 요인이 되므로 진동절연에 유의할 것

(4) 소음기 내부의 유속이 너무 빠르면 기류음이 발생할 수 있으므로 주의가 요망된다. 또한, 흡입구나 배기구 등에 설치하는 루버에 의해서도 기류음이 발생하는 경우가 있으므로 설계시 적절한 유속이 되도록 조정하는 것이 필요하다.

5.2.4 방진 · 제진

음원의 진동에 따른 고체전달음(solidborne - noise)은 가청주파수의 진동 전파라 할 수 있으며, 이의 삼쇠방법에는 기계의 진동력을 탄성체(방진고무, 방진스프링 등) 등으로 흡수하는 “방진(isolation)"과 진동체 표면에 다른 재료(예, 납판)를 부착하여 진동을 억제시키는, 즉 진동에너지를 재료의 내부 마찰열로 교환시켜 진동을 제거하는 ”제진(damping)"이 있다. 특히 방진재의 고유진동수(f_0)와 진동원의 진동수(강제진동수) (f)의 비가 $\frac{f}{f_0} < 1$ 일때는 진동원의 기초부를 부가하중법(관성블록 등)이나 강성증대법(앙카링, 셋팅 등)으로 처리하고 $\frac{f}{f_0} \gg 1.4$ 일때는 고무패드나 스프링 능으로 탄성지지 한다면 방진 대책시 효과를 얻을 수 있다.

5.3 전파경로 대책

음원으로부터 방사되는 음파는 기체, 액체 및 고체의 모든 물질중을 전파해 가지만 진공중에서는 전파되지 않는다. 전파경로대책이란 음이 전파해가는 경로에 적절한 대책을 세워 소음방지를 기하고자 하는 것이다.

5.3.1 거리감쇠 · 지향성

음원과 수음점까지의 거리를 충분하게 유지하면 소리에너지가 감쇠되어 소음이 잘 안 들리게 된다. 공기 중에서 소리가 전파할 경우, 음원의 면적을 a×b (단, a<b)라면, 음원의 위치에서 $\frac{a}{\pi}$ 되는 지점까지는 거의 감쇠가 되지 않으나 $\frac{a}{\pi}$ 로부터 $\frac{b}{\pi}$ 사이에서는 거리가 2배가 되면 감쇠량은 3dB가 되며, $\frac{b}{\pi}$ 이상에서는 거리가 2배가 되면 6dB씩 감쇠된다. 그러나 스피커와 같이 어느 특정 방향의 지향성이 큰 경우에는 음원의 방향을 반대로 하는 것도 효과적이다.

그리고, 고체나 액체중에서 소리가 전파할 경우에는 음의 감쇠를 기대하기가 어려우므로 다른 대책의 검토가 요망된다.

5.3.2 흡음처리

실내작업장의 경우, 벽체, 바닥, 천정면 등은 거의 반사성 재질로 되어 있어 실내 음압이 큰 것이 대부분의 실정이다. 이러한 경우 벽면 또는 천정면 등에 흡음처리가 된다면 반사음이 없어져 소음감쇠효과를 기대할 수 있다. 다음은 흡음처리시 주의할 사항들이다.

(1) 흡음처리에 따른 일반적인 소음감쇠 기대효과는 5~10dB(A) 내외이다.

(2) 소음원의 주파수특성이 고주파특성이면 벽면(또는 천정면)에 밀착시공하여도 효과적이나, 저주파특성이라면 약간의 공기층을 띄우고 시공하면 추가 효과를 기대할 수 있다.

(3) 대책시공은 벽면처리보다는 면적이 넓은 천정부 처리가 더 효과적일 수 있다.
(4) 흡음재의 표면 마감 선정이 항상 문제가 되고 있는바, 흡음성능에 지장이 없으며, 내화성, 내구성, 미관성 및 경제성 등을 고려하여 결정하도록 한다.

5.3.3 방음벽, 칸막이

음원과 수음점 간에 방음벽이나 칸막이를 세우면 소음은 이에 의하여 감쇠하게 된다. 방음벽 이론에서 검토한 바와 같이 다음과 같은 효과들을 기대할 수 있다.

(1) 이론상 최대감쇠치는 25dB(A) 정도이다
(2) 전파경로차(δ)가 크면 클수록 소음감쇠효과는 크다.
(3) 방음벽의 위치는 음원 또는 수음점에 가까이 설치할수록 소음감쇠효과가 크다.
(4) 방음벽의 길이(L)는 회절의 영향을 고려하여 높이(H)의 5배 정도 이상이 필요하다.
(5) 방음벽을 음원 가까이 설치할 경우, 음원측면을 흡음처리하면 반사음의 영향이 제거되어 더 효과를 볼 수 있다.
(6) 틈새는 최대한 억제할 수록 효과가 크다.
(7) 방음벽 재질의 차음량은 필요감쇠량보다 10dB이상 큰 것이 바람직하지만, 수 dB 이상이면 적절하다.
(8) 실내에 칸막이를 설치하는 경우에는 천정면에서의 반사음 영향을 고려하여 천정부를 흡음처리한다면 보다 양호한 결과를 얻을 수 있다.

5.4 수음점 대책

수음점에 대한 대책은 주로 작업자 대책이라고 할 수 있다. 현장 작업시 작업자가 조정실(control room)에서 대부분 근무한다면 조정실을 방음실로 대체하는 것이 요망되나, 높은 소음이 발생되고 있는 작업라인에서 근무한다면 귀마개 등 방음보호구의 착용 또는 작업공정 변경 및 작업시간 조정 등의 대책이 검토되어야 할 것이다.

5.5 작업장 소음방지의 공학적 접근모델

5.5.1 PEMA & EMA 모델의 기본 개념

(1) 정의

(가) PEMA : 하나의 소음원을 전체로 보되, 그 요소별 발생 원인을 세분하여 파악 후, 방음 이론과 일대일 대응을 취하므로서, 대안, 적용 및 평가하는 방법

(나) EMA : 개선된 작업환경에 생태음향관성공간을 조성, 작업자의 심리적 안정감을 유도하므로써 작업의 안전성 확보와 생산성 향상에 기여하고자 하는 방법

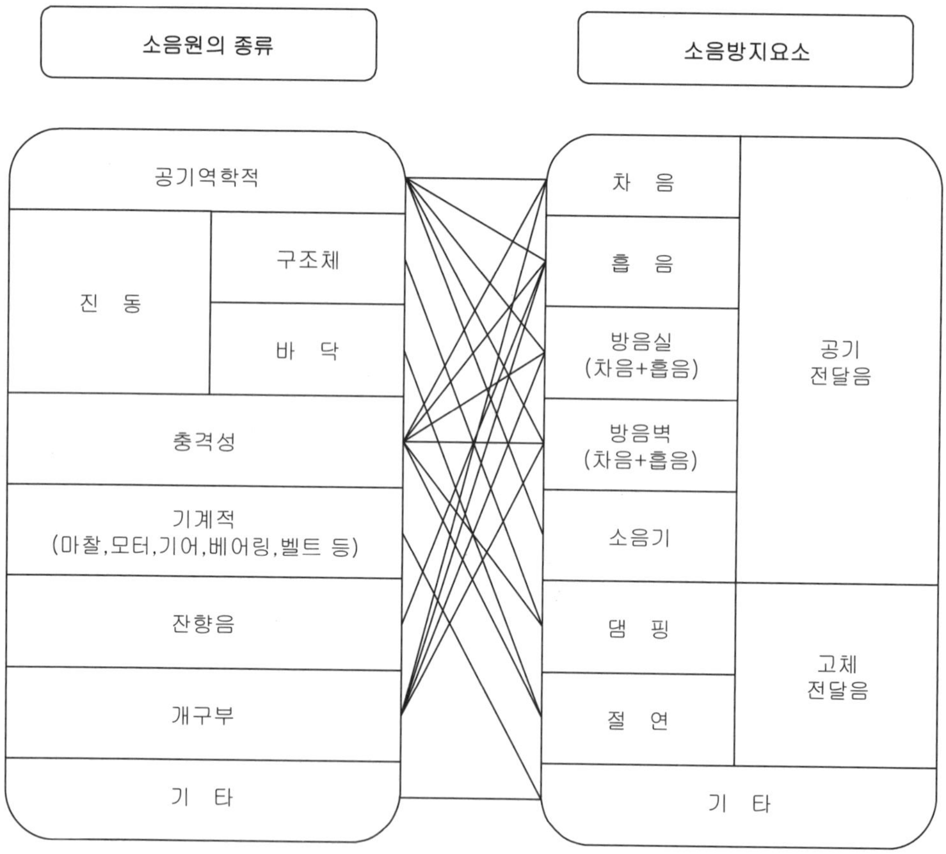

그림 (5.3) 소음원의 종류와 기본방지개념의 일대일 대응 및 복합 상관 대응(HMM) (©ANVI)

(2) 용어

(가) PEMA(Point Element Method Approach) : 요소별 소음방지 접근법

(나) HMM(Hybrid Matrix Match) : 소음원의 종류와 기본방지개념의 일대일 대응 및 상호 복합 대응(복합상관대응)

(다) EMA(Ecological Method Approach) : 개선된 작업환경의 생태공간 공유 접근법 (조경식물배치, 생물배치 등)

(라) Eco Acoustic Inertia Space : 생태음향 관성 공간, 즉 개선된 작업환경 공간을 지속적으로 유지 관리하는 것

5.5.2 조사기법 및 평가방법

(1) 이론적 배경

표(5.2) 방음설계 기초이론 요약

방지기술 요소	대책명	기초 이론식
차 음	차 음	$TL = 10\log\frac{1}{\tau_t},\ \tau_t = \frac{I_t}{I_i}$ $TL_0 = 20\log fm - 43(dB)$ $f = \frac{C^2}{2\pi h\sin^2\theta}\sqrt{\frac{12\rho(1-\sigma^2)}{E}}(Hz)$
흡 음	흡 음	$\alpha = \frac{I_i - I_r}{I_i} = \frac{I_a + I_t}{I_i}$ $A = S\overline{\alpha}(m^2)$ $NR = 10\log\frac{A_2}{A_1}(dB) = 10\log\frac{RT_2}{RT_1}(dB)$
차음 + 흡음	방음실	$SPL = 20\log P + 94(dB)$ $SPL = PWL - 40\log f - 20\log V + 81(dB)$ $SPL = PWL + 10\log\left(\frac{4}{R} + \frac{Q}{4\pi r^2}\right)(dB)$ $IL = 10\log\Phi(dB)$

방지기술 요소	대책명	기초 이론식
차음 + 흡음	방음벽	$\delta = A + B - d(m),\ N = \dfrac{2\delta}{\lambda}$ $D_B = 20\log\left(\dfrac{\sqrt{2\pi a N}}{\tan h\sqrt{2\pi N}} + 5\right)(dB)$
소 음	소음기	$\triangle L = K\dfrac{P}{S}(dB/m)$ $TL = 10\log\left[1 + \left\{\dfrac{1}{2}(m - \dfrac{1}{m})\sin KL\right\}^2\right]$
방 진	댐핑	$T = \left[\dfrac{1 + 4D^2\left(\dfrac{f}{f_0}\right)^2}{\left[\left(\dfrac{f}{f_0}\right)^2\right]^2 + 4D^2\left(\dfrac{f}{f_0}\right)^2}\right]^{\frac{1}{2}}$ $D = \dfrac{C}{C_0}$
	절연	$\triangle R = 20\log\dfrac{1}{T}(dB)$ $T = \left\lvert\dfrac{1}{1 - \left(\dfrac{f}{f_0}\right)^2}\right\rvert$ $f_0 = \dfrac{15.8}{\sqrt{d}}(Hz)$

(2) 조사기법 및 평가방법

고소음 개선을 위한 소음측정방법은

① 단위 작업공간에서 소음발생원을 귀로 확인하고, 작업공정상의 흐름과 개별 발생원의 위치 및 작업동작과 공간 등을 전체적으로 파악하라.

② 각 세부공정의 각 요소별로 근접지점(10~30cm)에서 소음도를 정밀 측정 하라.

③ 소음원 주변으로의 소음전파특성, 작업특성별 소음도의 변화, 건물 내부 재질 특성, 기타 특성 요인들을 측정하고 기록하라.(표(5.3) 참조)

④ 종합 평가 정리하라.

(이론 수치 계산법)

구분		소음도(dB(A))	적용수식	비고
①소음원의 소음도		103	현장 실측 소음도	$2.5^{L*}2.4^{W*}3.0^{H}$(m)
②허용목표소음도		85		OSHA기준참조(at 1m)
③대책필요 감쇠량		−16		(= ① − ②)
대책 소요 감쇠량	④판넬의 이론 투과손실 감쇠량	−34	20log(mf)−43	−
	⑤흡음감쇠량	−1	$10\log\frac{S}{A}$	−
	⑥개구부에 의한 이론 투과음	+8	$10\log S_o$	−
⑦방음대책 공사후 종합예상 감쇠량		−18.9	이론적인 성능의 70%수준	(④+⑤+⑥) · 70%
⑧대책후 최종소음도		84.1	−	
⑨종합평가		목표소음도 만족		

(예측 프로그램기법)

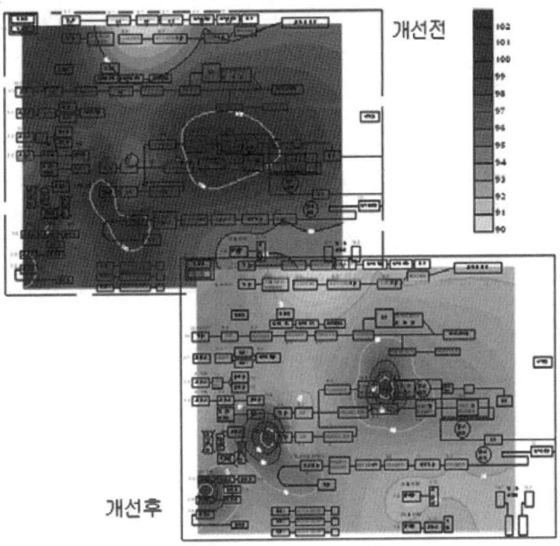

그림 (5.4) 방음설계 사례 예시 (ⓒANVI)

표(5.3) 각 소음 발생 특성별 조사내용

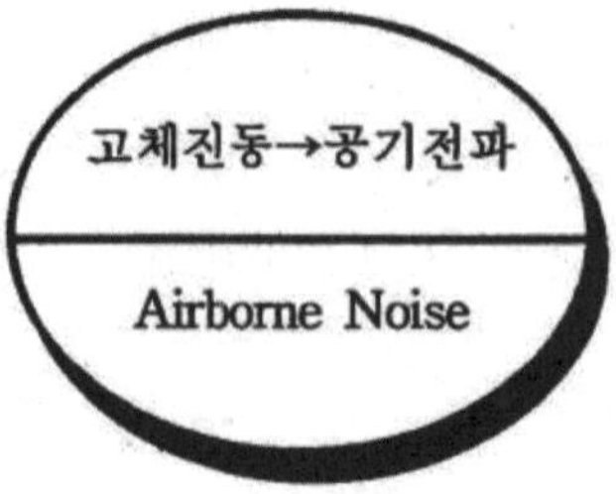

조사내용	대상자	
	작업자	보건 관리자
소음도	○	○
주파수 특성	○	○
등음선도		○
지향성	○	○
잔향상태		○
인센시티		○
개구부	○	
기계적 성능/유지관리	○	
배치도/공정도	○	○
작업태도/노출시간	○	

조사내용	대상자	
	작업자	보건 관리자
소음도/진동레벨	○	○
주파수 특성	○	○
고유 진동수		○
강제 진동수		○
구조물 특성 분석		○
기계적 성능/유지관리	○	
배치도/공정도	○	○
작업태도/노출시간	○	

조사내용	대상자	
	작업자	보건 관리자
소음도	○	○
주파수 특성	○	○
주변환경조건	○	
기류압력/유량/속도	○	○
휀/덕트/호스/배관/밸브	○	
성능/유지관리	○	
배치도/공정도	○	○
작업태도/노출시간	○	

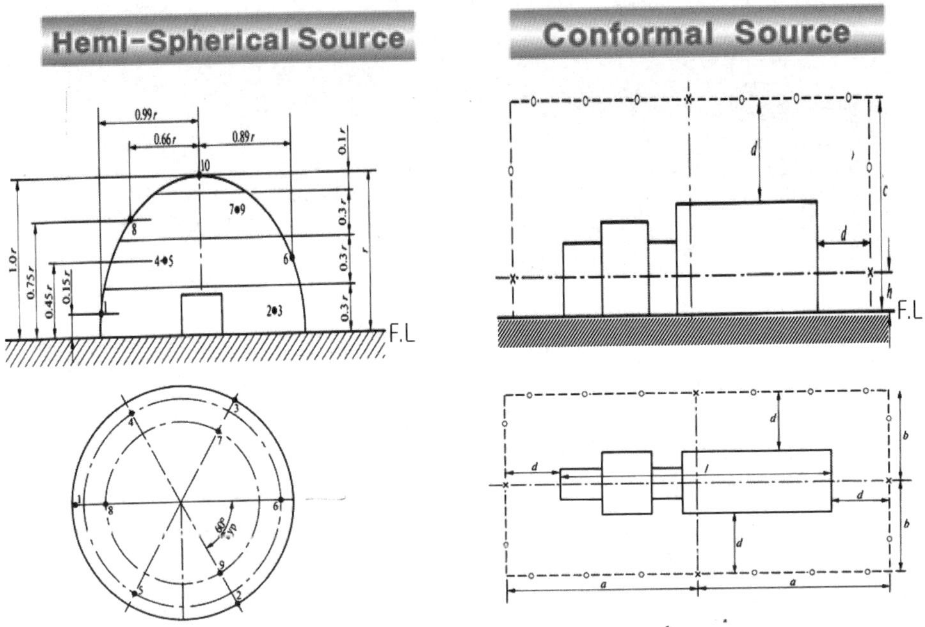

$$PWL = \overline{SPL} + 10\log 2\pi r_{eq}^2 \quad \left(r_{eq} = \left[\frac{a(b+c)}{2}\right]^{\frac{1}{2}}\right)$$

그림 (5.5) ISO 2631 에 의한 소음원의 소음측정지점

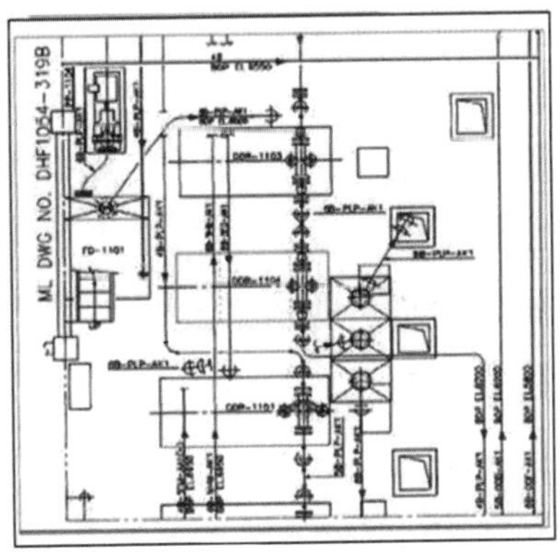

구분	Horizontal																Vertical		SPL		Meas. Spec.				PWL
NO.	1	2	3	4	5	6	7	8	9	10	11	12	13	14	15	16	1	2	aver	max	a	b	c	r	
소음도	93	89	88	92	93	91	92	90	91	92	93	93	92	92	91	92	92	93	92	93	1.4	0.6	1	1.1	100

그림 (5.6) 펌프소음의 측정 예 (ⓒANVI)

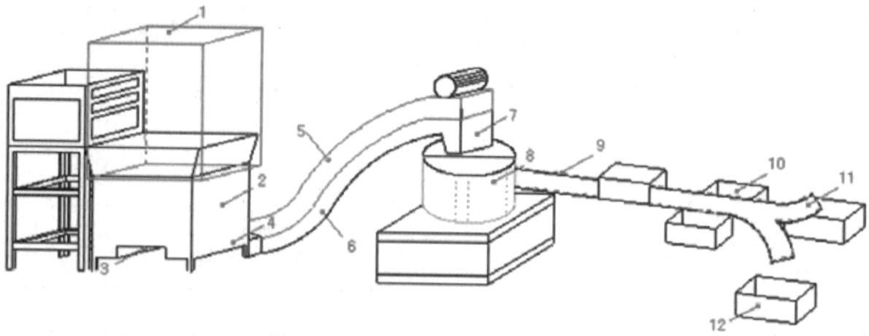

개선전	개선후	NO	위 치	세 부 대 책
110	93	1	Hopper상부	방음카바(PC6T)(전면:개방, 상부:흡음(50T))
		2	Hopper측면	댐핑시트(2T)
		3	Hopper하부	댐핑시트(2T)+흡음매트(50T)+PC카바(6T)
		4	Hopper출구부	댐핑시트(2T)+PC카바(6T)
99	88	5	Elevator상부	PC카바(6T)
		6	Elevator하부	댐핑시트(2T)+흡음(25T)
102	90	7	출구 Chute	방음판넬(25T)
103	90	8	Vibrator	측면 방음판넬(25T)+댐핑((2T)+흡음(50T)
100	85	9	Feeder	PC카바(6T)(흡음보강)
108	90	10	불량 By Pass	댐핑(2T)
102	90	11	Slider	댐핑(2T)
99	80	12	제품통	측면 흡차음보강(20T)+바닥댐핑

그림 (5.7) 볼트 중량선별기에 대한 소음개선전후 요소별 소음도 비교 결과 (ⓒANVI)

(3) 대책 적용 우선 순위의 판정

(가) 소음노출 작업자 수(NE) 결정

(나) 작업계속시 작업자들에게 미치는 심각한 청력손실 가능성(LD)

(다) 환경 특성 인자(EC)

(라) 대책을 통한 해결 성공 가능성 지수(SF)

(마) 생산성 지수(PF)

(바) 방음대책비용(CK)

$$NCPF = \frac{NE \times LD \times EC \times SF \times PF}{CK} \quad \cdots\cdots(5.1)$$

(주) NCPF : 소음방지대책의 우선순위
NE : 작업자 수
LD : 청력손실 가능성
EC : 환경특성인자
SF : 성공 가능성 지수
PF : 생산성 지수
CK : 대책비용($\times 10^3$)

(자료) Dennis P. Driscoll and Larry H. Royster: Noise Control Engineering, 1998.

표(5.4) 영구청력손실(NIPTS) 가능성 인자

TWA(dB(A))	LD 인자
80	0.1
85	1
90	4
95	10
100	40
105	100
110	400
115	1,000
120	4,000
125	10,000
130+	100,000

표(5.5) 환경특성인자

EC	환경 요소
1	광대역 또는 고주파성 소음
2	저주파성 소음
2	순음
2	충격성 소음

표(5.6) 성공 가능성 지수

SF	성공 가능성
0.1	가능성 없음
1	가능성 반반(50%)
10	가능성 높음

표(5.7) 생산성 지수

PF	생산 영향
0.1	생산에 지장 초래
1	영향없음
10	생산성 향상에 기여

예 제(5-1)

어느 공장의 "작업장 1"과 "작업장 2"에 대한 인자들이 다음과 같이 주어졌다면, 소음 방지대책 우선 순위를 어떻게 결정하여야 하는지 설명하라.

작업장 : 1

작업자 수(NE) = 15명
영구청력손실 가능성 인자(LD) = 4 (표(5.4) : 90dB(A): TWA)
환경특성인자 (EC) = 2 (표(5.5) : 저주파성 소음 영역)
성공 가능성 지수(SF) = 10 (표(5.6) : 성공가능성 높음)
생산성 지수(PF) = 1 (표(5.7) : 생산에 지장 없음)
대책비용(CK) = 1,500$\left(= \dfrac{1{,}000{,}000\text{원}}{1000\text{원}}[1+(0.05\times 10)]\right)$ (10년 보증치)

작업장 : 2

NE = 5명
LD = 10 (표(5.4) : 95dB(A): TWA)
EC = 2(표(5.5) : 순음)
SF = 10(표(5.6) : 성공가능성 높음)
PF = 1(표(5.7) : 생산에 지장 없음)
CK = 750$\left(= \dfrac{500{,}000\text{원}}{1000\text{원}}[1+(0.05\times 10)]\right)$

【해설】

(작업장 1) $NCPF = \dfrac{NE\times LD\times EC\times SF\times PF}{CK}$

$$= \frac{15\times 4\times 2\times 10\times 1}{1500} = 0.8$$

(작업장 2) $NCPF = \dfrac{5\times 10\times 2\times 10\times 1}{750} = 1.3$

따라서, NCPF(작업장 1) < NCPF(작업장 2) 이므로, 작업장 2부터 방음대책이 우선적으로 이루어져야 한다.

5.5.3 적용사례별 기대 효과

(1) 레이져마커(Laser Marker)

가. 문제점 현황

- 현 작업자 위치에서의 소음도 : 87.1dB(A)
- 개선후 작업자 위치에서의 요구소음도 : 83dB(A) 이하
- 소음방지 필요 감쇠량 : 4.1dB(A)(=87.1-83)

나. 기계구조

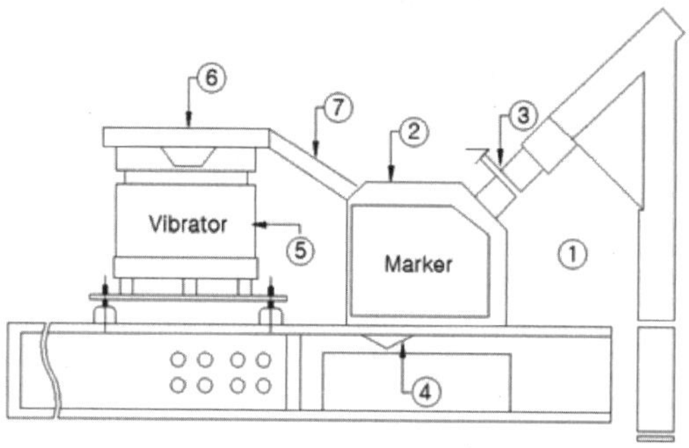

① 작업자 위치
② 마커
③ 틈새(10mm)
④ 재료낙하부
⑤ 바이브레이터
⑥ 시료대
⑦ 재료이송슈트

다. 소음발생원인과 방지요소의 복합상관 대응(HMM)

소음발생원인		소음방지 요소	대책방안	시공 자재명	소음 감쇠량 (dB(A))	진동 감쇠량 (dB(V))
마커 본체	카바박스 부실	차음	차음+흡음	PC 8t +PU(25t)	-8.2	–
	흡음재부실	흡음				
	틈새 많음	틈새카바	틈새폐쇄			
	재료 낙하부	댐핑+흡음	–	고무쉬트 +PU(10t)	-9.3	–
바이브레이터	구조체진동 판진동	댐핑	–	–	–	–

* PC : Poly-Carbonate PU : Poly-Urethan Foam

라. 대책결과의 평가

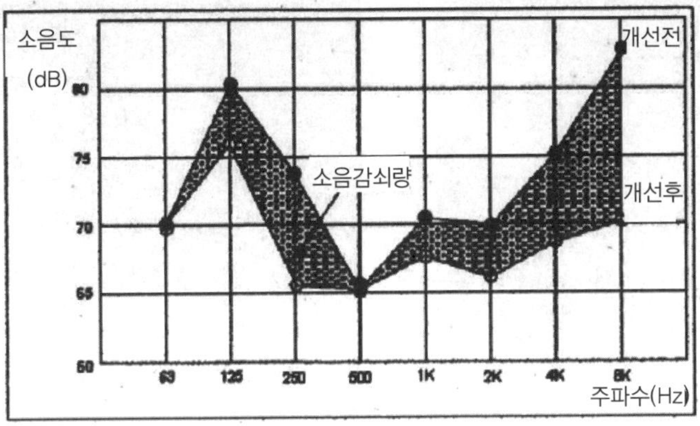

마. 결론

개선후 작업자위치에서의 소음도는 80.7dB(A)로서 요구소음도(83dB(A)) 보다 2.3dB(A) 더 감쇠됨.

(2) 고주파 융착기(Radio Frequency Heater)

가. 문제점 현황

- 현 작업자 위치에서의 소음도 : 87.6dB(A)
- 개선후 요구소음도 : 83dB(A) 이하
- 소음방지 필요감쇠량 : 3.9dB(A) (=86.9-83)

나. 기계 상태

(후면부)

(기계내부)

(차음보강판넬)

(차음+ 흡음)보강

다. 소음발생원인과 방지요소의 복합상관 대응(HMM)

<table>
<tr><th colspan="2">소음발생원인</th><th>소음방지
요소</th><th>대책방안</th><th>시공
자재명</th><th colspan="2">소음 감쇠량
(dB(A))</th></tr>
<tr><td>후면카바</td><td>타공판에 의한
소음유출</td><td>차음</td><td>추가차음
보강</td><td>Al.판 3t
Pb판 0.8t</td><td>-1.9</td><td rowspan="3">-7.13</td></tr>
<tr><td>내부음압</td><td>확산음장
음압상승
(시로코휀)</td><td>흡음</td><td>흡음재부착</td><td>PU 50t</td><td>-3.3</td></tr>
<tr><td>기류특성</td><td>난류형성
빠른유속</td><td>소음기</td><td>슬릿흡음재
배열</td><td>PU 25t</td><td>-1.93</td></tr>
</table>

라. 대책결과의 평가

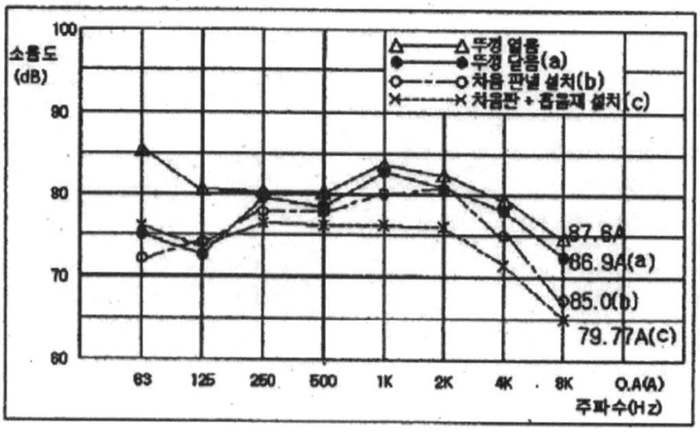

마. 결론

개선후 작업자위치에서의 소음도는 79.77dB(A)로서 요구소음도(83dB(A))보다 3.23dB(A) 더 감쇠됨.

(3) 정면기

가. 문제점 현황

- 현 작업자 위치에서의 소음도 : 88.04dB(A)
- 개선후 요구소음도 : 85dB(A) 이하
- 소음방지 필요감쇠량 : 3.04dB(A) (=88.04-85)

나. 기계 상태

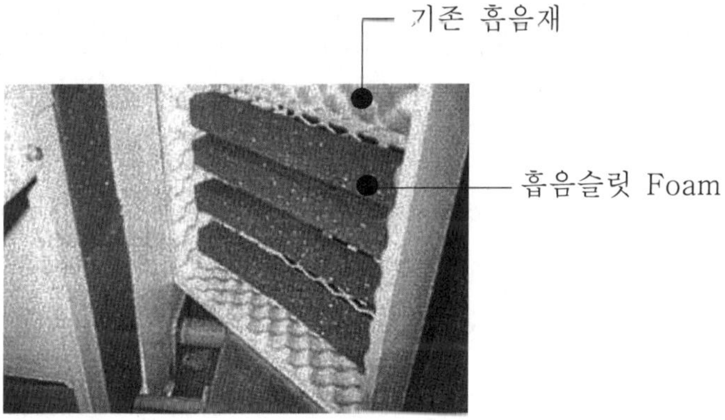

다. 소음발생원인과 방지요소의 복합상판 대응(HMM)

소음발생원인		소음방지 요소	대책방안	시공 자재명	소음 감쇠량 (dB(A))	진동 감쇠량 (dB(V))
내부음압	확산음장 음압상승	흡음	흡음채취부	PU 50t	-3.64	-
전면카바	개구부	소음기	흡음슬릿형 소음기	PU 50t 슬릿배열		-
기계카바면	판진동	댐핑	-	-	-	-

라. 대책결과의 평가

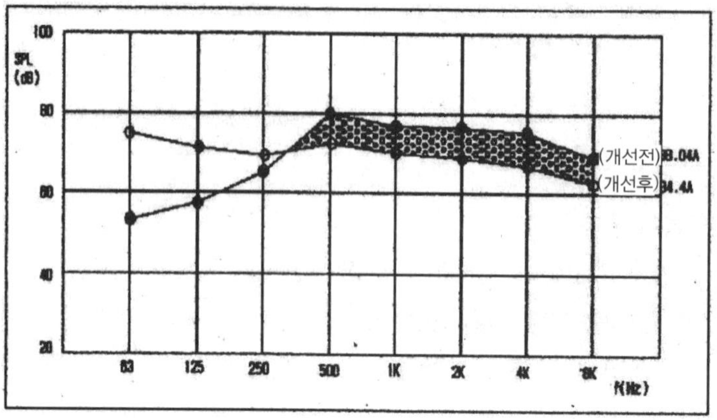

마. 결론

개선후 작업자위치에서의 소음도는 84.40dB(A)로서 요구소음도(85dB(A))보다 0.6dB(A) 더 감쇠됨.

(4) 바이브레이터(Vibrator : Bowl Feeder)

가. 문제점 현황

- 현 작업자 위치에서의 소음도 : 92dB(A)
- 개선후 요구소음도 : 83dB(A) 이하
- 소음방지 필요감쇠량 : 9dB(A) (=92-83)

나. 기계 상태

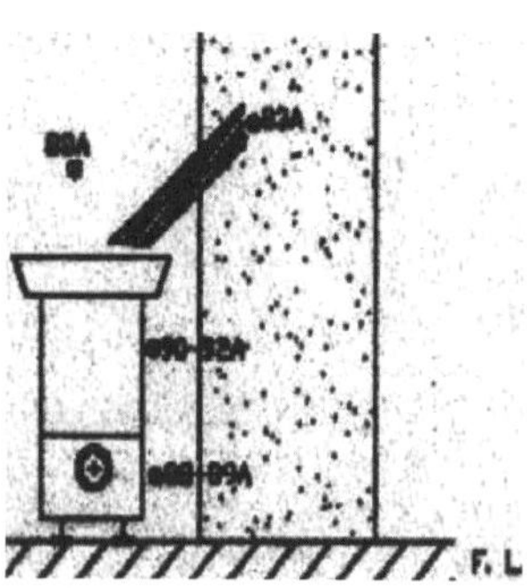

다. 소음발생원인과 방지요소의 복합상관 대응(HMM)

<table>
<tr><th colspan="2">소음발생원인</th><th>소음방지 요소</th><th>대책방안</th><th>시공 자재명</th><th>소음 감쇠량 (dB(A))</th><th>진동 감쇠량 (dB(V))</th></tr>
<tr><td>기계표면</td><td>판진동 및 재료 낙하시 충격음</td><td>댐핑</td><td>댐핑도료 1t</td><td>도포용도료</td><td rowspan="3">−12</td><td rowspan="3">−12</td></tr>
<tr><td>기계내부</td><td>음압상승</td><td>흡음</td><td>흡음재 삽입</td><td>PU 50t</td></tr>
<tr><td>바닥부</td><td>진동전파</td><td>절연</td><td>방진패드 5t</td><td>네오프렌 패드</td></tr>
</table>

라. 결론

개선후 작업자위치에서의 소음도는 80dB(A)로서 요구소음도(83dB(A))보다 3dB(A) 더 감쇠됨.

(5) 자동프레스(Automatic Press)

가. 문제점 현황

- 현 작업자 위치에서의 소음도 : 92.5dB(A)
- 개선후 요구소음도 : 88dB(A) 이하
- 소음방지 필요감쇠량 : 4.5dB(A) (=92.5−88)
- 대책시 요구사항 : 기계 내부를 볼 수 있도록 조치할 것

나. 기계 상태

다. 소음발생원인과 방지요소의 복합상관 대응(HMM)

소음발생원인		소음방지 요소	대책방안	시공 자재명	소음 감쇠량 (dB(A))	진동 감쇠량 (dB(V))
타발음	재료충격 타발	차음+흡음	방음카바+ 흡음웨지	PC 8t PU 500L	-6.5	-
에어 분사음	노즐분사	소음	멀티노즐 소음기	노즐소음기 (AL.Φ15×40L)		-
모터 구동음	회전구동	차음+흡음	방음카바	PC 8t		-

라. 결론

개선후 작업자위치에서의 소음도는 86dB(A)로서 요구소음도(88dB(A))보다 2dB(A) 더 감쇠됨.

5.5.4 개선전후 및 유지관리 체크리스트

소음원에 대한 개선전후 및 유지관리에 대한 체크리스트를 통하여 작업자와 관리자의 지속적 관심이 집중되어야 작업공간이 생태음향적으로 유지될 수 있게 된다.

표(5.8)은 체크리스트 사례이므로, 각 현장에 맞도록 조정하여 사용하기를 권장한다.

표(5.8) 소음 개선전·후 체크리스트 및 개선후 유지관리 체크리스트 예 (ⓒANVI)

개선전 체크리스트 예

구 분	점 검 사 항	Check	비 고
개선대상설비	설비명칭, 사양, 수량, 배치도상 위치		
소음특성	소음도(1m, 작업자 위치), 주파수 특성, 연속성/간헐성, 지향성 여부등		
방음대책방안	대책방안의 적절성, 방음성능(효과)		
공장실내특성	건물마감재질 상태(바닥, 벽체, 천정) 흡음처리 가능성 여부, 기타 특성요인 확인, 크레인 소음여부, 지게차 소음여부, 기타		
작업자배치상태	인원수, 배치위치, 작업동선여부, 기타		
작업특성소음	기류 소음여부, 기계 구동 소음여부		
작업자 의견	작업지장유무, 고장수리 간편여부, 작업제한사항들		
기 타			

개선후 체크리스트 예

구 분	점 검 사 항	Check	비 고
개선대상설비	설비명칭 확인, 수량확인		
소음특성	소음도, 주파수분석, 주변암소음보정, 기준치 초과여부		
설계 사양	설치위치 및 방음시설 규격 확인		
	방음 자재 사양 확인(자재내역, 규격)		
	방음시설의 생산 및 유지보수시 지장 유무확인		
	구조적 안정성 확인		
	환기성, 조명여부, 기타 기능상 분체성 여부 확인		
작업자의 반응	작업성, 방음성, 편리성, 감각성 등		
기 타			

사후관리 체크리스트 예

구 분	점 검 사 항	Check	비 고
대상설비	설비명칭 및 사양 확인, 수량확인		
소음특성	소음도 측정, 기준 초과여부		
설계 사양	설계 사양 및 규격 확인		
	변경 유무 및 유지 관리 상태 확인		
	시설물의 훼손, 누락시 원인여부 확인		
지속적 관리상태	관리담당자 지정유무, 관리내역사항, 기타		
기 타			

제6장 방음대책사례

사례 [1] 기계실

1. 시설명 : 기계실 (Machine Room)

2. 설비개요

기계명	배치번호	Q(CMM)	P(kg/㎠)	rpm	수량(대)	비 고
압축기	A	34.60	1.75	575	1	
	B	0.687	7	500	1	
	C	0.68	7	800	1	
	D	7.48	7	800	1	
	E	3.08	7	1500	1	
송풍기	F	115	1.75	885	1	
	G	40	0.75	1170	1	
	H	115	1.75	885	1	

3. 배치도

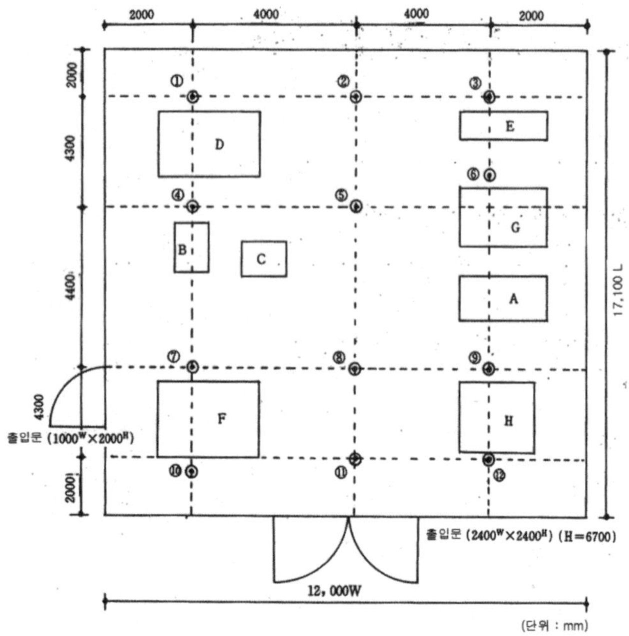

그림 (6.1) 기계실 배치도

4. 문제점 실태

기계실에서 작업자가 110~115dB(A)정도의 소음도에 노출되고 있어 대책이 요망된다.

5. 대책의 목적

작업자의 청력보호 및 작업환경개선 측면에서 작업환경 실내기준소음도인 90dB(A) 이하의 상태를 유지하고자 함.

6. 방지대책

가. 기본원칙

(1) 기계의 보수 · 점검이 용이한 방안을 검토할 것

(2) 기계의 발열이 심한 편이므로 밀폐대책은 되도록 피할 것

(3) 내화성, 미관성, 경제성 등을 충분히 고려할 것

나. 대책방안

구분 \ 방안		1안	2안	3안
대책내용		(1) 기존 배관 및 소음기 표면에 방음래깅처리 및 방진처리 (2) 실내흡음처리 (방음매트) (천정면+벽면)	(1) 1안과 동일 (2) 실내흡음처리 (천정면)	(1) 1안과 동일 (2) 흡음배플 설치
예상소음감쇠량(dB(A))		8~12	6~8	6~8
평가	경제성	보 통	염 가	고 가
	내화성	양 호	양 호	양 호
	내구성	양 호	양 호	양 호
	시공성	보 통	보 통	용 이
	안전성	양 호	양 호	보 통
	기 타			
권장방안		○	×	×

다. 소음측정결과

측정지점 \ 구분	소 음 도(dB(A))			주파수 특성	비 고
	개선전	개선후	감쇠량		
①	107	93	14	중고음역	
②	102	94	12	중음역	
③	111	101	10	〃	
④	108	97	11	〃	
⑤	103	95	8	〃	
⑥	111	101	10	중고음역	
⑦	115	103	12	〃	
⑧	103	95	8	〃	
⑨	114	94	10	중음역	
⑩	116	102	14	중고음역	
⑪	103	95	8	중음역	
⑫	112	91	11	중고음역	
평 균	110	98	12		

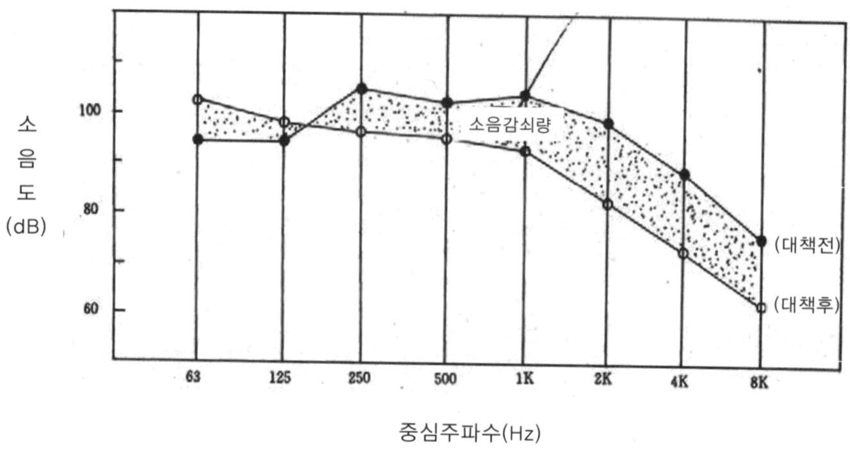

그림 (6.2) 측정지점④에서의 소음개선전후 비교

라. 결과 및 평가

대책후 실내평균소음도를 평가한 결과, 기준치인 90dB(A)를 만족하지는 못하였지만 평균 12dB(A) 내외의 소음감쇠효과를 얻어 실내 환경이 현저하게 개선되었다. 그러나 작업자들에게는 방음보호구를 계속 착용토록 하여 소음의 영향이 최소화 하도록 하여야 할 것이다.

7. 종합평가 및 제언

기계 본체에 대한 대책이 근본적이긴 하지만 비용의 증가 및 계속적인 기계가동의 필요성 때문에 상기 대책방안이 적용되었으나, 차후 기계실이 신설될 때는 이러한 사항들을 고려하여 기계배치계획, 소음기 성능 향상방안 등의 대책들이 검토되어야 할 것이다.

f(Hz)	63	125	250	500	1K	2K	4K	8K
IL(dB)	5	7	10	12	14	18	23	31

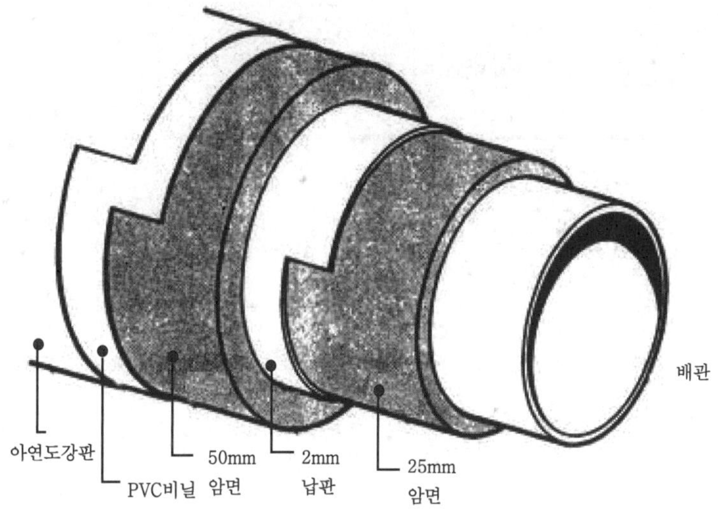

그림 (6.3) 방음래깅(Lagging)의 투과손실효과 예

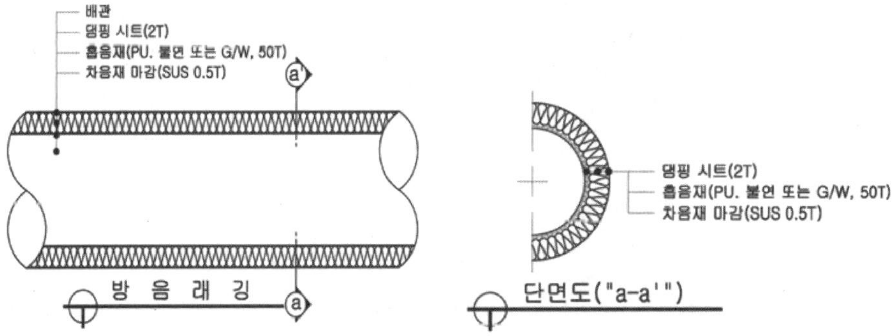

그림 (6.4) 방음래깅의 예 (ⓒANVI)

사례 2 자동프레스

1. 설비명 : 자동프레스(Automatic Press)

2. 설비개요

음료수용 캔(Can) 제조공정으로서 자동프레스와 자동이송라인으로 구성되어 있다.

(프레스 : Minster, 450rpm, 15HP×2대, 5HP×1대)

3. 배치도

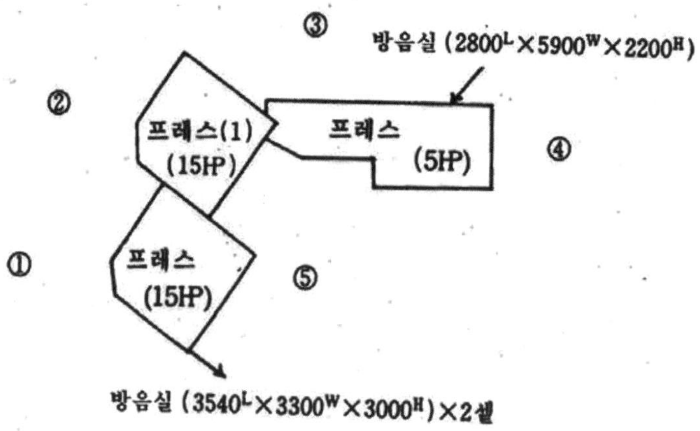

그림 (6.5) 프레스 배치도

4. 문제점 실태

캔 제조용 자동프레스와 그 이송라인에서 충격음과 접촉마찰음, 고압공기 배출음 및 전동기 구동음 등이 혼합되어 104dB(A)의 높은 고주파성 소음이 발생되고 있다. 작업자 2명이 항상 근무하고 있고, 최근에는 난청 현상까지 보이고 있어 소음에 따른 피해가 심각한 상태이다.

5. 대책의 목적

작업자의 청력보호 및 작업환경개선 측면에서 작업환경 실내기준 소음도 보다 낮은 85dB(A) 이하가 되도록 목표를 설정하였다.

6. 방지대책

가. 기본원칙

(1) 충분한 감쇠효과가 기대되는 방안일 것

(2) 보수 · 점검이 용이하도록 조립식 구조일 것

(3) 작업시 지속적 확인이 가능하도록 시창이 충분하게 고려될 것

(4) 외관이 미려하고, 내구성을 유지할 것

(5) 밀폐구조일 경우에는 환기량을 충분히 고려할 것

(6) 내부에 진등을 설치하여 200Lux정도의 조명을 유지할 것

(7) 재료 이송용 입구, 제품의 출구 및 점검구 등이 필요하므로 최소한의 개구부가 되도록 할 것

나. 대책방안

구분 \ 방안		1안	2안
대책내용		방음실 시설 (방음판넬 구조)	경량칸막이+천정부 흡음처리
예상소음감쇠량(dB(A))		20 내외	10~12
평가	경제성	고 가	보 통
	내화성	양 호	양 호
	내구성	우 수	보 통
	시공성	보 통	보 통
	안전성	우 수	보 통
	기 타		
권장방안		○	×

다. 소음측정결과

측정지점 \ 구분	소 음 도(dB(A))			비 고
	개선전	개선후	감쇠량	
①	104	83	21	
②	99	84	15	
③	99	84	15	
④	95	83	12	
⑤	98	85	13	

(소음측정지점 : 방음실 외부 1m 지점)

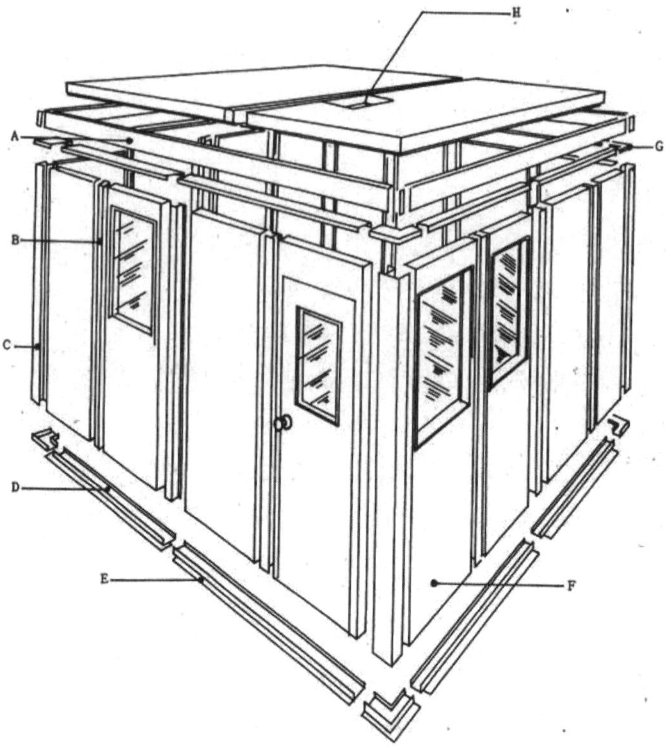

(A) 천정부마감판
(B) H형 연결부재
(C) 모서리부 마감재
(D) 바닥부 고정챤넬
(E) 방진패드
(F) 방음판넬
(G) 천정부 고정챤넬
(H) 환기구

그림 (6.6) 조립식 방음실의 기본개념도

라. 결과 및 평가

대책후 방음실 외부 1m 지점에서의 소음도는 83~85dB(A)로서 목표치를 만족하여 쾌적한 작업환경이 조성되었다. 특히 작업자들은 방음보호구를 착용하지 않고 근무하게 되었고, 근무의욕도 향상되고 있음을 확인 할 수 있었다.

7. 종합평가 및 제언

제관공장에서의 주소음원은 역시 프레스로서 본 사례에서 적용한 프레스 이외의 타 라인에 대해서도 점차적인 대책이 이루어진다면 공장내 작업환경은 매우 향상될 것이므로 많은 활용이 기대된다. 참고로 방음대책이 이루어지지 않은 제관공장내 작업라인의 등음선 분포도를 제시한다.

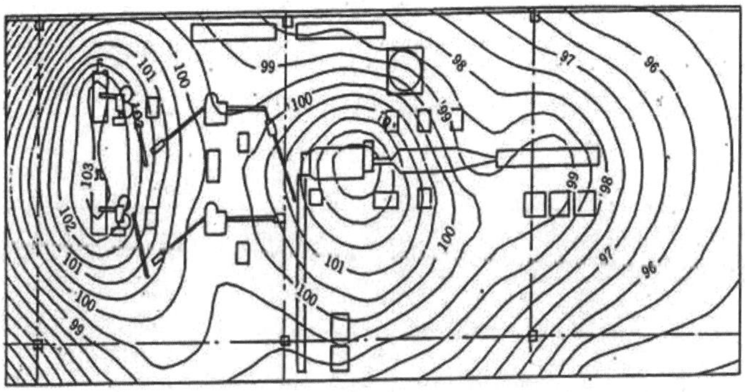

그림 (6.7) 제관공장내 방음대책 개선전 상태의 등음선도 (ⒸANVI)

[단위 : dB(A)]

구분 \ f(Hz)	63	125	250	500	1K	2K	4K	8K
개선전 소음도	85	86	83	89	96	98	90	81
개선후 소음도	67	71	70	63	63	61	55	38
소음감쇠효과	18	15	13	26	33	37	35	43

그림 (6.8) 고속편조기(Braider)의 방음실 적용 예 (ⒸANVI)

사례 3 골판지 성형기(골게타)

1. 설비명 : 골판지 성형기(Corrugator, Single Facer)

2. 설비개요

종이상자용 골판지를 제조하는 복잡한 라인작업형태로서 골판지 성형기 또는 골게타는 2대(A-Flute, B-Flute)가 있는 것이 보통이며, 사례별 골게타 사양은 다음과 같다.

번 호	기계제작사	형식	전동기 (HP)	최대속도 (mpm)	최대지폭 (mm)	공장체적 (㎥)	최대 소음도 (dB(A))
1	MHI (Japan)	H-150-2000 (Fingerless)	5	150	2030	29160	110
2	〃	M-120-1800 (〃)	50	120	1800	21240	107
3	ISOWA (Japan)	SF-9 (〃)	40	180	1800	8640	110
4	YUE-LI (Taiwan)	AP-200 (〃)	50	200	1450	21240	110
5	WOO-SONG (Korea)	(AF-A) (Finger)	25	130	1400	8625	107

3. 배치도(정면도)

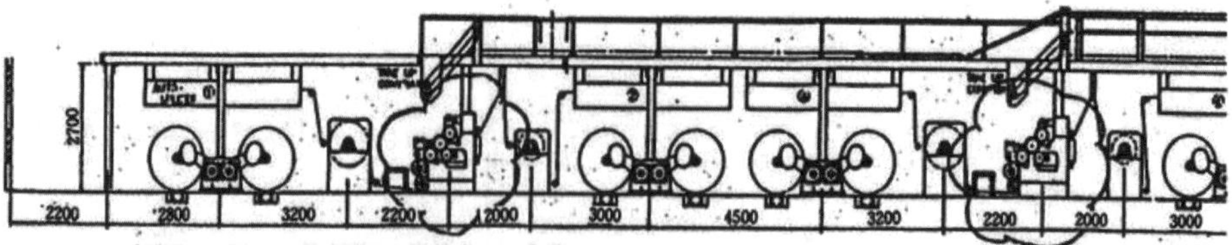

그림 (6.9) 골게타 입면도

4. 문제점 실태

기계라인이 설치되어 있는 건물의 공간이 비교적 타공장들에 비하여 크다고는 하나, 고열의 스팀, 종이먼지와 95~110dB(A)내외의 복합작업소음(기계구동음, 고압공기분출음, 벨소리, 확성기소리, 재단기 및 철박이소음 및 지게차 등) 때문에 작업환경상 문제뿐만 아니라 인근 주거지역과도 종종 진정 문제가 야기되고 있다.

5. 대책의 목적

기계라인 중 주소음원인 골게타에 대하여 대책을 적용하므로써 작업자의 청력보호 및 작업환경을 개선하고자 85~90dB(A) 내외의 목표소음도를 설정하였다.

6. 방지대책

가. 기본원칙

(1) 충분한 감쇠효과가 기대되도록 방음실 방안을 고려할 것
(2) 보수점검이 용이하도록 조립식 개념을 검토할 것
(3) 작업시 지속적 확인이 가능하도록 방음시창이 충분하게 고려될 것
(4) 외관이 적절하고, 내구성이 있는 구조일 것
(5) 환기량을 충분히 계산하여 기계에 무리가 가지 않도록 할 것
(6) 배기덕트부에는 소음기를 설치하여 방음실내의 소음이 외부로 전파되지 않도록 할 것
(7) 종이의 입출구부 및 각종 배관들과 접촉되는 부분에는 개구부가 최소화 되도록 할 것 특히, 종이의 입출구용 개구부에는 보조로울러(guide roller)를 설치하여 공정의 원활성을 기할 것
(8) 출입문은 방음문으로 하되 사용상 간편한 구조로 할 것
(9) 골판지 성형기용 로울러의 교환이 용이하도록 기계 전면부에는 점검구 또는 출입문이 설치되도록 설계에 유의할 것
(10) 방음실 시공시는 생산에 지장이 없도록 현장과 충분히 상의하여 실시할 것

나. 대책방안

방음실 시설

번 호	방음실 규격(mm)	대책면적 (㎡)	개구부 면적 (㎡)	소 음 도(dB(A))(ⓐ1m)		
				개선전	개선후	소음감쇠량
1	$7000 \times 4500 \times 4500^H$	270	2.2	110	88	22
2	$5800 \times 5500 \times 4900^H$	286	5.6	107	89	18
3	$6000 \times 5300 \times 4300^H$	258	1.9	110	89	21
4	$5000 \times 5000 \times 4500^H$	230	1.8	110	88	22
5	$4000 \times 4500 \times 4000^H$	181	1.5	107	85	22

다. 소음측정결과

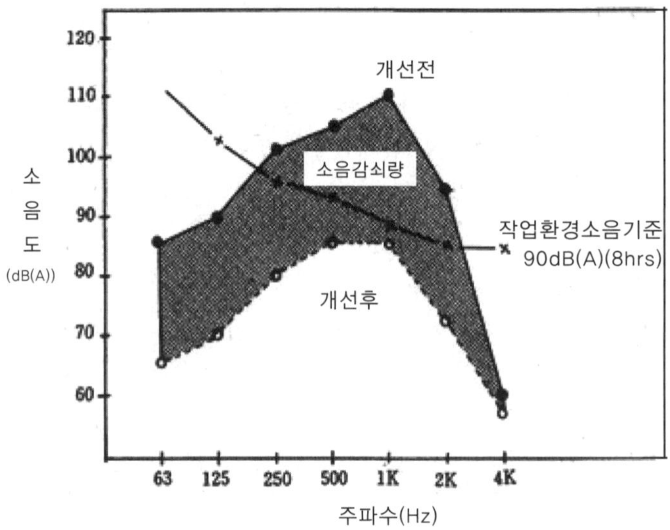

그림 (6.10) 대책전후의 주파수별 소음도 측정(방음실 ①의 경우)

라. 결과 및 평가

대책후 소음도는 85~89dB(A)로서 목표치를 만족하였다. 따라서 작업환경의 개선과 아울러 공장외부로 전파되는 소음을 현저히 감쇠시킬 수 있었다.

7. 종합평가 및 제언

포장재로서 종이박스의 용도가 점차 증가추세에 있어 골게타의 최대속도가 증가되고 있으므로 이에 따른 방음대책의 필요성 또한 커지고 있다. 상기 사례와 같은 대책의 활용 이외에 조합적인 방안으로서 공장내 확산음 감쇠대책도 병행된다면 보다 나은 효과를 기대할 수 있을 것이다.

그림 (6.11) 전형적인 골게타의 형태

그림 (6.12) 골게타 방음실의 예 (ⓒANVI)

사례 4 분쇄기(볼밀)

1. 설비명 : 분쇄기(Ball-Mill)

2. 설비개요

시멘트 생산공정중 석회석과 부원료(철광석, 점토 등)가 대형 원통(Φ4.2m×13.7m²) 내에서 강구(steel ball)의 낙하 및 회전운동에 의하여 분쇄가 이루어지게 된다(실규격 : $30^L \times 37^W \times 8^H(m)$, 기계 : 5000HP, 240ton/hr, 2대)

3. 배치도

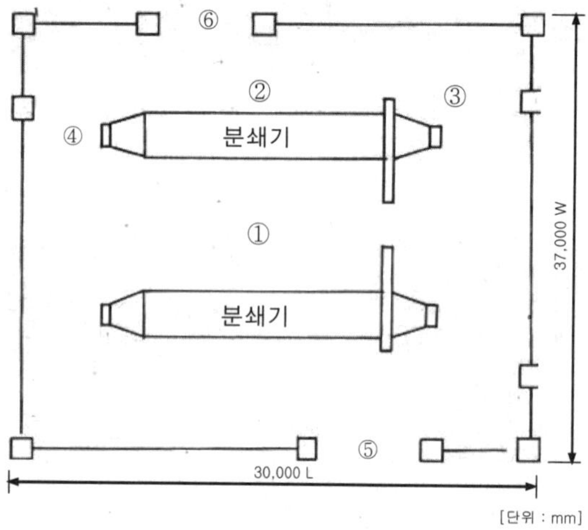

그림 (6.13) 분쇄기 배치도

4. 문제점 실태

작업장내는 거의 반사성 재질(콘크리트 또는 시멘트블록)로 구성되어 있어 강구의 낙하 충격 소음, 전동기 구동소음 등이 더욱 확산되고 있고, 소음특성은 주로 중고주파성분으로서 상시 근무자는 아니지만 작업자들에게 영향을 미치고 있으며, 건물 외부로 소음이 전파되어 문제 요인이 되고 있다. 최대소음도는 106dB(A)이다.

5. 대책의 목적

작업자의 청력보호 및 작업환경 개선측면에서 100dB(A) 이하가 되도록 목표를 설정하였다.

6. 방지대책

가. 기본원칙

(1) 소음도 성분 중 고주파역을 감쇠시킬 수 있는 흡음대책을 검토할 것

(2) 실내에 시멘트분진이 많아 흡음재 마감표면에 문제가 생기지 않는 구조를 고려할 것

(3) 내구성, 내화성 등이 있을 것

(4) 시공 대상면적이 넓으므로, 경제성 있는 방안을 선정할 것

(5) 외관은 일반적인 처리라도 무관하다

(6) 기존 건물의 입출구부에는 방음문을 설치하여 외부로 전파되는 소음을 제어할 것

나. 대책방안

실내 흡음처리(방음매트)

다. 소음측정결과

구분 측정지점	소 음 도 (dB(A))			비 고
	개선전	개선후	소음감쇠량	
①	106	100	6	실내소음 개선 효과
②	104	100	4	
③	100	94	6	
④	97	92	5	
⑤	90	72	18	방음문의 효과
⑥	90	72	18	방음문의 효과

라. 결과 및 평가

소음목표치를 만족하여 작업자에게 다소간의 소음영향을 줄일 수 있었으며, 특히 외부로 전파되던 소음은 방음문에 의하여 주변 배경소음 정도로 낮아져 민원요인이 제거 되었다.

7. 종합평가 및 제언

대책 소요비용의 투입에 비하여 소음감쇠효과가 낮다고 판단할 수도 있으나 100dB(A) 이상의 소음도는 100dB(A) 이하로, 90~100dB(A)는 90dB(A)이하와 같이 단계적으로 접근하여 대책을 취하는 것이 작업환경 개선의 의지이며, 또한 관리자의 책무일 것이다.

그림 (6.14) 실내흡음처리(방음매트)의 예 (ⓒANVI)

사례 5 연마기

1. 설비명 : 연마기(Grinding M/C)

2. 설비개요

스테인레스 면도날의 연속 연마공정으로서 6개의 라인으로 구성되어 있다.(전동기 : 5HP×8대/라인×6개 라인)

3. 배치도

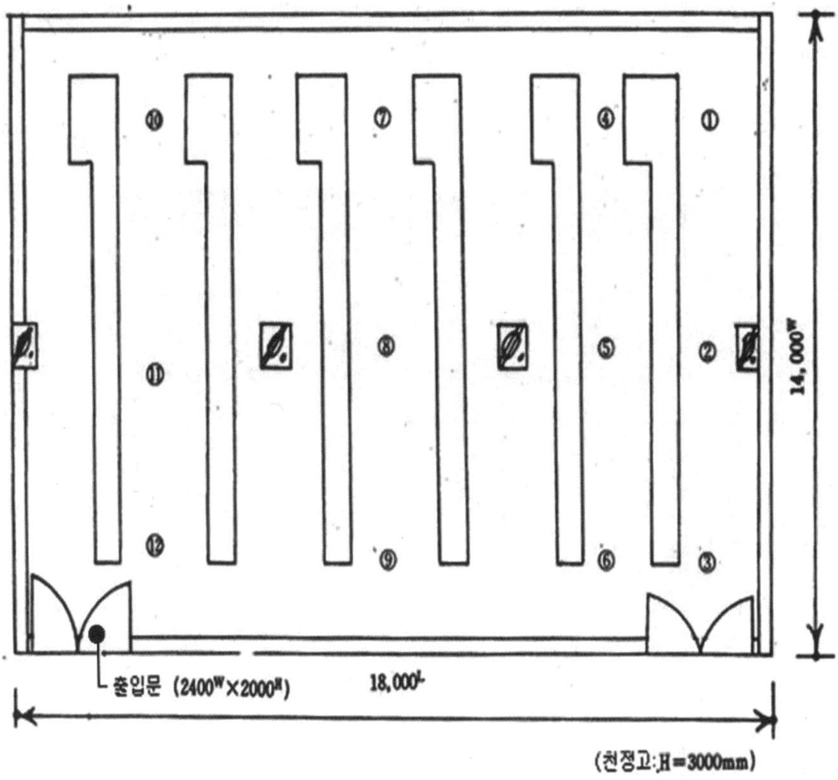

그림 (6.15) 연마기 배치도

4. 문제점 실태

연마기 구동용 전동기 소음과 작업 소음 등이 실내에 확산되어 90~93dB(A)의 중고주파 특성을 나타내고 있어 작업자들에게 지속적인 피해가 예상된다.

5. 대책의 목적

작업자의 청력보호 및 작업환경개선측면에서 85dB(A) 내외의 목표를 설정하였다.

6. 방지대책

가. 기본원칙

(1) 경제적이며 효율성 있는 방안일 것

(2) 시공성, 내구성 등이 양호할 것

(3) 현장 라인이 계속 가동되므로 작업에 지장을 주지 않도록 시공할 수 있을 것

(4) 외관이 미려할 것

(5) 내화성이 양호한 재질일 것

그림 (6.16) 흡음배플(Baffle)의 설치 예 (ⓒANVI)

나. 대책방안

구분 \ 방안		1안	2안	3안
대책내용		흡음배플설치 (천 정 부)	흡음매트설치 (천정+벽체부)	흡음폼 시공 (천정+벽체부)
예상소음 감쇠량(dB(A))		8	7	5
평가	경제성	보 통	고 가	보 통
	내화성	양 호	양 호	양 호
	내구성	양 호	양 호	보 통
	시공성	간 단	보 통	간 단
	안전성	양 호	양 호	양 호
	외관성	양 호	보 통	양 호
권장방안		○	×	×

다. 소음측정결과

(1) 개선전후의 소음도 비교

측정지점 \ 구분	소 음 도 (dB(A))		
	개선전	개선후	소음감쇠량
①	92	86	6
②	93	86	7
③	92	86	6
④	92	86	6
⑤	93	86	7
⑥	92	86	6
⑦	91	85	6
⑧	92	85	7
⑨	91	85	6
⑩	90	84	6
⑪	92	85	7
⑫	89	85	5
평 균	92	85	7

(2) 개선전 소음도의 주파수분석결과 및 등음선도

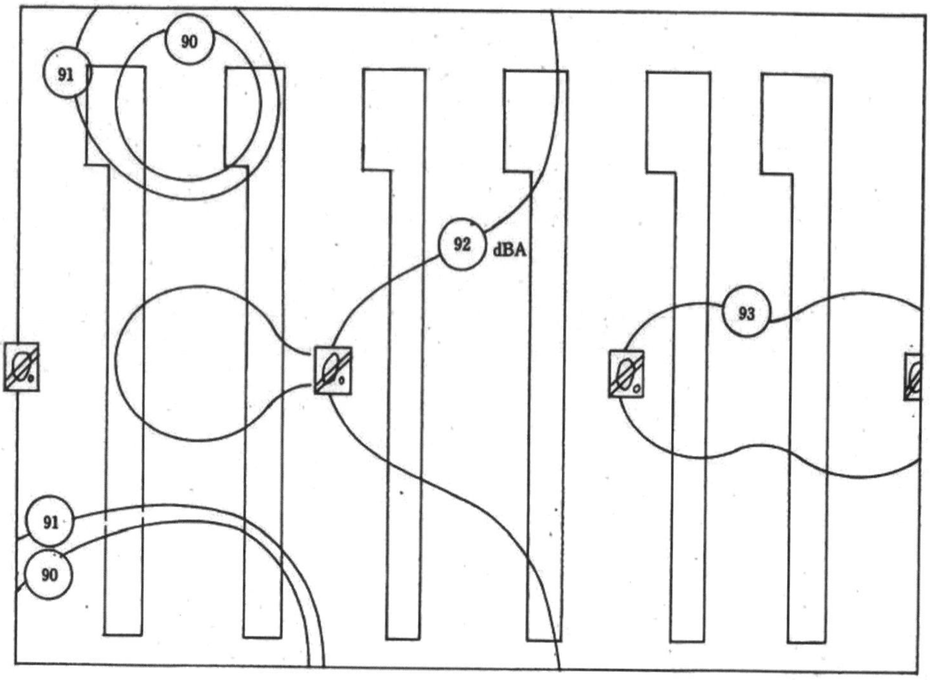

그림 (6.17) 연마기 배치도 및 등음선도

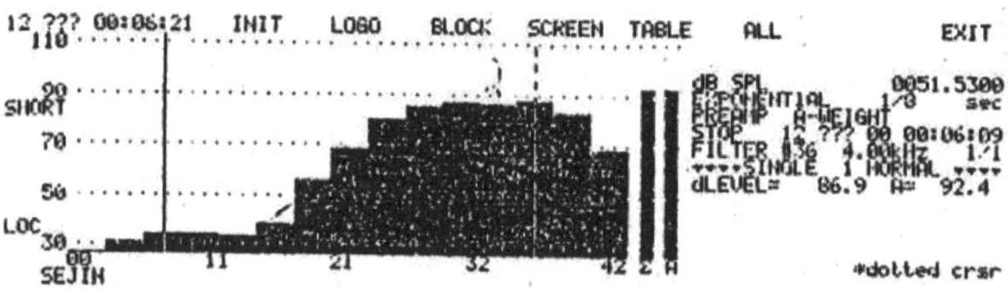

DATA TYPE: SPL spectra

#	FREQ	DISP-dB	RMS-dB	ò	#	FREQ	DISP-dB	RMS-dB	ò	#	FREQ	DISP-dB	RMS-dB	ò	#	FREQ	DISP-dB	RMS-dB
0	1.00 Hz	- 72.2	- 72.2	ò	3	2.00 Hz	30.8	30.8	ò	6	4.00 Hz	33.6	33.6	ò	9	8.00 Hz	33.3	33.3
12	16.0 Hz	33.1	33.1	ò	15	31.5 Hz	37.8	37.8	ò	18	63.0 Hz	55.8	55.8	ò	21	125 Hz	68.1	68.1
24	250 Hz	79.9	79.9	ò	27	500 Hz	84.2	84.2	ò	30	1.00kHz	85.8	85.8	ò	33	2.00kHz	85.7	85.7
36	4.00kHz	86.9	86.9	ò	39	8.00kHz	82.1	82.1	ò	42	16.0kHz	67.9	67.9	ò				
SUM		92.5	92.5															
A-WEIGHT		92.4	92.4															

그림 (6.18) 개선전 소음도 분석 예

(3) 산업안전법규와의 비교

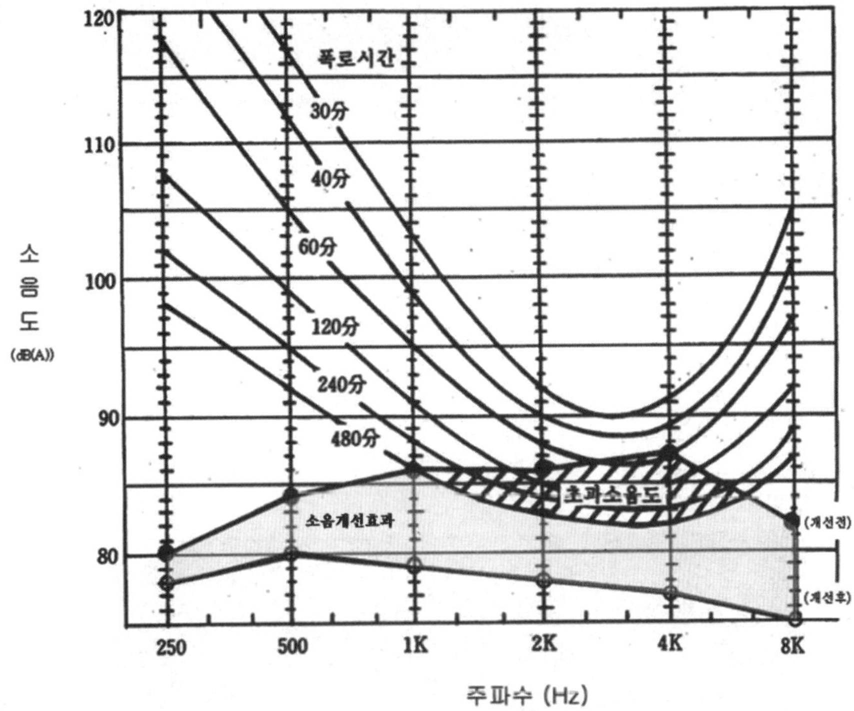

그림 (6.19) 소음개선전후의 소음감쇠량 비교

라. 결과 및 평가

개선후 실내평균소음도는 85dB(A)로서 목표치를 만족하여 보다 쾌적한 환경이 되었다.

7. 종합평가 및 제언

본 사례에서 검토한 연마기 이외에 일반 기계가공공장에서 사용되고 있는 연마공정에서도 소음문제가 많이 제기되고 있는 바 적절한 활용이 기대된다.

사례 [6] 배기 송풍기

1. 설비명 : 배기송풍기(Exhaust Fan)

2. 설비개요

제지공장 초지라인의 배기용 송풍기(Q=900CMM, △P=1250mmAq, 배기토출구경 (Φ)=1100mm)

3. 배치도

4. 문제점 실태

배기송풍기의 구동에 의하여 원형덕트 토출구로 고압 · 고속의 배기가 114dB(A)의 높은 소음도를 발생시키고 있다. 이 소음에 의하여 공장내부의 다른 공정뿐만 아니라, 공장경계선 외부의 인근지역에까지 영향을 미치고 있어 대책이 시급한 실정이다.

5. 대책의 목적

공장내 다른 공정에 소음이 미치지 않도록 하고, 인근 주거지역에도 영향이 없도록 90dB(A)이하의 목표치를 설정하였다.

6. 방지대책

가. 기본원칙

(1) 충분한 감쇠효과가 기대될 수 있도록 할 것

(2) 토출측에 소음기 설치시는 배기송풍기의 허용압력손실 이내가 되도록 설계할 것

(3) 건물 옥상 외부에 노출되므로 내구성이 있는 재질로 선정할 것

(4) 시공싱을 고려하여 중량을 검토할 것

나. 대책방안

흡음슬릿형 배기소음기($1.8^W \times 1.8^H \times 2.4^L(m)$)

다. 소음측정결과

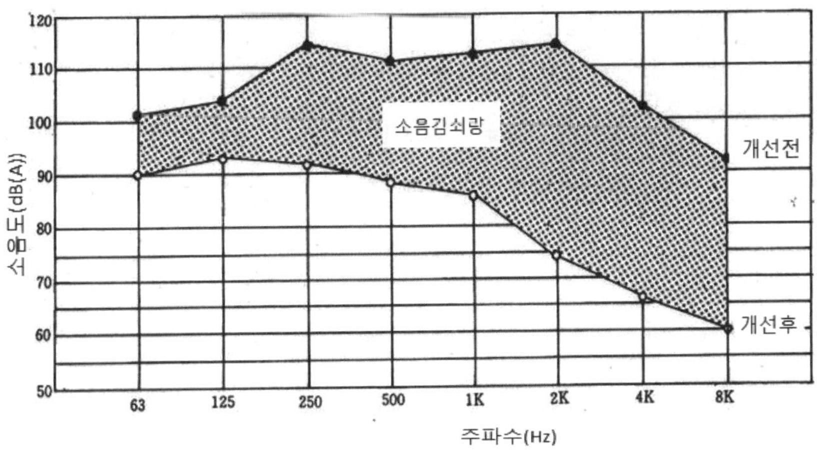

그림 (6.20) 개선후 배기덕트의 토출구 상태 (ⓒANVI)

Date and Time: 06 MAR 90 (개선후)

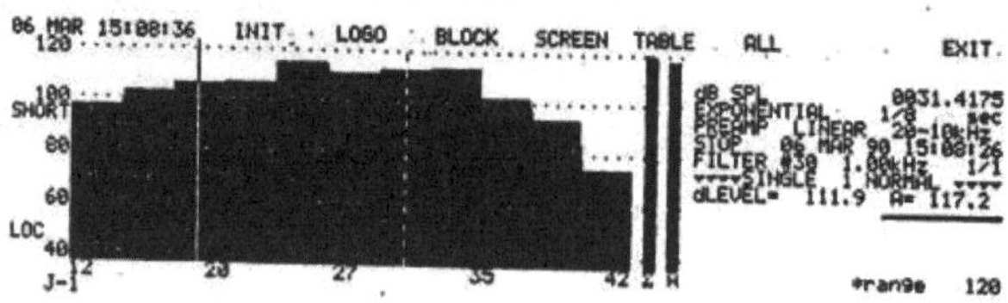

DATA TYPE: SPL spectra

#	FREQ	DISP-dB	RMS-dB	ò	#	FREQ	DISP-dB	RMS-dB	ò	#	FREQ	DISP-dB	RMS-dB	ò	#	FREQ	DISP-dB
12	16.0 Hz	96.0	96.0	ò	15	31.5 Hz	101.8	101.8	ò	18	63.0 Hz	105.8	105.8	ò	21	125 Hz	106.6
24	250 Hz	114.2	114.2	ò	27	500 Hz	110.6	110.6	ò	30	1.00kHz	111.9	111.9	ò	33	2.00kHz	112.9
36	4.00kHz	101.5	101.5	ò	39	8.00kHz	93.1	93.1	ò	42	16.0kHz	73.9	73.9	ò			
SUM		119.3	119.3														
A-WEIGHT		117.2	117.2														

Date and Time: 22 MAR 90 1 (개선후)

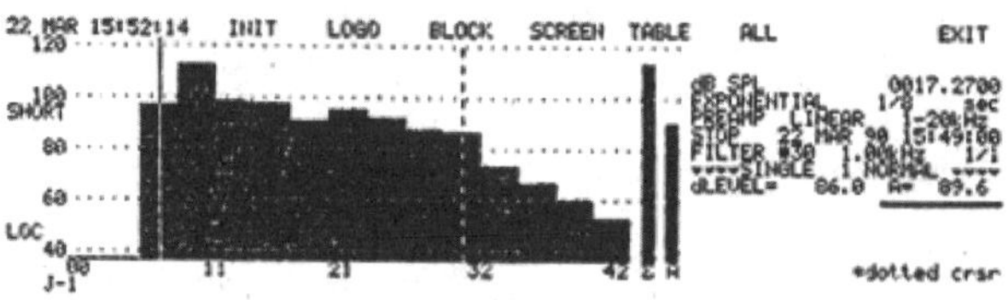

DATA TYPE: SPL spectra

#	FREQ	DISP-dB	RMS-dB	ò	#	FREQ	DISP-dB	RMS-dB	ò	#	FREQ	DISP-dB	RMS-dB	ò	#	FREQ	DISP-dB
0	1.00 Hz	- 64.7	- 64.7	ò	3	2.00 Hz	- 64.7	- 64.7	ò	6	4.00 Hz	96.1	96.1	ò	9	8.00 Hz	112.2
12	16.0 Hz	98.0	98.0	ò	15	31.5 Hz	96.7	96.7	ò	18	63.0 Hz	90.3	90.3	ò	21	125 Hz	94.7
24	250 Hz	91.2	91.2	ò	27	500 Hz	86.7	86.7	ò	30	1.00kHz	85.0	86.0	ò	33	2.00kHz	73.1
36	4.00kHz	65.3	65.3	ò	39	8.00kHz	59.8	59.8	ò	42	16.0kHz	51.8	51.8	ò			
SUM		112.7	112.7														
A-WEIGHT		89.6	89.6														

그림 (6.21) 배기소음기 개선전후의 주파수별 소음도 비교

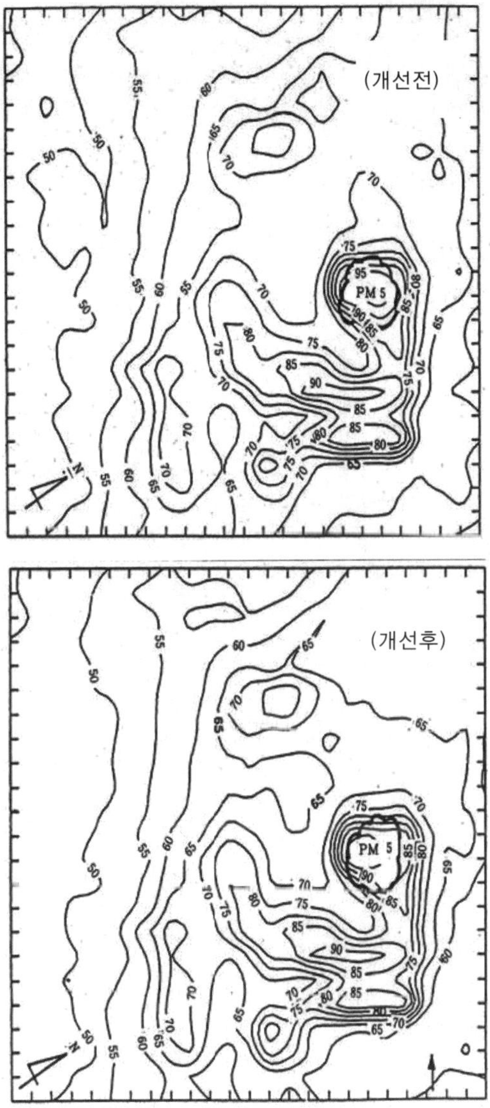

그림 (6.22) 소음 개선전후 주변 등음선도

라. 결과 및 평가

대책후 소음도는 89.6dB(A)로서 소음감쇠량은 24.4dB(A)였다. 따라서, 목표치를 만족하였으며 공장 주변에 전파되던 소음의 영향을 현저히 감소시킬 수 있었다.

7. 종합평가 및 제언

공장내 환기 또는 배기용 덕트들은 대책없이 건물 옥상부에 대부분 설치되어 있어, 주민들과의 진정문제가 많으므로 적절한 활용이 기대된다.

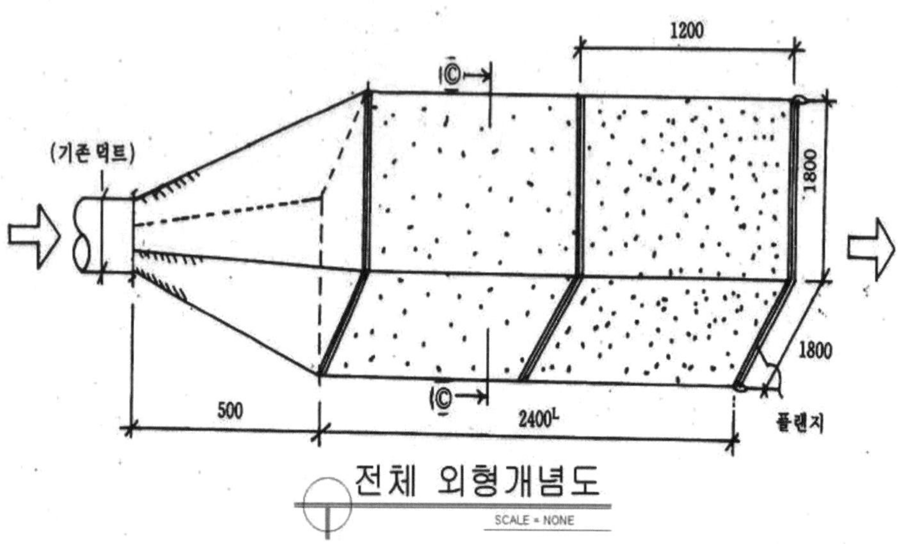

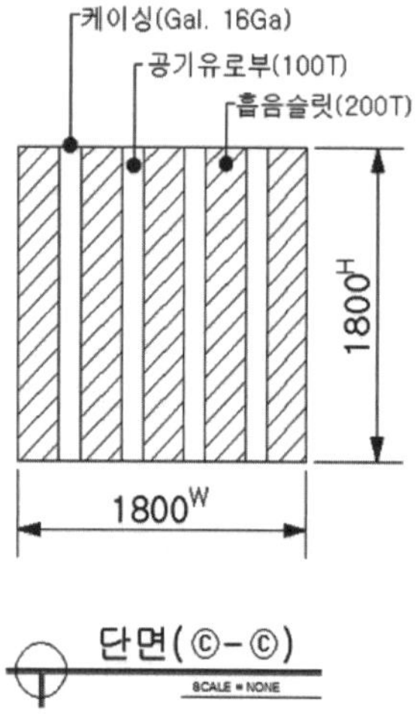

그림 (6.23) 배기소음기의 규격 및 단면도 (©ANVI)

사례 7 절 단 기

1. 설비명 : 절단기(Cut-off Saw)

2. 설비개요

강관공장의 강관절단용 기계(톱날직경 : Φ1350mm, 모타용량 : 200KW, 절단속도 : 120mps, 절단 각관의 규격 : □-250×250×12.7t)

3. 배치도

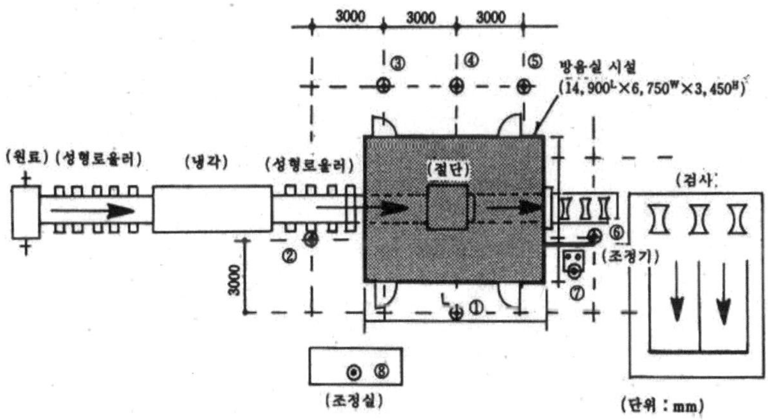

4. 문제점 실태

각관 절단시 발생되는 120dB(A) 내외의 소음도가 제어판넬(OP : operation panel)측 근무자 및 공장내 타작업 라인에 미치는 영향이 심각하고, 또한 공장건물 외부로도 전파되어 인접 주거지역에 영향을 미치고 있어 대책이 요망됨.

5. 대책의 목적

절단작업자 및 외부로의 전파소음을 제어하기 위하여 공장내 배경소음과 같은 97~99dB(A)를 만족하도록 목표치를 설정하였다.

6. 방지대책

가. 기본원칙

(1) 음향성능을 만족할 수 있도록 충분한 차음설계가 될 것

(2) 각관의 입출구부는 작업에 지장이 없도록 개구부가 형성되어야 하나, 소음의 누출이 최소화되도록 할 것

(3) 절단작업시 잔재가 되는 쇠톱밥(scrap)을 천정크레인으로 청소하기가 용이하도록 방음실 천정부가 자동개폐 될 수 있는 구조일 것

(4) 조정실에서 절단작업을 투시할 수 있도록 방음창 구조 및 감시카메라(ITV) 장치가 설치될 것

(5) 환기능력이 충분하도록 설계될 것

(6) 회전되는 톱날이 튀어나오는 경우도 있으므로 구조적인 안전성을 유지할 것

(7) 실내조명은 방폭 할로겐등으로 할 것

나. 대책방안

방음실 시설

다. 소음측정결과

측정지점 \ 구분	소 음 도 (dB(A))		
	개선전	개선후	소음감쇠량
①	120	99	21
②	120	114	6
③	120	102	18
④	120	102	18
⑤	120	102	18
⑥	125	120	5
⑦	120	102	18
⑧	105	94	11

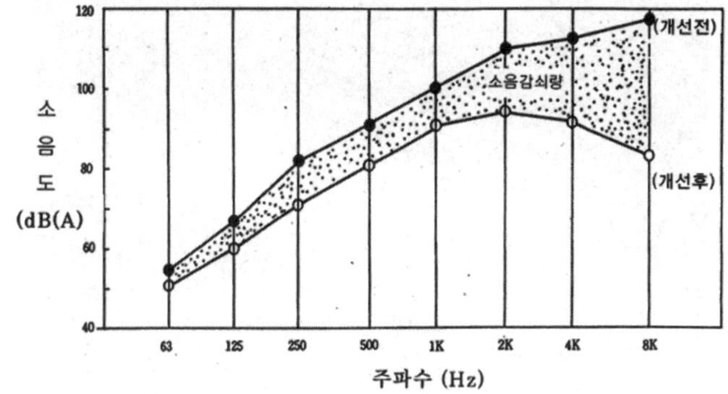

그림 (6.24) 방음실 개선전후의 주파수별 감쇠량 비교도 (ⓒANVI)

- 개선전 소음도

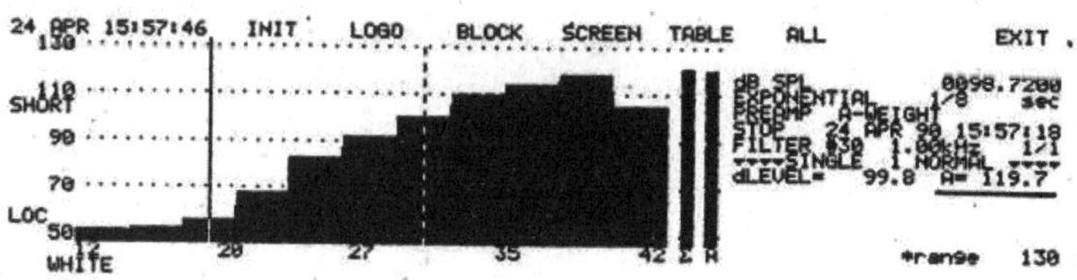

DATA TYPE: SPL spectra

#	FREQ	DISP-dB	RMS-dB	ð	#	FREQ	DISP-dB	RMS-dB	ð	#	FREQ	DISP-dB	RMS-dB	ð	#	FREQ	DISP-dB
12	16.0 Hz	51.4	51.4	ð	15	31.5 Hz	52.0	52.0	ð	18	63.0 Hz	55.3	55.3	ð	21	125 Hz	67.4
24	250 Hz	81.9	81.9	ð	27	500 Hz	91.2	91.2	ð	30	1.00kHz	99.8	99.8	ð	33	2.00kHz	109.9
36	4.00kHz	113.4	113.4	ð	39	8.00kHz	118.2	118.2	ð	42	16.0kHz	104.4	104.4	ð			
SUM		120.1	120.1														
A-WEIGHT		119.7	119.7														

- 개선후 소음도

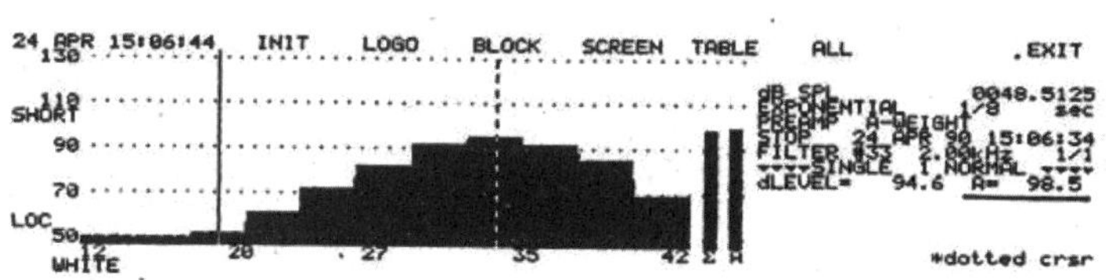

DATA TYPE: SPL spectra

#	FREQ	DISP-dB	RMS-dB	ð	#	FREQ	DISP-dB	RMS-dB	ð	#	FREQ	DISP-dB	RMS-dB	ð	#	FREQ	DISP-dB
12	16.0 Hz	49.5	49.5	ð	15	31.5 Hz	49.7	49.7	ð	18	63.0 Hz	50.9	50.9	ð	21	125 Hz	60.1
24	250 Hz	71.2	71.2	ð	27	500 Hz	81.3	81.3	ð	30	1.00kHz	91.2	91.2	ð	33	2.00kHz	94.6
36	4.00kHz	91.5	91.5	ð	39	8.00kHz	84.2	84.2	ð	42	16.0kHz	69.0	69.0	ð			
SUM		97.8	97.8														
A-WEIGHT		98.5	98.5														

그림 (6.25) 방음실 개선전후의 주파수별 소음도 비교

그림 (6.26) 방음실 시설 전경 (©ANVI)

라. 결과 및 평가

대책후 소음도(①번 지점 기준)는 98.5dB(A)로서 목표치를 만족하였고, 인근 주변에 미치던 소음의 영향도 현저하게 감소시킬 수 있었다. 그러나, 작업라인의 입출구부에 대한 소음도가 다른 지점들에 비하여 높은 것이 아쉬우나 생산에 지장을 초래하지 않는 최선의 대책으로 평가된다. 향후 추가 보완을 한다면, 강관이송라인 등에 방음후드(hood)를 설치하는 방안도 있다.

7. 종합평가 및 제언

본 사례에서는 강관공장내 주소음원으로서 절단기 대책을 취하였으나, 이 소음원 이외에도 나사기(Threading M/C) (110dB(A) 내외), 어닐러(Annealer) (105dB(A)), 도금분사라인(105~128dB(A)), 낙하 및 충돌 소음(105~118dB(A))등이 혼재되어 있고, 작업라인 등이 서로 연결되어 있어 공장내 전체로 소음의 확산이 심하므로, 충분히 진단후 대책에 임하여야 효과적인 기대치를 얻을 수 있을 것이다.

사례 8 자동삽입기실

1. 설비명 : 자동삽입기(Auto Inserting M/C)

2. 설비개요

비디오 회로기용 자동삽입기로서 PANA, AVI, VCD, SEQ, CHIP Mounter등 약 80여대가 $80^{L} \times 35^{W} \times 3.5^{H}$(m) 의 실내에 설치되어 있다.

3. 배치도

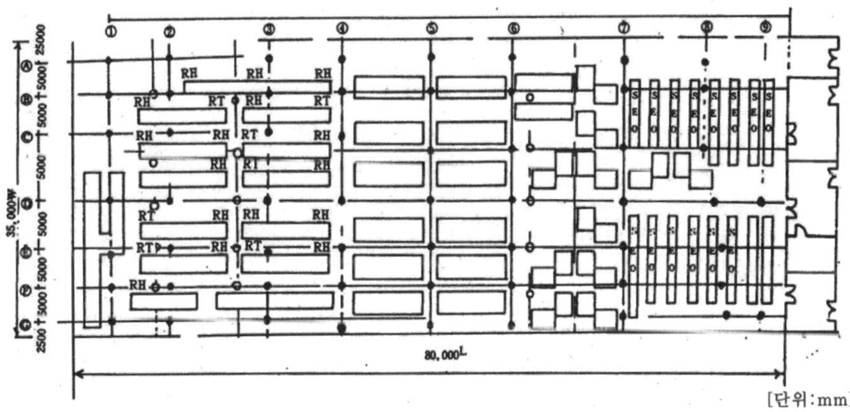

[단위:mm]

4. 문제점 실태

상기 배치도에서 보는 바와 같이 실내에 자동삽입기가 설치되어 있고 100여명 정도의 작업자들이 81~90dB(A)의 고주파성 소음에 노출되어 있어 작업환경상 개선 대책이 요망된다.

5. 대책의 목적

타 업종의 공장에 비하여 소음도는 낮으나, 주파수 분석결과 2K~4KHz 대역에서 산업안전 기준 소음도를 초과하고 있어 기준치 이하로의 대책을 적용하고자 한다.

6. 방지대책

가. 기본원칙

(1) 작업공정상 지장이 없는 대책방법일 것

(2) 유리섬유 또는 암면 등 가루가 날리지 않는 재료를 사용할 것

(3) 실내 소음특성상 고주파역에서 흡음력이 양호한 재료일 것

(4) 시공이 간단하고 미려할 것

(5) 내화성이 강한 재료일 것

나. 대책방안

구분 \ 방안		A	B	C	D	E	F	G
대책내용	천정부	흡음매트 (G/W 50t)	흡음매트	흡음배플 (G/W 50t)	흡음배플	흡음배플	흡음폼 (25t)	흡음폼
	벽체부	흡음매트	–	흡음매트 +흡음커텐	흡음매트	–	흡음폼	–
소음감쇠량(dB(A))		7	5	10	9	7	5~6	4
평가	내화성	양호	양호	양호	양호	양호	양호	양호
	내구성	양호	양호	양호	양호	양호	양호	양호
	경제성	고가	보통	고가	고가	보통	저렴	저렴
	외관성	양호	양호	양호	양호	양호	양호	양호
	시공성	불량	불량	보통	양호	양호	간단	간단
	효과성	양호	보통	우수	양호	양호	보통	보통
권장방안		×	×	×	×	×	○	×

* G/W : 유리섬유매트(Glass Wool)

다. 소음측정결과

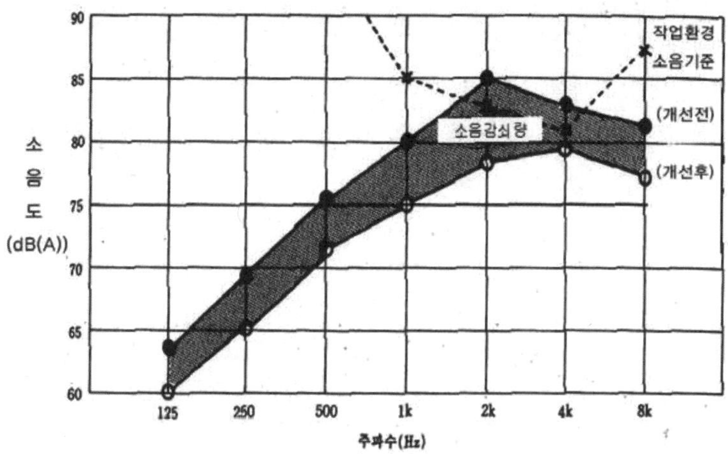

그림 (6.27) 자동삽입기실 방음대책 개선효과 비교

(1) 실내 지점별 소음도

구분	①	②	③	④	⑤	⑥	⑦	⑧	⑨
ⓐ	82(76)	82(77)	85(80)	84(79)	83(77)	81(76)	86(81)	84(79)	84(78)
ⓑ	83(77)	89(85)	85(80)	84(79)	85(80)	86(81)	88(84)	85(80)	–
ⓒ	84(78)	89(85)	85(81)	84(79)	85(80)	86(81)	90(86)	85(80)	–
ⓓ	85(81)	87(82)	85(81)	84(79)	85(80)	86(82)	90(85)	87(82)	85(80)
ⓔ	85(80)	89(85)	85(81)	84(79)	85(81)	88(84)	89(84)	86(81)	–
ⓕ	85(80)	89(84)	85(80)	84(79)	84(80)	88(84)	89(84)	86(81)	–
ⓖ	85(79)	85(80)	84(79)	82(76)	84(79)	82(77)	88(83)	85(80)	85(80)

* 실내평균소음도 : 85.4(80.5)dB(A) * 최대치 : 90(86)dB(A) * 최소치 : 81(76)dB(A)

* 개선전 소음도 (개선후 소음도) [dB(A)]

라. 결과 및 평가

(1) 실내 평균소음도는 개선전 85.4dB(A)에서 개선후 80.5dB(A)로 약 5dB(A)가 감쇠되었다.

(2) 대책방안에서 검토한 소음감쇠량 추정은 5~6dB(A)였으나, 실제 측정결과 거의 유사한 결과를 얻어 만족할 만하였다.

(3) 기계라인 중 가장 시끄러운 곳은 Axial Line으로서, 인접 가공라인으로 소음이 전파되지 않도록 방음스크린(이동식 칸막이)을 설치한다면 5dB(A) 내외의 소음 감쇠효과를 추가로 기대할 수 있을 것이다.

(4) 주파수별 소음도 분석 결과, 개선전에는 2KHz와 4KHz 대역에서 산업 안전기준 소음도를 초과하고 있었으나, 개선 후에는 기준치 이내의 양호한 상태를 나타내고 있었다.

7. 종합평가 및 제언

전자제품 생산공정상 많은 면적과 작업자를 필요로 하는 자동삽입기실에 대한 흡음 대책결과, 보다 쾌적한 작업환경이 조성되어 생산성 향상에 기여할 것이다.

사례 [9] 용 접 장

1. 설비명 : 용접기(Welding M/C)

2. 설비개요

대형기계를 부품별로 용접하기 위한 전용 용접라인으로서 $180^L \times 24^W \times 125^H(m)$의 실내에 약 30여대의 용접기가 설치되어 있다.

3. 배치도

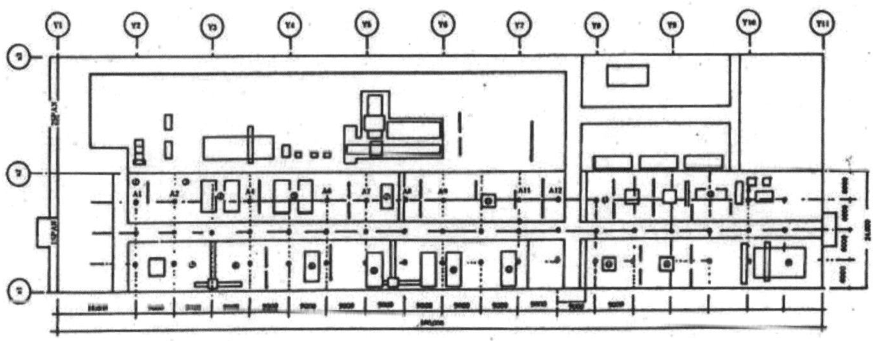

4. 문제점 실태

용접라인은 용접 그 자체보다 용접후 슬러그 제거를 위한 망치작업, 연마작업 및 기타 부수작업(chipping, cutting 등)에서 소음도가 더 심각하다고 할 수 있다. 실내에는 대부분의 작업자가 귀마개를 착용하고 있으나, 실내 확산음에 대한 작업환경상 개선이 요망된다.

5. 대책의 목적

실내평균소음도는 84dB(A)로서 높지 않으나 간헐성 소음(100~110dB(A))에 의하여 감각상 시끄러움이 심하며, 1K~4KHz 대역에서 산업안전기준을 초과하고 있어 기준치 이하로의 대책을 적용하고자 한다.

6. 방지대책

가. 기본원칙

(1) 작업공정상 지장이 없는 방안일 것
(2) 내화성 및 내구성이 양호한 재료일 것
(3) 고주파역에서 양호한 흡음력을 가진 재료일 것
(4) 대책면적이 넓으므로 경제적인 방안일 것
(5) 각종 가스 및 분진 등에 의하여 미관이 불량하게 되지 않도록 표면처리할 것

나. 대책방안

구분 \ 방안		A	B	C	D
대책내용	천정부	흡음매트 (G/W 50t)	흡음매트	흡음배플 (G/W 50t)	흡음배플
	벽체부	흡음매트	–	흡음매트	–
소음감쇠량(dB(A))		7	5	10	7~8
평가	내화성	양호	양호	양호	양호
	내구성	양호	양호	양호	양호
	경제성	고가	양호	고가	양호
	외관성	양호	양호	양호	양호
	시공성	보통	보통	보통	양호
	효과성	양호	보통	우수	양호
권장방안		×	×	×	○

다. 소음측정결과

(1) 실내 지점별 소음도

개선전(개선후)[dB(A)]

구분	①	②	③	④	⑤	⑥	⑦	⑧	⑨	⑩	⑪	⑫	⑬	⑭	⑮	⑯	⑰	⑱
ⓐ	86 (78)	89 (82)	–	80 (74)	–	84 (77)	88 (82)	79 (72)	85 (78)	–	88 (81)	86 (80)	91 (85)	–	–	–	84 (77)	82 (75)
ⓑ	80 (73)	85 (78)	79 (71)	83 (77)	85 (78)	82 (73)	86 (79)	74 (67)	79 (72)	85 (78)	88 (81)	87 (80)	91 (85)	82 (77)	88 (82)	83 (75)	85 (76)	84 (78)
ⓒ	83 (77)	86 (79)	–	84 (78)	86 (79)	88 (81)	78 (71)	72 (66)	83 (77)	86 (79)	87 (8)	85 (78)	90 (84)	82 (77)	–	84 (77)	86 (78)	–

* 실내평균소음도 : 84(77)dB(A) * 최대치 : 91(85)dB(A) * 최소치 : 72(66)dB(A)

(2) 주파수별 소음도(b_{12} 지점 기준)

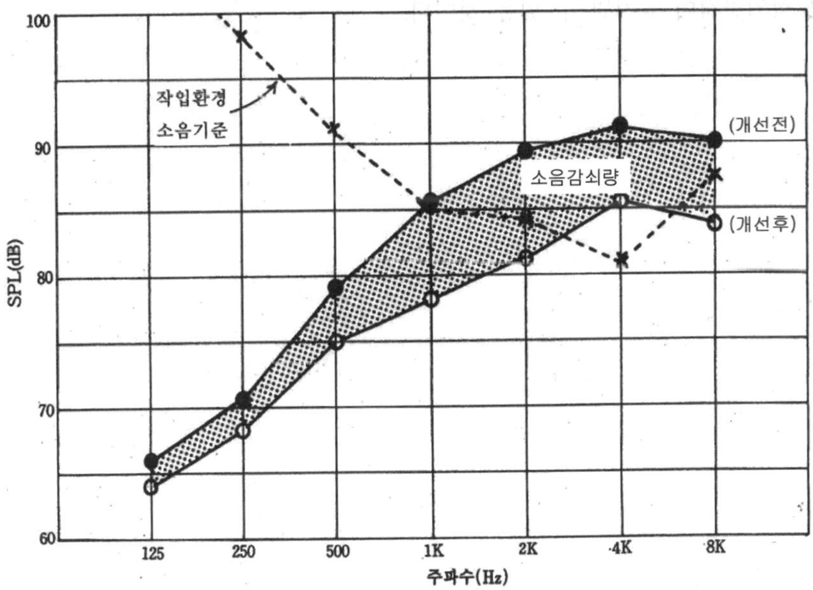

그림 (6.28) 용접장 소음개선 전후의 소음감쇠량 비교 (ⓒANVI)

라. 결과 및 평가

(1) 실내 평균소음도는 개선전 84dB(A)에서 개선후 77dB(A)로 약 7dB(A)가 감쇠되어 추정치와 근사하였다.

(2) 대상지점중 가장 시끄러운 지점은 ⑬번으로서, 대책전 91dB(A)가 대책후에는 85dB(A)였다.

(3) 주파수별 소음도 분석결과, 개선전에는 1K~4KHz 대역에서 산업안전기준 소음도를 초과하고 있었으나, 개선후에는 4KHz에서만 초과하고 있으므로 귀마개의 지속적 착용이 권장된다.

7. 종합평가 및 제언

대부분의 금속가공공장의 경우, 용접라인은 공장의 모서리부에 위치하므로, 계벽의 설치, 방음스크린 또는 방음커텐 등을 적용한다면 보다 양호한 효과를 얻을 수 있어, 쾌적한 작업환경이 유지될 수 있을 것이다.

사례 [10] 작업자 근무실

1. 대상시설

공장내 작업자 근무실로 사용하고 있는 사무용 컨테이너

2. 문제점 실태

공장내의 작업소음이 사무용 컨테이너(12FT용: 3W X 12L X 2.4H(M) 내부에서 85dB(A)로 나타나고 있어, 작업자의 근무환경을 개선하고자 함.

3. 방음대책 목표

기존 실내소음도 : 85dB(A)
개선목표 소음도 : 60±1dB(A)
대책필요 감쇠량 : 25dB(A)

4. 방지대책

가. 기본원칙

(1) 방음효과를 만족할 것
(2) 내화성 및 내구성이 양호한 재질일 것
(3) 사용상 기능적으로 필요한 부분을 포함할 것

나. 대책방안

구분 \ 방안		A안	B안
대책내용	바닥부	차음재 보강	A와 동일
	천정부	차음재보강 + 흡음매트	흡음매트
	벽체부	차음재보강 + 흡음매트	흡음매트
	시창부	방음창	A와 동일
	출입문	방음문(B급)	방음문(C급)
	환기구	소음기	A와 동일
소음감쇠량(dB(A))		25	20
평가	방음성	우수	미흡
	내화성	우수	우수
	내구성	우수	양호
	미려성	우수	양호
	경제성	양호	우수
권장방안		권장	X

다. 소음측정결과

측정지점	①	②	③	④	⑤	⑥
개선전	87	86	86	86	87	85
개선후	58.6	57.0	57.8	58.1	59.8	58.9
감쇠량	28.4	29	28.5	27.9	27.2	26.1

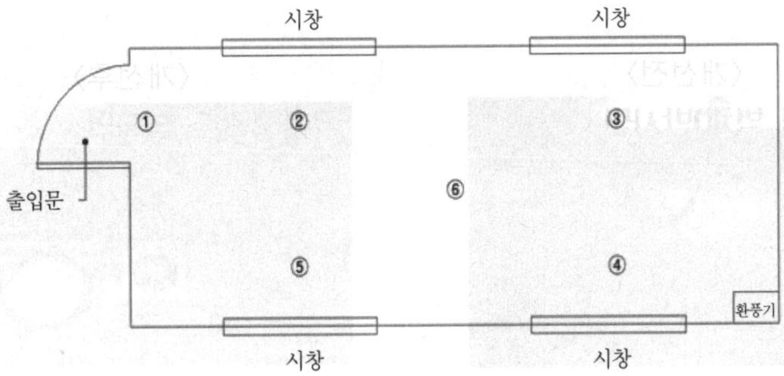

그림 (6.29) 소음측정 지점도

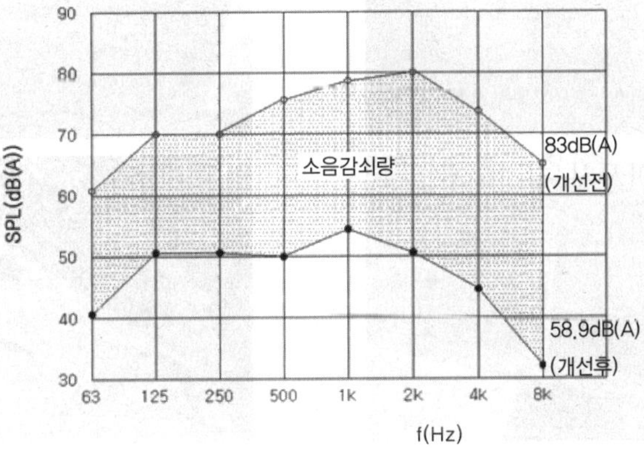

그림 (6.30) 작업자 근무실 소음 개선전후 주파수별 소음도 비교 (ⓒANVI)

라. 결과 및 평가

작업자 근무실내 소음도는 개선전 85dB(A)에서 개선후 58.9dB(A)가 되어, 개선목표소음도인 60dB(A)이하를 만족하였다.

5. 종합평가 및 제언

대부분의 작업자 근무실은 샌드위치판넬이나 컨테이너 구조물들을 사용하고 있어 소음에 취약한 상태이다. 작업자가 장시간 근무하는 공간이고, 생산 및 품질관리 등을 고려하여야 하는 작업실이므로 소음이 적절히 차단된 방음실 개념의 근무환경이 되어야 한다.

그림 (6.31) 작업자근무실 소음개선전후 사진 비교 (ⒸANVI)

사례 11 기타 방음대책 사례

번호	소 음 원	발생소음도 범위 (dB(A))	방음대책명	주파수별 소음감쇠량(dB)								
				OA	63	125	250	500	1K	2K	4K	8K
1	프레스의 압축공기노즐	95~110	공기분사식을 기계식으로 대체			2	2	5	6	8	14	25
2	공기식 연마기	105~110	공기모터부에 소음기 부착		–	–	–	4	17	19	12	8
3	공압식 사통제어밸브(p=5K)	95~110	소음기 설치		2	0	3	4	14	19	25	32
4	100톤 프레스의 배기부	115	소음기 설치		3	8	9	12	17	23	24	37
5	아스팔트 절개용 브레이커	108~110	소음기 설치	8								
6	압축공기 충격총	102~110	소음기 설치		–	2	2	3	14	8	6	7
7	목가공 보링머신의 톱밥제거용 압축공기	97~103	유량조절 및 분사방향조정		–	–	–	–	–	6	9	9
8	가스터빈용 공기압축기 급기부	98~105	흡음슬릿 소음기			10	18	22	35	40	26	30
9	공기모터	95~103	소음기 설치		2	7	7	9	10	23	29	23
10	오일버너 급기부	105~115	소음기 설치		–	2	–	4	13	10	11	11
11	공기호이스트의 배기구	96~104	소음기 설치		–	–	–	18	31	35	38	28
12	실내 환기구	–	소음기 설치		–	–	8	10	26	23	24	26
13	공기압축기(p=7K)급기부	103~108	팽창형 소음기		6	5	6	11	9	12	12	13
14	정제용 히터 버너	98~110	소음기 설치			4	13	16	19	17	17	13
15	합성섬유 공기이송장치	93~98	소음기 설치		12	23	13	11	10	–	–	–
16	송풍기(F.D Fan)급기부	93~103	흡음슬릿 소음기	15								
17	솔레노이드식진동이송기(Vibrator)	95~105	진동부와 호퍼부를 분기		7	6	20	22	16	12	12	9
18	감압밸브(드레그밸브)	105~125	오리피스 구조로 변경		24	19	28	17	18	25	34	34
19	송풍기용 전동기의 불균형	93~98	균형조정, 베어링교체		4	3	10	13	12	11	7	10
20	플라스틱 연마용 Edger 플레이너	102 (250Hz)	절단기 톱날간의 간격증대		–	–	18	–	–	–	–	–
21	회전연마기(Tumbling)	105~110	내면에 댐핑재(고무)코팅		–	–	4	9	15	24	24	32
22	활송장치(슈트·호퍼·이송박스)	98~105	외면에 댐핑재 부착		4	4	4	2	8	9	12	15
23	내릴톱(Ripsaw) 후드	93~98	표면부에 댐핑재 부착		7	10	8	6	4	4	6	6

(계속)

번호	소 음 원	발생소음도 범위(dB(A))	방음대책명	주파수별 소음감쇠량(dB)								
				OA	63	125	250	500	1K	2K	4K	8K
24	나사기의 튜브	105~112	강관 내외부에 댐핑재처리		12	15	15	14	20	29	34	30
25	강관 이송장치	120~128	유압식 구조로 개선	36								
26	압축기용 기어구동장치	98~108	기어덮개판 개선		–	–	–	4	17	26	24	18
27	회전식 건조기용 망치	98~108	타격면에 탄성체 부착	28								
28	감압밸브 및 파이프	95~103	소음기 및 방음래깅		–	–	–	–	8	10	10	–
29	루쓰블로워	93~105	방음래깅		4	9	7	6	6	3	3	4
30	스팀진공분사기	105~125	방음래깅		–	3	4	6	14	23	23	35
31	전동기실(잔향음이 많은 곳)	90~98	천정용 흡음배플		4	7	9	10	7	8	8	3
32	보일러공급펌프용 증기터빈	98~105	방 음 실		–	–	–	–	–	–	14	–
33	생산설비 동력용 V-8 엔진	105~108	방 음 실	35								
34	교반기용 기어전동기	93~98	소음기+방음식		5	5	12	12	23	35	26	23
35	시험용 싸이렌	120~140	방 음 실		–	–	16	22	26	32	37	42
36	금속분리용 스크린	95~100	방 음 실		15	19	26	22	19	22	25	27
37	캔 분리기	93~98	부분 방음실		2	12	5	11	21	20	18	16
38	펌프용 감속기어	95~103	부분 방음실		5	–	–	8	7	6	5	5
39	대형톱(마찰식)	95~103	부분 방음실		6	1	10	12	14	19	20	21
40	펀치 프레스	88~96	투명차폐막		–	2	2	3	7	13	15	16

(자료) American Industrial Hygiene Association: Industrial Noise Manual, 101–150, 1976.

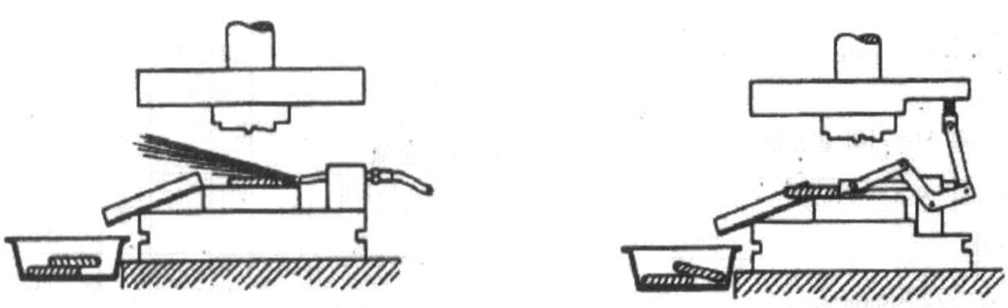

공기분사식(에어노즐) 기계식 개선

그림 (6.32) 프레스의 압축공기노즐

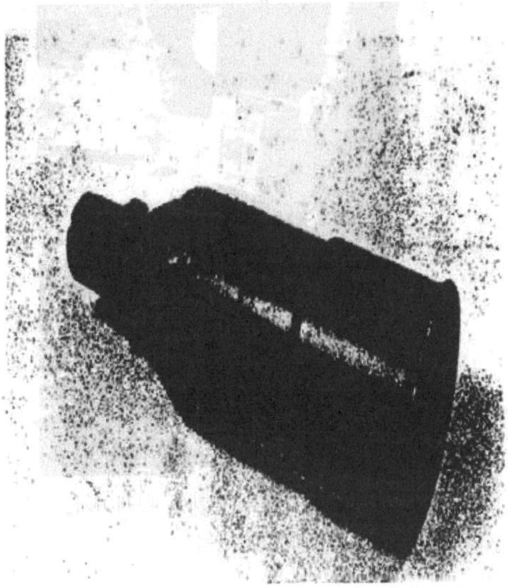

그림 (6.33) 공기식 연마기의 소음기(Keller)

(X-200 Air Mite)

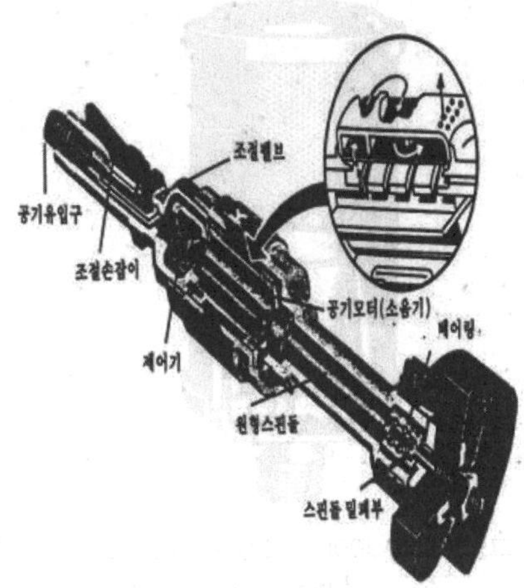

그림 (6.34) 공기압식 자동제어 밸브 소음기

■ 에어노즐 소음기 사례

단면모양	형 식	제조사 (사양)	소음도(dB(A), at 1m) (노즐측으로부터 90°방향)
	원형관 노즐	(금속관 ø4)	97
	다공관 노즐	(4-평행관, ø2, L=80mm)	94
	다공 노즐	(14- ø1, L=15mm)	88
	고무 노즐(외경ø8)	썬 구미파브릭(스)	94
	ISI-SBH-38 (외경ø11.5)	나디르(미)	71
	방폭 노즐 (PM-pistol type T)	AB프로덕션사(스)	88
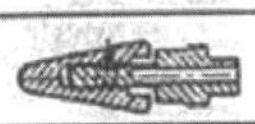	에어마이저	브라우어(미)	88
	FLO-125	베리(미)	64
	SN 250	베리(미)	79
	노즐직경(ø3)	아트라스코프코(스)	93

(자료) Hans Elvhammar and hasse Moss : Inter-Noise77, B221, 1977.

그림 (6.35) 100ton 프레스의 배기소음기
(Allied Witan)

그림 (6.36) 아스팔트 절개용 브레이커
(잭해머) 소음

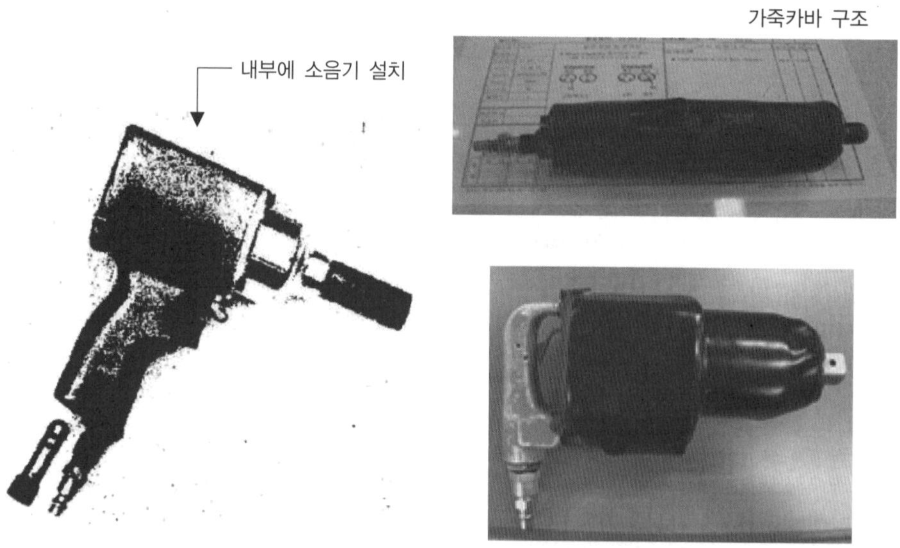

ⓒANVI

그림 (6.37) 임팩트 렌치

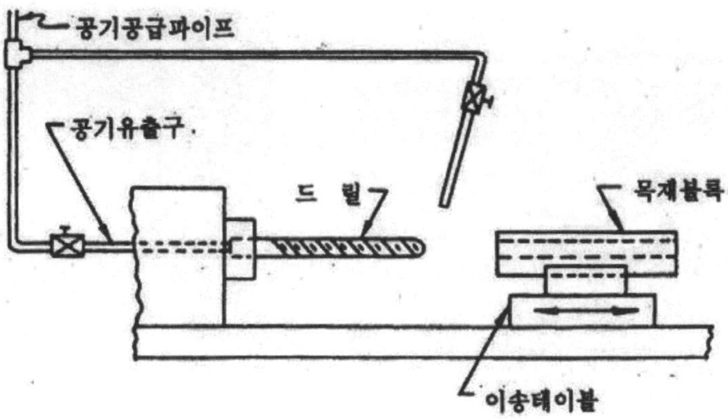

그림 (6.38) 목가공 보링머신의 톱밥제거용 압축공기 시스템

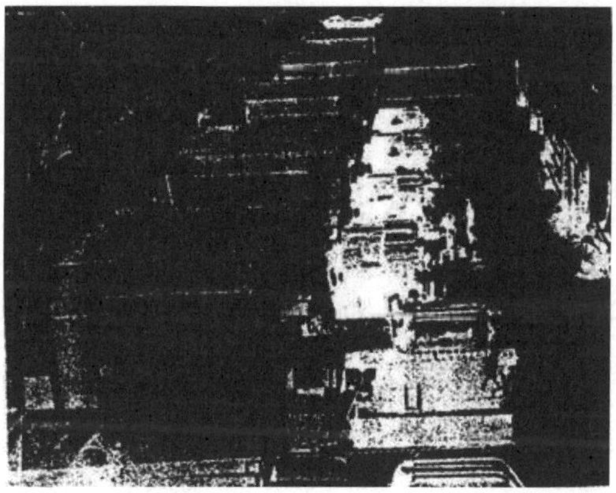

그림 (6.39) 가스터빈(7000HP, 5800rpm)용 공기압축기 급기부에 설치된 흡음슬릿 소음기

그림 (6.440) 공기모터용 소음기(Gas Air Motor M-4AM)

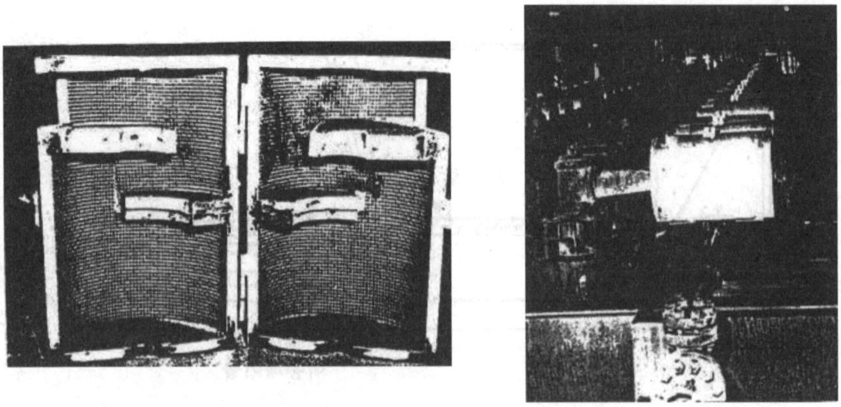

그림 (6.41) 오일버너 흡입구 소음기의 내부(왼쪽) 및 설치도(오른쪽)

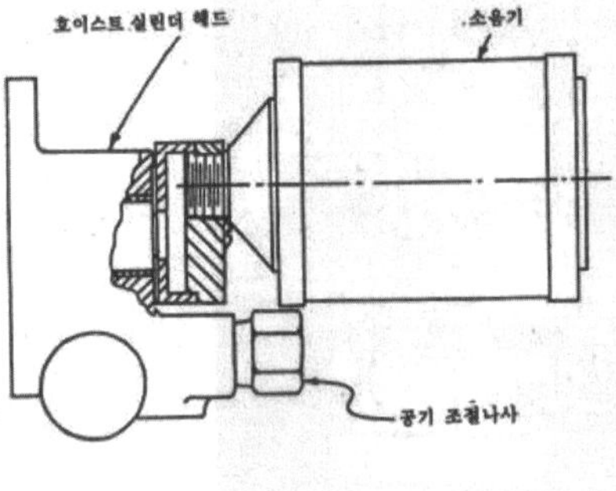

그림 (6.42) 공기호이스트 배출구 소음기

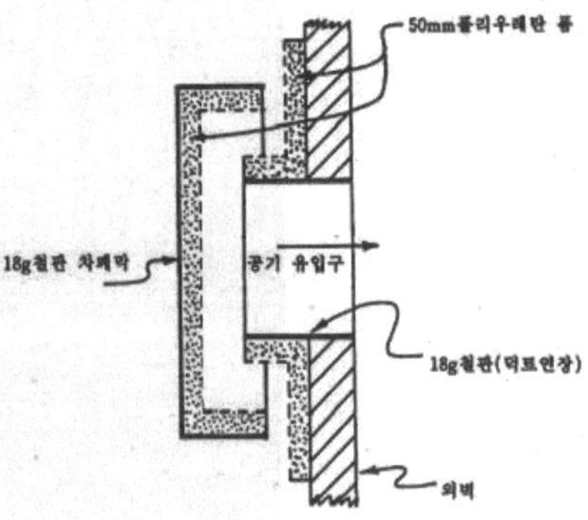

그림 (6.43) 실내 환기구 소음기(단면도)

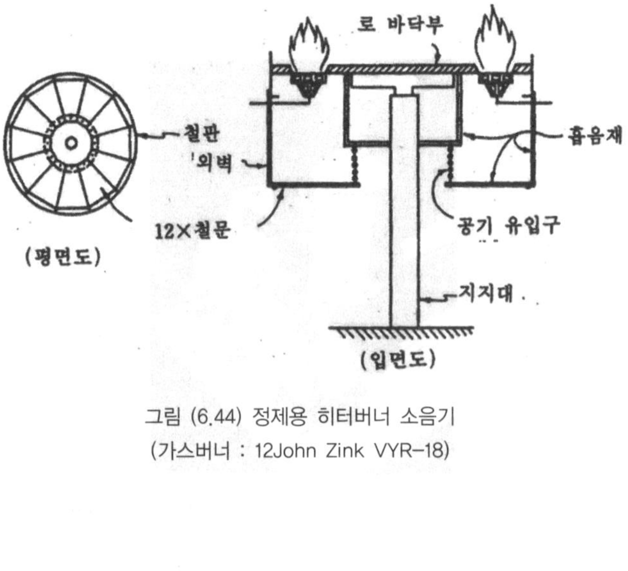

그림 (6.44) 정제용 히터버너 소음기
(가스버너 : 12John Zink VYR-18)

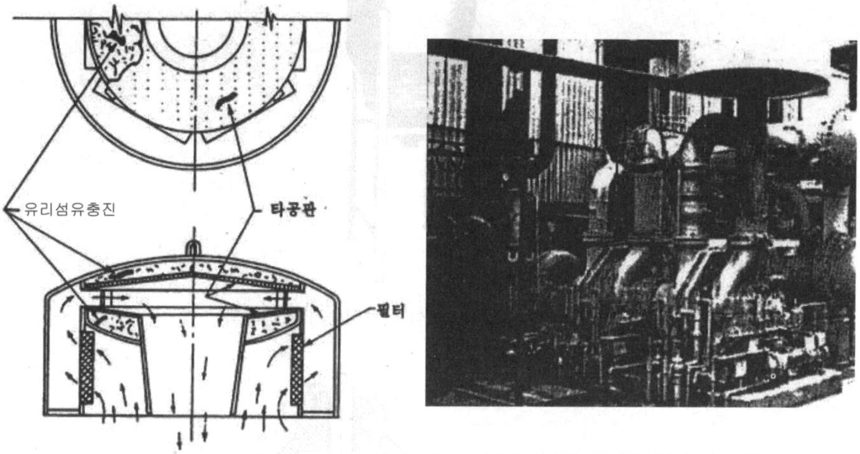

그림 (6.45) 공기압축기(2단 원심력식, 280CMM, P=7.7㎏/㎠G)
급기부 팽창형 소음기의 구조 및 설치도
(Pulsco Suction Filter Mute SFM 48)

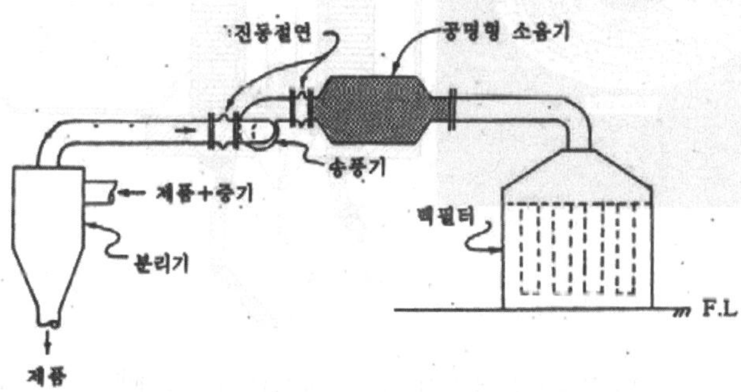

그림 (6.46) 합성섬유 공기이송장치 소음기
(Universal Silencer Corp.)

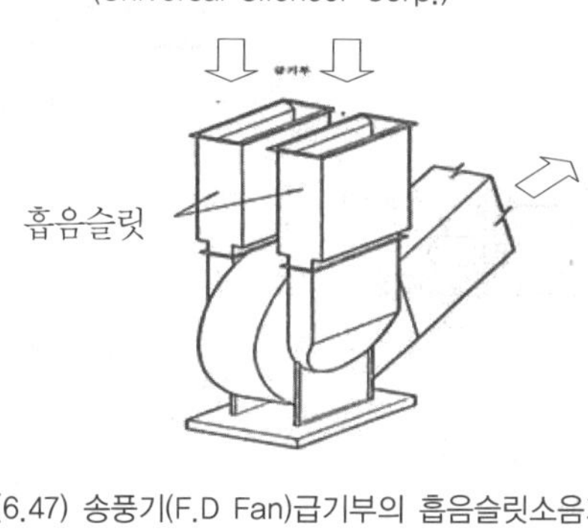

그림 (6.47) 송풍기(F.D Fan)급기부의 흡음슬릿소음기

그림 (6.48) 솔레노이드식 진동이송기 방진대책

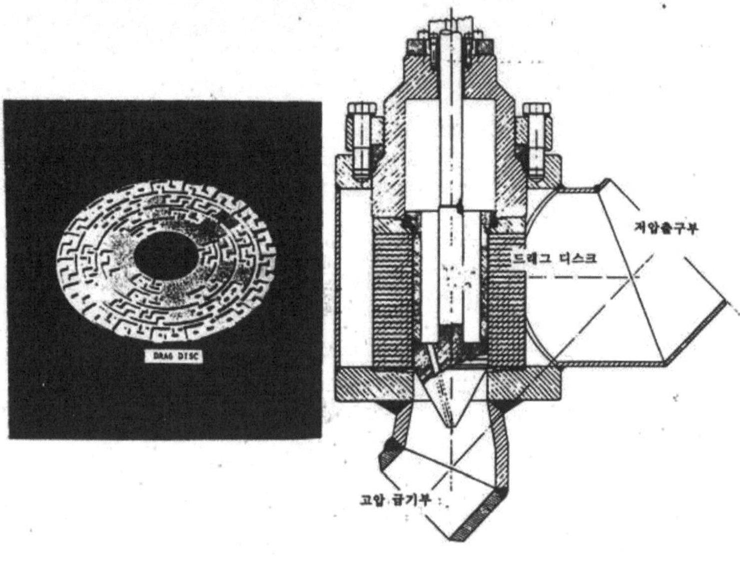

그림 (6.49) 드래그 밸브(21㎏/㎠G)에서의 소음대책

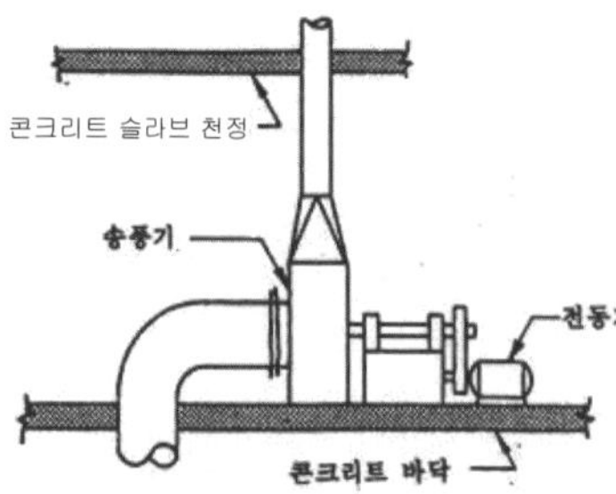

그림 (6.50) 송풍기 구동용 전동기(705rpm, 386CMM)

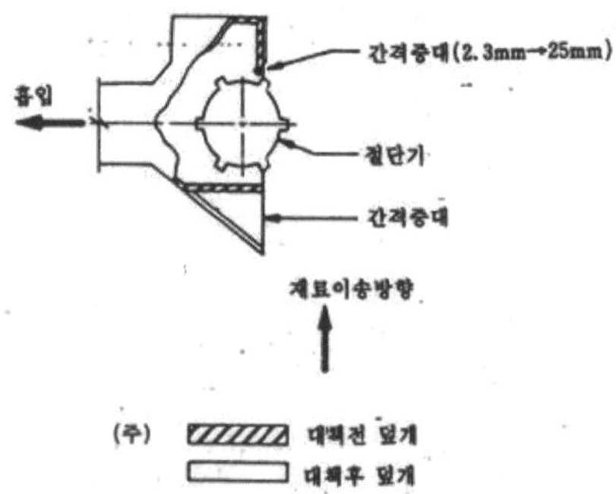

그림 (6.51) 플라스틱 연마용 Edger 플레이너

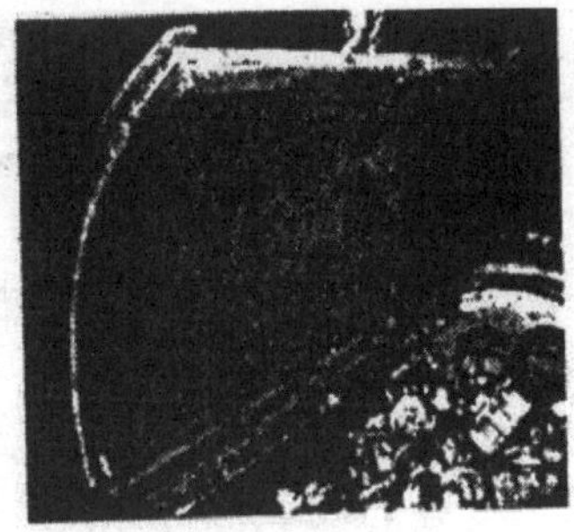

그림 (6.52) 회전연마기(Tumbling)내부의 댐핑재 코팅 (A.I.C Eng. Co.)

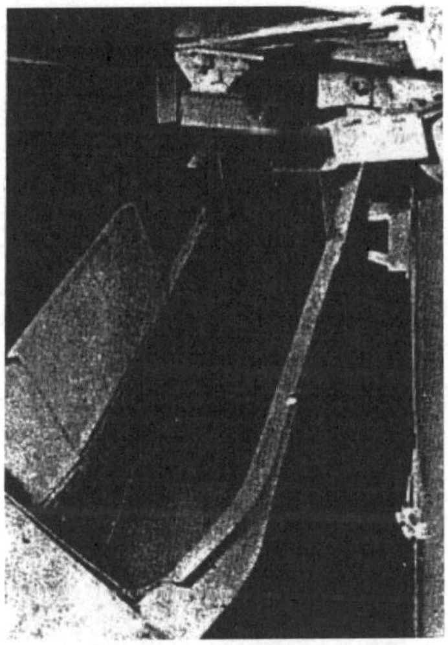

그림 (6.53) 자갈, 목재등의 원료 이송장치 외부면에 대한 댐핑처리

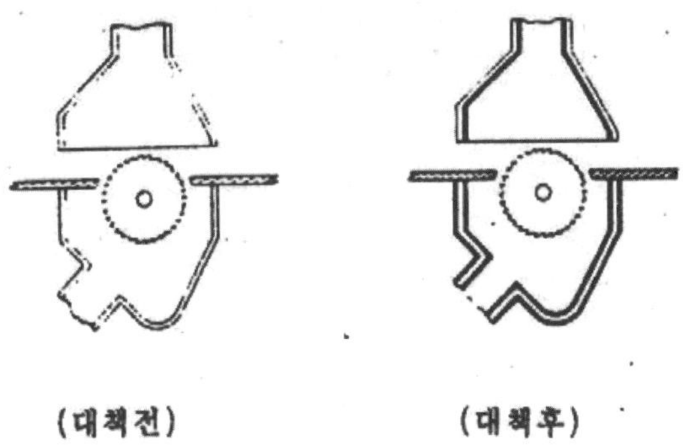

그림 (6.54) 내릴톱(Ripsaw)지지부 및 후드에 대한 댐핑처리
(Minnesota Mining Underseal : EC-244)

그림 (6.55) 나사기의 Stock Tube 댐핑재 처리(위) 및 PU폼 포장(아래) 사례(소음감쇠량=18dB(A))

개선전 개선후

그림 (6.56) 압출기용 기어구동장치(2000HP)의 덮개판 댐핑처리

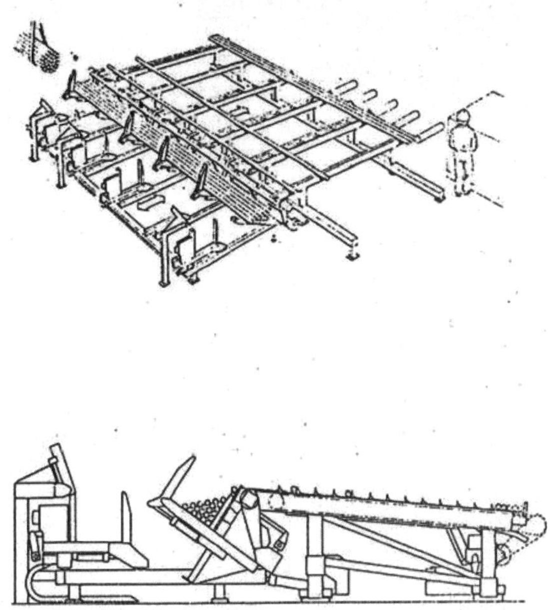

그림 (6.57) 파이프 이송장치의 개선(유압식)

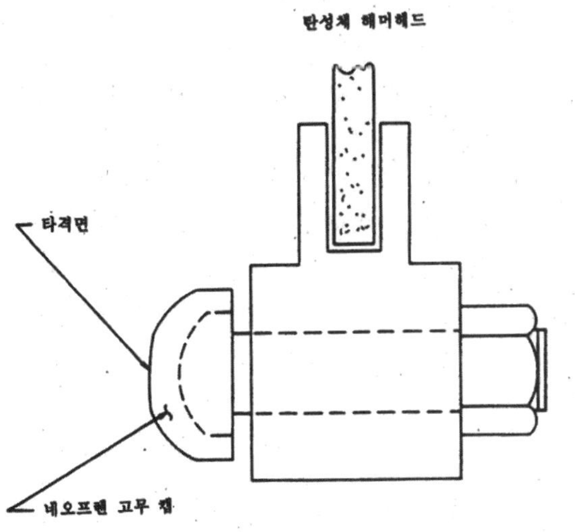

그림 (6.58) 회전식 건조기용 망치의 탄성재 처리

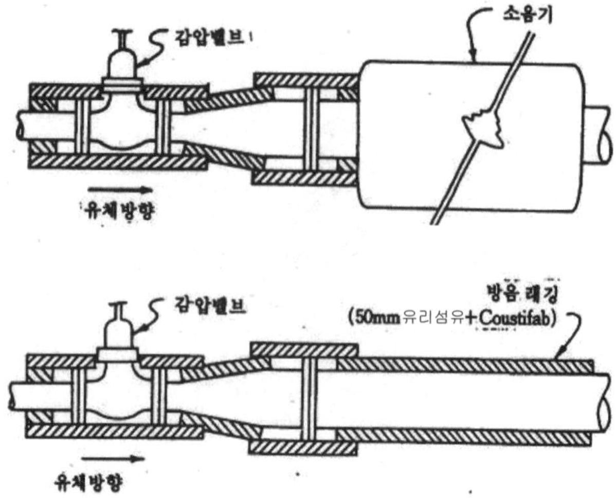

그림 (6.59) 감압밸브 및 파이프에 대한 소음기 및 방음래깅

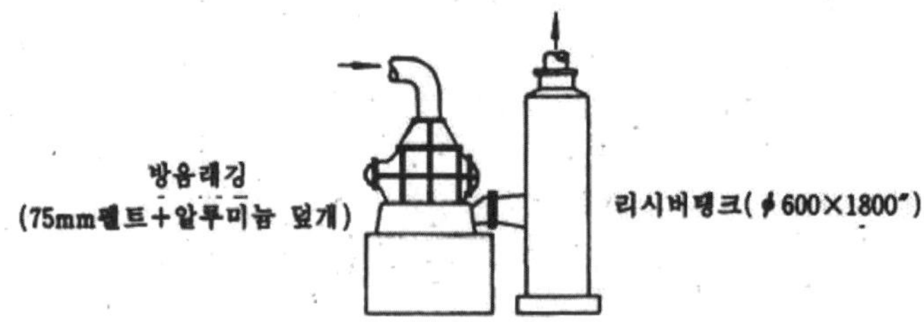

그림 (6.60) 루쓰블로워(Roots Blower) 표면의 방음래깅

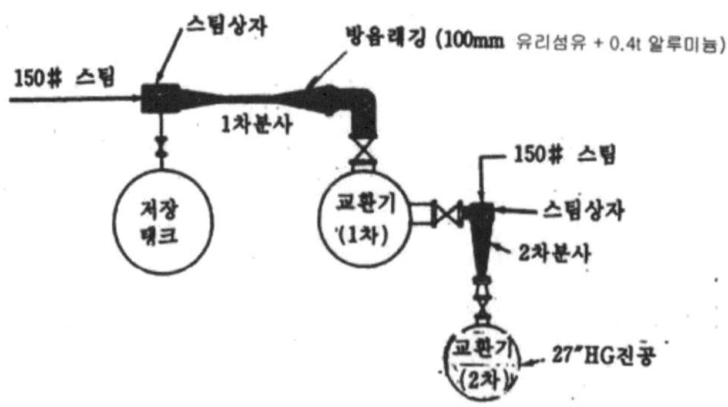

그림 (6.61) 스팀 진공분사기(Ejector, 50,000BPD)에 대한 방음래깅

그림 (6.62) 전동기실내 천정부에 설치된 흡음배플
(Owens Cornig Noise Stop Baffles)

그림 (6.63) 보일러 공급펌프용 증기터빈의 방음실
(구조 : 16g철판+25mm유리섬유)

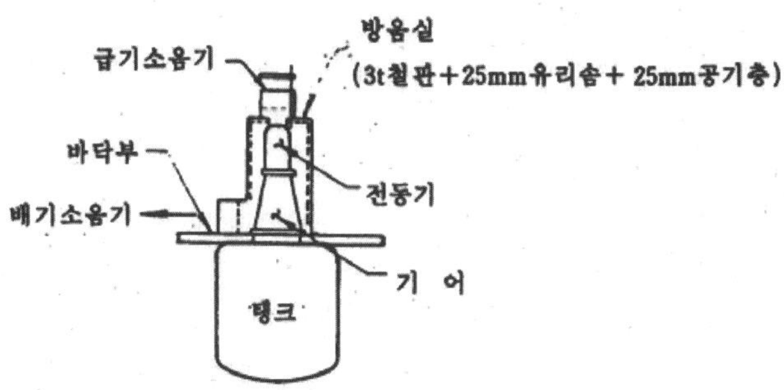

그림 (6.64) 교반기용 기어전동기의 방음대책

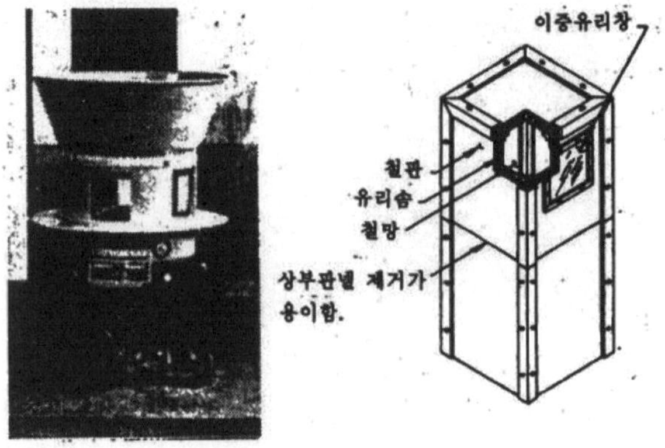

그림 (6.65) 시험용 싸이렌의 방음실

(입면도)

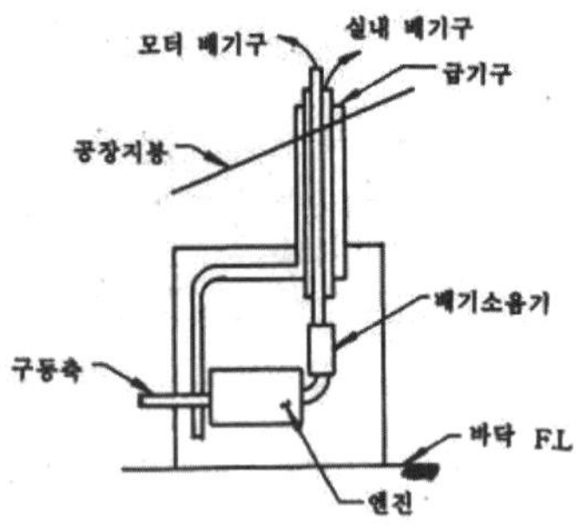

(단면도)

(방음판넬의 단면도)

그림(6.66) 생산설비 동력용 V-8엔진의 방음실

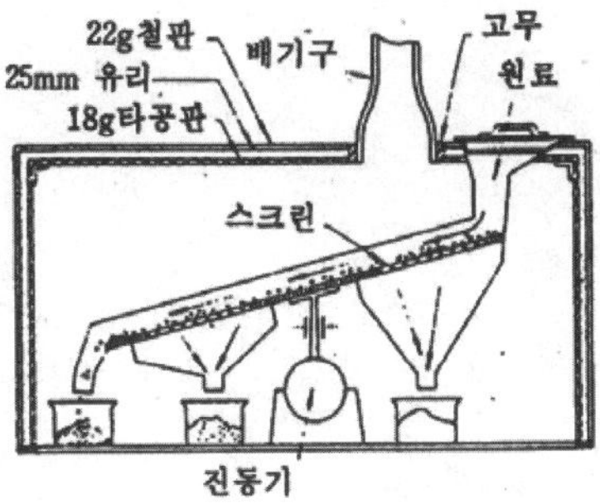

그림 (6.67) 금속분리용 스크린의 방음실

그림 (6.68) 펌프(900HP, 960rpm) 감속기어의 부분방음실
(규격 : Φ1800×2700L, 구조 : 4.6t철판+75mm유리섬유+철망)

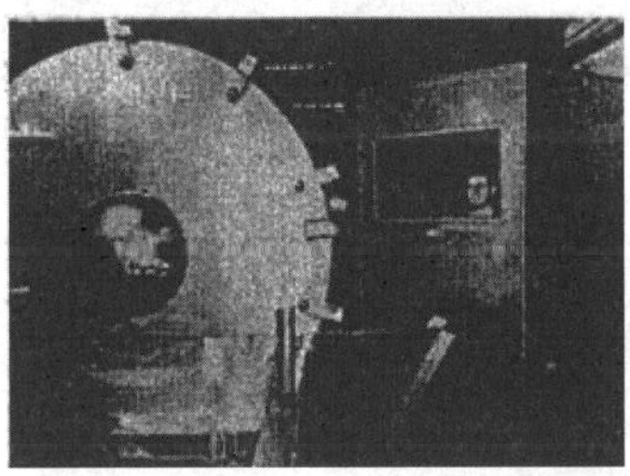

그림 (6.69) 대형톱 작업자를 위한 부분방음실
(구조 : 16g철판+100mm유리섬유+타공판 또는 철망)

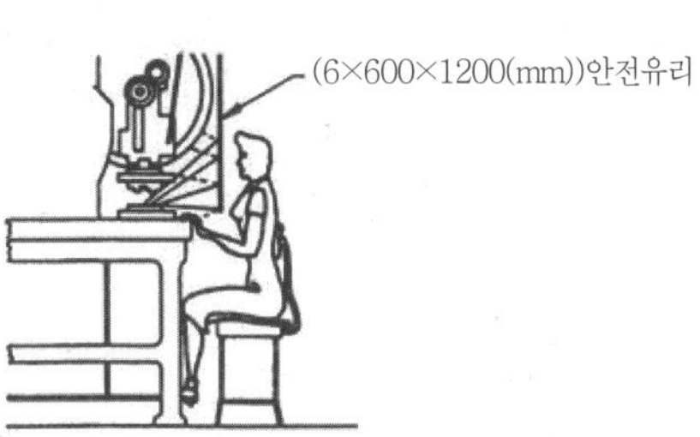

그림 (6.70) 펀치프레스 작업자를 위한 투명 방음카바

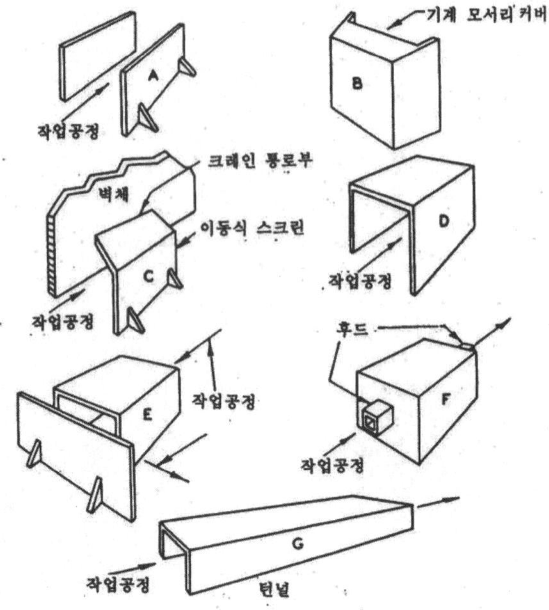

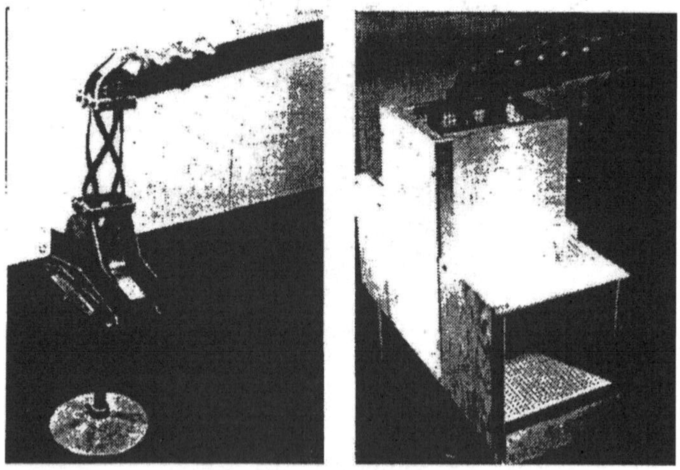

(개선전) (개선후)

그림 (6.71) 부분방음실의 형태(위) 및 캔 분리기의 부분방음실(아래)

제7장 방음보호구

음원대책 및 전파경로대책 등에 의해서도 소음을 줄일 수 없는 경우, 수음자에 대한 대책으로서 방음보호구가 권장된다.

7.1 방음보호구의 종류

일반적으로 작업현장에서 널리 쓰이는 방음보호구에는 귀마개(EP:ear plug)와 귀덮개(EM:ear muff)의 2가지 종류가 있으며, 특히 귀마개는 차음성능에 따라 1종과 2종으로 구분되고 있다. 그리고 특수소음현장에서는 회화용 헤드셋이나 헬멧 등도 적용되고 있다.

방음보호구를 선정할 때는 작업장의 소음특성이나 개인적인 차이 등이 있으므로 착용성, 안전성, 효율성, 위생성, 내구성 및 경제성을 고려하여 결정하도록 하여야 할 것이다.

그림(7.1)은 방음보호구의 종류별 형태이다.

(1) 귀마개

귀마개는 귓구멍속이나 입구에 삽입하여 차음효과를 나타내는 방음보호구로서, 발포플라스틱, 플라스틱폼, 왁스코팅솜, 실리콘, 고무, 점토 및 유리섬유 등의 재질이 쓰인다.

(2) 귀덮개

귀덮개는 귀 전체를 덮음으로써 차음효과를 나타내는 방음보호구로서, 2개의 컵형 귀덮개와 이들을 연결하는 머리띠로 구성되어 있다.

상기 방음보호구를 개별적으로 또는 조합하여 착용하였을 경우의 차음효과는 표(7.1)과 같으므로 현장 소음특성을 고려하여 선정하여야 한다.

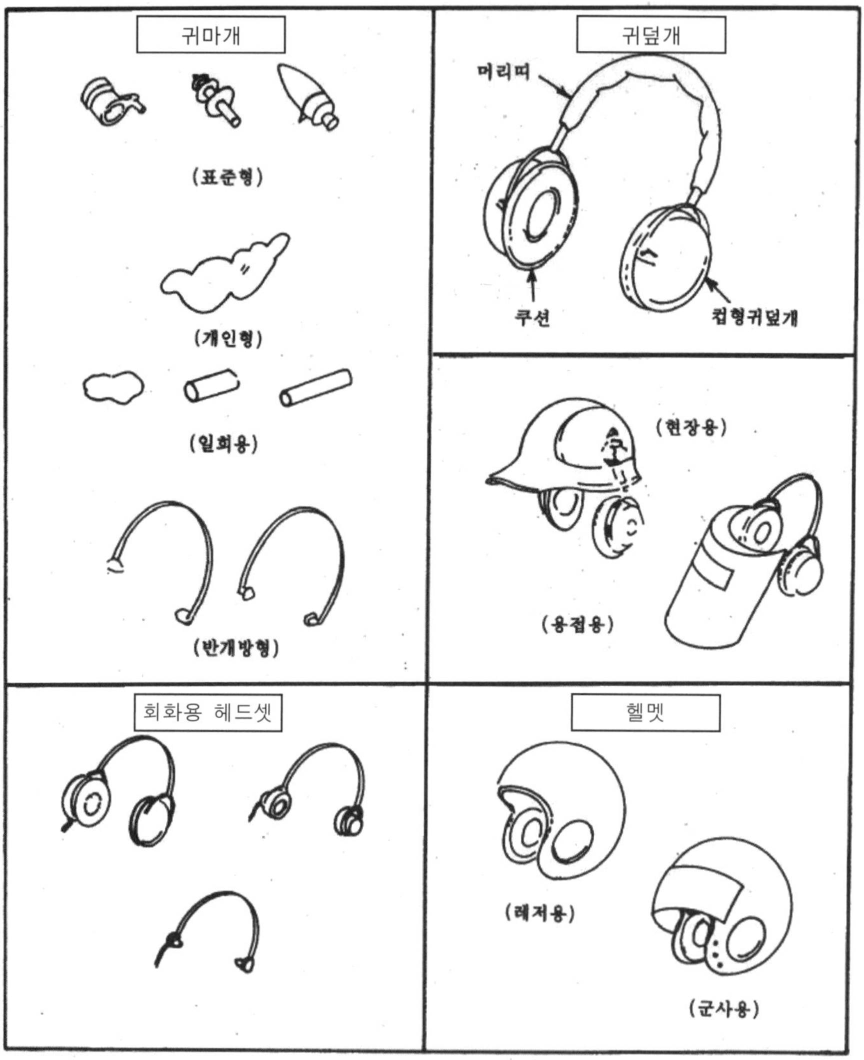

표(7.1) 방음보호구의 주파수별 차음성능

보호구의 종류	주파수(Hz)				
	1-20	20-100	100-800	800-8000	〉8000
 (귀마개)	5-10	5-20	20-35	30-40	30-40
 (반삽입형 귀마개)	5-10	5-20	15-20	25-40	30-40
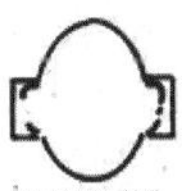 (귀덮개)	0-2	2-15	15-35	30-45	35-45
 (귀마개+귀덮개)조합형	10-15	15-25	25-45	30-60	40-60
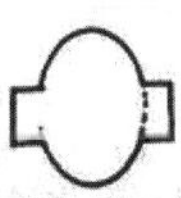 (회화용 헤드셋)	0-2	2-10	10-30	25-40	30-40
 (헬멧)	0-2	2-7	7-20	20-55	30-55
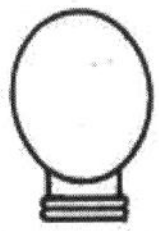 (밀폐형 헬멧)	3-8	5-10	10-25	30-60	30-60

7.2 방음보호구의 규격

제1장 총　칙

제129조(적용범위) 이 편은 규칙 제60조 제9호의 규정에 의해 소음이 발생되는 사업장에 있어서 근로자의 청력을 보호하기 위하여 사용하는 귀마개와 귀덮개(이하 "방음보호구"라 한다)에 대하여 적용한다.

제130조(정의) 이 편에서 사용하는 용어의 정의는 다음 각호와 같다.

1. "귀마개"라 함은 외이도에 삽입함으로서 차음효과를 나타내는 방음보호구를 말한다.
2. "귀덮개"라 함은 귀 전체를 덮음으로서 차음효과를 나타내는 방음보호구를 말한다.
3. "음압수준"이라 함은 음압을 다음식에 의거 데시벨(dB)로 나타낸 것을 말하며 음압수준은 KS C 1505(정밀소음계) 또는 KS C 1502(보통소음계)에 규정하는 소음계의 "C"특성을 기준으로 한다.

$$\text{음압수준(dB)} = 20\log 10\frac{P}{P_0}$$

(주) P : 측정음압으로서 파스칼(Pa)단위를 사용

P_0 : 기준음압으로서 $20\mu Pa$ 사용

4. "최소가청치"라 함은 음압수준을 감지할 수 있는 최저 음압수준을 말한다.
5. "상승법"이라 함은 최소가청치를 측정함에 있어 충분히 낮은 음압 수준으로부터 2.5dB또는 그 이하의 비율로 일정하게 순차적으로 음압수준을 상승시켜 최소가청치로 하는 방법을 말한다.
6. "백색소음"이라 함은 20~20,000Hz 범위(이하 가청범위라 한다) 전체에 걸쳐 연속적으로 균일하게 분포된 주파수를 갖는 소음을 말한다.
7. "중심주파수"라 함은 가청범위 대역에서 125Hz, 250Hz, 500Hz, 1,000Hz, 2,000Hz, 4,000Hz 및 8,000Hz의 주파수를 말한다.
8. "1/3 옥타브대역"이라 함은 제7호의 주파수를 중심으로 한 표(7.2)와 같은 주파수의 범위를 말한다.

표(7.2) 1/3 옥타브대역

중심주파수(Hz)	주파수 범위(Hz)
125	112 ~ 140
250	224 ~ 280
500	450 ~ 560
1000	900 ~ 1120
2000	1800 ~ 2240
4000	3550 ~ 4500
8000	7100 ~ 9000

9. "1/3 옥타브대역 소음"이라 함은 백색소음을 1/3 옥타브대역 필터(1/3 옥타브대역 이외의 대역은 모두 제거시키는 것)에 통과시킨 소음을 말한다.
10. "시험음"이라 함은 차음성능 시험에 사용하는 음을 말한다.
11. "환경소음"이라 함은 시험장소에서 시험음이 없을 때의 소음을 말한다.

제2장 종류 및 등급 등

제131조(종류 및 등급) 보호구의 종류, 등급 및 기호는 표(7.3)와 같다.

표(7.3) 방음보호구의 종류

종류	등급	기호	성능
귀마개	1종	EP-1	저음부터 고음까지 차음하는 것
	2종	EP-2	주로 고음을 차음하여 회화음 영역인 저음은 차음하지 않는 것
귀덮개	-	EM	

제132조(구조)

① 귀마개는 다음 각호에 적합한 것이어야 한다.

1. 귀(외이도)에 잘 맞을 것.
2. 사용중 심한 불쾌함이 없을 것.
3. 사용중에 쉽게 빠지지 않을 것.

② 귀덮개는 다음 각호에 조건에 적합한 것이어야 한다.

1. 덮개는 귀전체를 덮을 수 있는 크기로 하고, 발포플라스틱 등의 흡음재료로 감쌀 것.
2. 귀 주위를 덮는 덮개의 안쪽 부위는 발포 플라스틱 또는 공기 혹은 액체를 봉입한 플라스틱 튜브 등에 의해 귀주위에 완전하게 밀착되는 구조로 할 것.
3. 머리띠 또는 걸고리 등은 길이를 조절할 수 있는 것으로 철재인 경우에는 적당한 탄성을 가져 착용자에게 압박감 또는 불쾌감을 주지 않을 것.

제133조(재료) 보호구의 각 부위에 사용하는 재료는 다음 각호에 적합한 것이어야 한다.

1. 강도, 경도, 탄성 등이 각 부위별 용도에 적합할 것.
2. 인체에 접촉되는 부분에 사용하는 재료는 해로운 영향을 주지 않는 것으로 간이 소독이 용이한 것으로 할 것.
3. 금속으로 된 재료는 녹방지 처리가 된 것으로 간이 소독이 용이한 것으로 할 것.

제3장 성능기준 및 시험방법

제134조(성능기준) 보호구의 성능기준은 표(7.4)와 같다.

표(7.4) 성능 기준

중심주파수(Hz)	차음치(dB)		
	EP-1	EP-2	EM
125	10이상	10미만	5이상
250	15이상	10미만	10이상
500	15이상	10미만	20이상
1,000	20이상	20미만	25이상
2,000	25이상	20이상	30이상
4,000	25이상	25이상	35이상
8,000	20이상	20이상	20이상

제135조(시험) ①시험은 정상적인 청력을 가진 자(이하"피시험인"이라 한다)의 귀에

의한 차음성능을 시험하는 방법으로 한다.

② 제1항의 규정에 의한 피시험인은 2000Hz 이하의 주파수에서 15dB 이하의 음을, 2000Hz 이상의 주파수에서 25dB 이하의 음을 들을 수 있는 청력수준을 갖는 자로 서 양쪽 귀의 청력이 거의 같은자 이어야 한다.

③ 제2항의 규정에 의한 청력수준의 측정은 KS P 1201(오디오미터)를 사용하여야 한다.

제136조(시험장소) ①시험장소는 외부의 음을 충분히 차음한 무음실이어야 하며, 시험장소의 환경소음은 제2항의 조건을 , 시험음의 분포는 제137조 제2항의 조건을 각각 만족시킬 수 있어야 한다.

② 시험장소의 환경소음은 시험할 때의 피실험인 양측귀를 중심으로 스피커가 45도 각도가 되는 점(이하 "시험위치"라 한다)에서 표(7.5)의 좌란의 중심 주파수에서 측정하였을 때 우란의 수준을 초과하지 아니하여야 한다.

③ 시험장소의 시험음을 내는 스피커는 피시험인으로부터 1m이상 떨어져 있어야 한다.

표(7.5) 시험장소의 환경소음

중심주파수(Hz)	수준(dB)
125	35
250	23
500	22
1,000	30
2,000	35
4,000	42
8,000	45

제137조(시험음) ①시험음은 중심 주파수에서 1/3옥타브대역 소음을 시험장소의 스피커를 통하여 발생시키는 것으로 한다.

②제1항의 시험음은 피시험인의 머리 주위에 같은 크기로 입사되어야 하며, 시험위치

로부터 전후좌우 상하로 각각 15cm 떨어진 위치에서 음압수준이 ±3dB 이상 차이가 나지 아니하도록 하여야 한다.

제138조(시험방법) ①시험방법은 검정대상 보호구(이하 "대상보호구"라 한다)마다 피시험인 10명에 대하여 다음 각호에서 정하는 바에 따라 실시한다.

1. 피시험인은 대상보호구중 잘 맞는 것을 선택하여 착용하고 시험에 응하도록 한다.
2. 피시험인은 시험방법을 숙지하도록 한다.
3. 피시험인은 적어도 시험시작 1시간 전부터 소음에 노출되지 않도록 한다.
4. 피시험인이 대상 보호구를 착용하지 않는 상태에서 제137조의 규정에 의한 시험음을 발생시켜 최소가청치를 상승법으로 구한다.
5. 피시험인에게 대상보호구를 착용시킨 후 시험위치에서 60-70dB의 백색소음을 발생시키면서 피시험인의 머리를 상하 좌우로 수회 움직이고 입을 개폐하게 하여 보호구의 위치를 바르게 되도록 조정한다.
6. 제5호의 조정이 완료되면 피시험인이 대상보호구를 착용한 상태에서 제137조의 규정에 의한 시험음을 발생시켜 최소가청치를 상승법으로 구한다.
7. 제4조 및 6호의 시험은 대상보호구 1개에 대하여 피시험인 10명에게 각각 3회 독립하여 실시한다. 다만, 대상보호구는 매회 다시 착용하는 것으로 한다.

② 제134조의 규정에 의한 차음치는 제1항의 검정시험결과 얻어진 대상보호구 착용시의 최소가청치와 대상보호구 착용전의 최소가청치와의 차이를 중심주파수별로 평균한 값으로 한다.

③ 제2항의 규정에 의한 평균치에는 다음식에 의하여 산출된 표준편차를 병기(±SD)하여야 한다.

$$SD = \sqrt{\frac{\sum d^2}{N-1}}$$

여기에서 SD = 표준편차

d = 각 시험의 측정치와 평균치와의 차이

[(시험지를 X_i, 평균치를 X라 하면$(X_i - X)$]

N = 각 시험의 측정회수 (예 : 10명×3회=30)

부 록

1. 주요 국가별 작업환경소음 규제 예

2. 여러 가지 물질의 음향특성

3. ISO기준(음향, 진동 및 충격)

4. 단위 환산표

1. 주요 국가별 작업환경소음 규제 사례

1.1 우리나라의 작업환경 측정방법

[작업환경 측정 및 정도관리 규정]
(노동부고시 제2009-3호(2009.2.13.))

제1편 통 칙

제1조(목적) 이 규정은 산업안전보건법(이하 "법"이라 한다) **제39조의 2, 제42조, 같은 법** 시행령(이하 "영"이라 한다) **제31조, 제32조의 3부터 제32조의 6까지** 및 같은 법 시행규칙(이하 "규칙"이라 한다) **제81조의 4, 제93조부터 제97조의3까지에 따른 작업환경의 측정(이하 "측정"이라 한다)** 및 노출 농도 측정, 지정측정기관의 지정 및 정도관리 등에 관하여 필요한 사항을 규정함을 목적으로 한다.

제2조(정의) ①이 규정에서 사용하는 용어의 정의는 다음 각 호와 같다.

1. "액체채취방법"이라 함은 시료공기를 액체 중에 통과시키거나 액체의 표면과 접촉시켜 용해·반응·흡수·충돌 등을 일으키게 하여 당해 액체에 측정하고자 하는 물질을 채취하는 방법을 말한다.
2. "고체채취방법"이라 함은 시료공기를 고체의 입자층을 통해 흡입, 흡착하여 당해 고체입자에 측정하고자 하는 물질을 채취하는 방법을 말한다.
3. "직접채취방법"이라 함은 시료공기를 흡수, 흡착 등의 과정을 거치지 아니하고 직접 채취대 또는 진공채취병 등의 채취용기에 물질을 채취하는 방법을 말한다.
4. "냉각응축채취방법"이라 함은 시료공기를 냉각된 관등에 접촉 응축시켜 측정하고자 하는 물질을 채취하는 방법을 말한다.
5. "여과채취방법"이라 함은 시료공기를 여과재를 통하여 흡인함으로써 당해 여과재에 측정하고자 하는 물질을 채취하는 방법을 말한다.

6. “개인시료채취”이라 함은 개인시료채취기를 이용하여 가스·증기·분진·흄(fume) · 미스트(mist) 등을 근로자의 호흡위치(호흡기를 중심으로 반경 30㎝인 반구)에서 채취하는 것을 말한다.
7. “지역시료채취”이라 함은 시료채취기를 이용하여 가스·증기·분진·흄(fume) · 미스트 (mist) 등을 근로자의 작업행동 범위에서 호흡기 높이에 고정하여 채취하는 것을 말한다.
8. “노출기준”이라 함은 법 제39조제2항에서 정한 작업환경평가기준을 말한다.
9. “최고노출근로자”라 함은 규칙 별표 11의3에 의한 작업환경측정대상 유해인자의 발생 및 취급원에서 가장 가까운 위치의 근로자이거나 규칙 별표 11의3에 의한 작업환경측정 대상 유해인자에 가장 많이 노출될 것으로 간주되는 근로자를 말한다.
10. “단위작업장소”라 함은 규칙 제93조제1항의 규정에 의하여 작업환경측정대상이 되는 작업장 또는 공정에서 정상적인 작업을 수행하는 동일 노출집단의 근로자가 작업을 행하는 장소를 말한다.
11. “호흡성분진”이라 함은 호흡기를 통하여 폐포에 축적될 수 있는 크기의 분진을 말한다.
12. “입자상 물질”이라 함은 화학적인자가 공기중으로 분진·흄(fume) · 미스트(mist) 등의 형태로 발생되는 물질을 말한다.
13. “가스상 물질”이라 함은 화학적인자가 공기중으로 가스·증기의 형태로 발생되는 물질을 말한다.
14. “정도관리”라 함은 법 제42조제7항에 따라 작업환경측정·분석치에 대한 정확성과 정밀도를 확보하기 위하여 지정측정기관의 작업환경측정·분석능력을 평가하고, 그 결과에 따라 지도·교육 기타 측정·분석능력 향상을 위하여 행하는 모든 관리적 수단을 말한다.
15. “정확도”라 함은 분석치가 참값에 얼마나 접근하였는가 하는 수치상의 표현이다.
16. “정밀도”라 함은 일정한 물질에 대해 반복측정·분석을 했을 때 나타나는 자료 분석치의 변동크기가 얼마나 작은가를 말한다.

②기타 이 규정에서 사용하는 용어의 정의는 이 규정에 특별한 규정이 있는 것을 제외하고는 법, 영, 규칙, 보건규칙 및 관련 고시가 정하는 바에 의한다.

제2편 작업환경측정

제3조 <삭 제>

제4조(측정실시 시기 및 기간) ① <삭 제>

②규칙 제94조의4의 규정에 의한 측정 시기는 전회(前回)측정을 완료한 날부터 다 음 각 호에서 정하는 간격을 두어야 한다.

1. 규칙 제93조의4제1항의 규정에 의하여 측정 횟수가 6월에 1회 이상인 경우 3월 이상
2. 규칙 제93조의4제1항 단서규정에 의하여 측정 횟수가 3월에 1회 이상인 경우 45일 이상
3. 규칙 제93조의4제2항의 규정에 의하여 측정 횟수가 1년에 1회 이상인 경우 6월 이상

③사업주는 영 제32조의3제1항제1호에 따른 사업장위탁측정기관(이하 "사업장위탁 측정기관"이라 한다)에 의하여 측정을 실시할 경우 그 측정실시 소요기간에 대하여는 예비조사 결과에 따라 사업장위탁측정기관과 협의 결정하여야 한다.

제4조의2(측정대상의 제외) 규칙 제93조제1항제4호의 "작업환경측정대상 유해인자의 노출 수준이 노동부장관이 정한 노출기준에 비하여 현저히 낮은 경우로서 노동부장관이 정하여 고시하는 작업 또는 작업장"이라 함은 「석유 및 석유대체연료 사업법 시행령」 제2조제3호의 규정에 의한 주유소를 말한다. 다만, 다음 각 호의 어느 하나에 해당하는 경우에는 1월 이내에 측정을 실시하여야 한다.

1. 근로자 건강진단 실시결과 직업병유소견자 또는 직업성질병자가 발생한 경우
2. 근로자대표가 요구하는 경우로서 산업위생전문가가 필요하다고 판단한 경우
3. 그 밖에 지방노동관서장이 필요하다고 인정하여 명령한 경우

제5조 <삭 제>

제6조 <삭 제>

제6조의2(측정시료의 분석 의뢰) 법 제42조제4항의 규정에 의하여 영 제32조의3 제1항제2호에 의한 사업장자체측정기관과 규칙 제93조의2에 의한 작업환경측정자는 측정한 시료의 분석을 영 제32조의3제1항제1호의 사업장위탁측정기관에 의뢰할 수 있다.

제4장 작업환경측정방법

제1절 측정방법 및 단위

제16조 <삭 제>

제17조(예비조사 및 측정계획서의 작성) ①규칙 제93조의3제1항제1호의 규정에 따라 예비조사를 실시하는 경우에는 다음 각 호의 내용이 포함된 측정계획서를 작성하여야 한다.

1. 원재료의 투입과정부터 최종 제품생산 공정까지의 주요공정 도식
2. 해당공정별 작업내용, 측정대상공정 및 공정별 화학물질 사용실태
3. 측정대상 유해인자, 유해인자 발생주기, 종사근로자 현황
4. 유해인자별 측정방법 및 측정소요기간 등 필요한 사항

②측정기관이 전회측정을 실시한 사업장으로서 공정 및 취급인자 변동이 없는 경우에는 서류상의 예비조사만을 실시할 수 있다.

제18조(측정시간) 측정은 1일 작업시간동안 6시간 이상 연속 측정하거나 작업시간을 등 간격으로 나누어 6시간 이상 연속분리 측정하여야 하되, 다음 각 호의 경우에는 예외로 할 수 있다.

1. 1일 작업시간 중 대상물질의 발생시간이 6시간 이하이거나, 불규칙작업으로 6시간 이하의 작업 또는 발생원에서의 발생시간이 간헐적인 경우에는 발생시간동안 측정한다.

2. 화학물질 및 물리적 인자의 노출기준에 단시간 노출기준(STEL)이 설정되어 있는 대상물질로서 단시간 고농도에 노출된 경우에는 1회에 15분간, 1시간 이상의 등 간격으로 4회 이상 단시간 측정할 수 있다.

제19조(시료채취 근로자수) ①단위작업장소에서 최고 노출근로자 2인 이상에 대하여 동시에 측정하되, 단위작업장소에 근로자가 1인인 경우에는 그러하지 아니하며, 동일 작업근로자수가 10인을 초과하는 경우에는 매 5인당 1인(1개지점) 이상 추가하여 측정하여야 한다. 다만, 동일 작업근로자수가 100인을 초과하는 경우에는 최대 시료채취 근로자수를 20인으로 조정할 수 있다.

②규칙 제93의3제1항제3호의 규정에 의한 지역시료채취방법에 의한 측정시료의 개수는 단위 작업장소에서 2개 이상에 대하여 동시에 측정하여야 한다. 다만, 단위작업장소의 넓이가 50평방미터 이상인 경우에는 매 30평방미터마다 1개 지점 이상을 추가로 측정하여야 한다.

제20조(단위) ④소음수준의 측정단위는 데시벨[dB(A)]로 표시한다.

제4절 소 음

제26조(측정방법) 규칙 별표 11의3에 의한 소음수준의 측정은 다음 각 호의 방법에 의하여야 한다.

1. 측정에 사용되는 기기(이하 “소음계” 라 한다)는 누적소음 노출량측정기, 적분형소음계 또는 이와 동등 이상의 성능이 있는 것으로 하되 개인시료 채취방법이 불가능한 경우에는 지시소음계를 사용할 수 있으며, 발생시간을 고려한 등가소음레벨 방법으로 측정하여야 한다. 다만, 소음발생 간격이 1초 미만을 유지하면서 계속적으로 발생되는 소음(이하 “연속음”이라 한다)을 지시소음계 또는 이와 동등 이상의 성능이 있는 기기로 측정할 경우에는 그러하지 아니할 수 있다.
2. 소음계의 청감보정회로는 A특성으로 행하여야 한다.
3. 제1호 단서규정에 의한 소음측정은 다음과 같이 행하여야 한다.
   가. 소음계 지시침의 동작은 느린(Slow)상태로 한다.
   나. 소음계의 지시치가 변동하지 않는 경우에는 당해 지시치를 그 측정점에서의

소음수준으로 한다.

4. 누적소음노출량 측정기로 소음을 측정하는 경우에는 Criteria= 90dB, Exchange Rate=5dB, Threshold=80dB로 기기설정을 하여야 한다.
5. 소음이 1초 이상의 간격을 유지하면서 최대음압수준이 120dB(A)이상의 소음(이하 "충격소음"이라 한다)인 경우에는 소음수준에 따른 1분 동안의 발생횟수를 측정하여야 한다.

제27조(측정위치 및 지점) 단위작업장소에서 소음수준측정은 제17조 내지 제19조의 규정에 따라 측정을 하여야 한다. 다만, 소음수준을 측정할 때에는 측정대상이 되는 근로자의 근접된 위치의 귀 높이에서 실시하여야 한다.

제28조(측정시간 및 횟수) ①단위작업장소에서 소음수준은 규정된 측정위치 및 지점에서 1일 작업시간동안 6시간 이상 연속 측정하거나 작업시간을 1시간 간격으로 나누어 6회 이상 측정하여야 한다. 다만, 소음의 발생특성이 연속음으로서 측정치가 변동이 없다고 자격자 또는 측정기관이 판단한 경우에는 1시간동안을 등 간격으로 나누어 3회 이상 측정할 수 있다.

②단위작업장소에서의 소음발생시간이 6시간 이내인 경우나 소음발생원에서의 발생시간이 간헐적인 경우에는 발생시간동안 연속 측정하거나 등 간격으로 나누어 4회 이상 측정하여야 한다.

제6절 평가 및 작업환경측정결과보고

제36조(소음수준의 평가) ①제28조제1항의 규정에 의하여 1일 작업시간동안 연속 측정하거나 작업시간을 1시간 간격으로 나누어 6회 이상 소음수준을 측정한 경우에는 이를 평균하여 8시간 작업시의 평균소음수준으로 한다(제34조제1항 단서의 규정은 이 경우에도 이를 준용한다). 다만, 제28조제1항 단서규정에 의하여 측정한 경우에는 이를 평균하여 8시간 작업시의 평균소음 수준으로 한다.

②제28조제2항의 규정에 의하여 측정한 경우에는 이를 평균하여 그 기간동안의 평균소음수준으로 하고 이를 1일 노출시간과 소음강도를 측정하여 등가소음레벨방법으

로 평가한다.

③지시소음계로 측정하여 등가소음레벨방법을 적용할 경우에는 다음의 식 5에 따라 산출한 값을 기준으로 평가하여야 한다.

$$(\text{식 5})\ \text{Leq}[\text{dB(A)}] = 16.61\log\frac{n_1\times 10^{\frac{LA_1}{16.61}} + n_2\times 10^{\frac{LA_2}{16.61}} + n_N\times 10^{\frac{LA_N}{16.61}}}{\text{각 소음레벨측정치의 발생시간합}}$$

LA : 각 소음레벨의 측정치[dB(A)]

n : 각 소음레벨측정치의 발생시간(분)

④단위작업장소에서 소음의 강도가 불규칙적으로 변동하는 소음 등을 누적소음 노출량측정기로 측정하여 노출량으로 산출되었을 경우에는 별표 2를 이용하여 시간가중평균 소음수준으로 환산하여야 한다. 다만, 누적소음 노출량측정기에 의한 노출량 산출치가 별표 2에 주어진 값보다 작거나 크면 시간가중평균소음은 다음의 식 6에 따라 산출한 값을 기준으로 평가할 수 있다.

$$(\text{식 6})\ TWA = 16.61\log\left(\frac{D}{100}\right) + 90$$

TWA : 시간가중평균소음수준[dB(A)]

D : 누적소음노출량(%)

(별표1) 소음노출량(%)과 TWA사이의 변화(제36조제4항 관련)

(%)소음노출량	TWA[dB(A)]	(%)소음노출량	TWA[dB(A)]	(%)소음노출량	TWA[dB(A)]
10	73.4	117	91.1	520	101.9
15	76.3	118	91.2	530	102.0
20	78.4	119	91.3	540	102.2
25	80.0	120	91.3	550	102.3
30	81.3	125	91.6	560	102.4
35	82.4	130	91.9	570	102.6
40	83.4	135	92.2	580	102.7
45	84.2	140	92.4	590	102.8
50	85.0	145	92.7	600	102.9
55	85.7	150	92.9	610	103.0
60	86.3	155	93.2	620	103.2
65	86.9	160	93.4	630	103.3
70	87.4	165	93.6	640	103.4
75	87.9	170	93.8	650	103.5
80	88.4	175	94.0	660	103.6
81	88.5	180	94.2	670	103.7
82	88.6	185	94.4	680	103.8
83	88.7	190	94.6	690	103.9
84	88.7	195	94.8	700	104.0
85	88.8	200	95.0	710	104.1
86	88.9	210	95.4	720	104.2
87	89.0	220	95.7	730	104.3
88	89.1	230	96.0	740	104.4
89	89.2	240	96.3	750	104.5
90	89.2	250	96.6	760	104.6
91	89.3	260	96.9	770	104.7
92	89.4	270	97.2	780	104.8
93	89.5	280	97.4	790	104.9
94	89.6	290	97.7	800	105.0
95	89.6	300	97.9	810	105.1
96	89.7	310	98.2	820	105.2
97	89.8	320	98.4	830	105.3
98	89.9	330	98.6	840	105.4
99	89.9	340	98.8	850	105.4
100	90.0	350	99.0	860	105.5
101	90.1	360	99.2	870	105.6
102	90.1	370	99.4	880	105.7
103	90.2	380	99.6	890	105.8
104	90.3	390	99.8	900	105.8
105	90.4	400	100.0	910	105.9
106	90.4	410	100.2	920	106.0
107	90.5	420	100.4	930	106.1
108	90.6	430	100.5	940	106.2
109	90.6	440	100.7	950	106.2
110	90.7	450	100.8	960	106.3
111	90.8	460	101.0	970	106.4
112	90.8	470	101.2	980	106.5
113	90.9	480	101.3	990	106.5
114	90.9	490	101.5	999	106.6
115	91.0	500	101.6		
116	91.1	510	101.8		

표(1.1) 산업안전보건법규상 소음관련사항

산업안전보건법	산업안전보건법 시행령	산업안전보건법 시행규칙	산업보건기준에 관한 규칙
제4장 제24조 (보건상의 조치) 제5장 제42조 (작업환경등의 측정)	제13조 (안전관리자의 직무 등) 제17조 (보건관리자의 직무 등)	제93조(대상 작업장) 제93조3 (작업환경의 측정방법) 제99조 (건강진단의 실시 횟수 등)	제58조 소음 정의 제59조 소음감소 조치 제62조 청력보호구의 지급 등

표(1.2) 소음노출 허용기준(2006.9.25. 노동부령 제259호, 별표(3-1))

■ 소음의 노출기준

1일노출기준(hr)	소음강도[dB(A)]	
8	85	소음작업
8	90	강 렬 한 소음작업
4	95	
2	100	
1	105	
1/2	110	
1/4	115	

(주) 115dB(A)를 초과하는 소음기준에 노출되어서는 안된다.

■ 충격소음의 노출기준

충격소음의 강도[dB(A)]	1일 노출 횟수(회)
140	10
130	1000
120	10000

(주) 1. 최대 음압수준이 140dB(A)을 초과하는 충격소음에 노출되어서는 안된다.
2. 충격소음이라 함은 최대음압수준이 120dB이상인 소음이 1초 이상의 간격으로 발생하는 것을 말한다.

산업보건기준에 관한 규칙(노동부령 제266호)

제1절 통 칙

제58조(정의) 이 장에서 사용하는 용어의 정의는 다음 각호와 같다.

1. "소음작업"이라 함은 1일 8시간 작업을 기준으로 85데시벨 이상의 소음이 발생하는 작업을 말한다.
2. "강렬한 소음작업"이라 함은 다음 각목의 1에 해당하는 작업을 말한다.
   가. 90데시벨 이상의 소음이 1일 8시간 이상 발생되는 작업
   나. 95데시벨 이상의 소음이 1일 4시간 이상 발생되는 작업
   다. 100데시벨 이상의 소음이 1일 2시간 이상 발생되는 작업
   라. 105데시벨 이상의 소음이 1일 1시간 이상 발생되는 작업
   마. 110데시벨 이상의 소음이 1일 30분 이상 발생되는 작업
   바. 115데시벨 이상의 소음이 1일 15분 이상 발생되는 작업
3. "충격소음작업"이라 함은 소음이 1초 이상의 간격으로 발생하는 작업으로서 다음 각목의 1에 해당하는 작업을 말한다.
   가. 120데시벨을 초과하는 소음이 1일 1만회 이상 발생되는 작업
   나. 130데시벨을 초과하는 소음이 1일 1천회 이상 발생되는 작업
   다. 140데시벨을 초과하는 소음이 1일 1백회 이상 발생되는 작업
4. "진동작업"이라 함은 다음 각목의 1에 해당하는 기계·기구를 사용하는 작업을 말한다.
   가. 착암기
   나. 동력을 이용한 해머
   다. 체인톱
   라. 엔진 커터
   마. 동력을 이용한 연삭기
   바. 임팩트 랜치
   사. 그밖에 진동으로 인하여 건강장해를 유발할 수 있는 기계·기구
5. "청력보전프로그램"이라 함은 소음노출평가, 노출기준 초과에 따른 공학적 대책, 청력보호구의 지급 및 착용, 소음의 유해성과 예방에 관한 교육, 정기적 청력검사, 기록관리 등이 포함된 소음성 난청을 예방관리하기 위한 종합적인 계획을 말한다.

제2절 강렬한 소음작업 등의 관리기준

제59조(소음감소 조치) 사업주는 강렬한 소음작업 또는 충격소음작업 장소에 대하여는 기계·기구 등의 대체, 시설의 밀폐·흡음 또는 격리 등 소음감소를 위한 조치를 하여야 한다. 다만, 작업의 성질상 기술적·경제적으로 현저히 곤란하다는 관계 전문가의 의견이 있는 때에는 그러하지 아니하다.

제60조(소음수준의 주지 등) 사업주는 소음작업·강렬한 소음작업 또는 충격소음작업에 근로자를 종사하도록 하는 때에는 다음 각호에 관한 사항을 근로자에게 널리 알려야 한다.

1. 당해 작업장소의 소음 수준
2. 인체에 미치는 영향 및 증상
3. 보호구의 선정 및 착용방법
4. 그밖에 소음건강장해 방지에 필요한 사항

제61조(난청발생에 따른 조치) 사업주는 소음으로 인하여 근로자에게 소음성 난청 등의 건당 장해가 발생하였거나 발생할 우려가 있는 경우에는 다음 각호의 조치를 하여야 한다.

1. 당해 작업장의 소음성 난청 발생 원인조사
2. 청력손실감소 및 재발방지 대책 마련
3. 제2호의 규정에 의한 대책의 이행여부 확인
4. 작업전환 등 의사의 소견에 따른 조치

제3절 보호구 등

제62조(청력보호구의 지급 등) ①사업주는 소음작업, 강렬한 소음작업 또는 충격소음작업에 근로자를 종사하도록 하는 때에는 청력보호구를 지급하고 착용하도록 하여야 한다.

②제1항의 규정에 의한 청력보호구는 근로자 개인에게 전용의 것으로 지급하여야 한다.

제63조(보호구의 관리) 사업주는 지급한 청력보호구에 대하여는 상시 점검하여 이상이 있는 경우 이를 보수하거나 다른 것으로 교환하여 주어야 한다.

제64조(청력보존프로그램 시행 등) 사업주는 다음 각 호의 1에 해당하는 경우에는 청력보존프로그램을 수립·시행하여야 한다.

1. 법 제42조의 규정에 의한 소음의 작업환경 측정결과 소음수준이 90데시벨을 초과하는 사업장
2. 소음으로 인하여 근로자에게 건강장해가 발생한 작업장

제4절 진동작업 관리

제65조(진동보호구의 지급 등) 사업주는 진동작업에 근로자를 종사하도록 하는 때에는 방진장갑 등 진동보호구를 지급하여 착용하도록 하여야 한다.

제66조(유행성 등의 주지) 사업주는 진동작업에 근로자를 종사하도록 하는 때에는 다음 각 호의 사항에 관한 내용을 근로자에게 널리 알려야 한다.

1. 인체에 미치는 영향 및 증상
2. 보호구의 선정 및 착용방법
3. 진동기계·기구 관리방법
4. 진동장해 예방방법

제67조(진동기계·기구 사용설명서의 비치 등) 사업주는 진동작업에 근로자를 종사하도록 하는 때에는 당해 진동기계·기구의 사용설명서 등을 작업장내에 비치하여야 한다.

제68조(진동기계·기구의 관리) 사업주는 진동기계·기구에 대하여는 상시 점검하여 보수하는 등 정상적인 상태로 유지·관리하여야 한다.

1.2 미국의 노동안전위생법

미국에서는 1970년에 제정한 노동안전위생법(OSHA : Occupational Safety and Health Act)에 근거를 두어 1972년에 연방규칙으로 규제하고 있다.

가. 직업성 소음폭로

(1) 소음계로 측정한 소음레벨이 표(1.3)에 나타낸 소음도를 초과할 때는 소음노출에 따른 영향에 대해 보호 조치를 강구하여야 한다. 소음의 동특성은 느림(slow), 주파수보정회로는 A특성을 사용한다.

소음레벨을 옥타브밴드 분석결과에 따라 결정할 때는 다음 방법에 따른다

즉, 각 옥타브밴드 소음도(dB)를 그림 (1.1)에 점으로 기입한다.

표(1.3) 허용소음폭로 기준(OSHA)

1일당 폭로시간(hr)	노출 소음도(dB(A))
8	90
6	92
4	95
3	97
2	100
$1\frac{1}{2}$	102
1	105
1/2	110
1/4 이하	115

다음에 이들 점을 연결한 곡선이 가장 가깝게 접근하는 그림 중의 곡선(제일 큰 값이 되는 곡선)에 대응하는 등가소음도 dB(A)를 판독하여 구한다.

이 등가소음도 dB(A)는 소음계로 직접측정한 소음도 dB(A)와 꼭 일치하지는 않지만 이 값을 표(1.3)에 넣어 폭로시간을 구한다. (단, 여기서 말하는 등가소음레벨은 ISO R1999에 기술한 등가소음도와는 다름에 주의해야 한다.)

(2) a. 노동자가 표(1.3)에 나타낸 소음레벨을 초과하는 소음에 폭로될 때는 관리적 또는 기술적 대책을 강구하여야 한다. 이러한 대책을 강구하여도 표(1.3)의 소음도 이

내로 저하하지 않는 경우에는 동표의 소음도 이내로 소음도를 저하하기 위해 개인용 보호구를 착용하여야 한다.

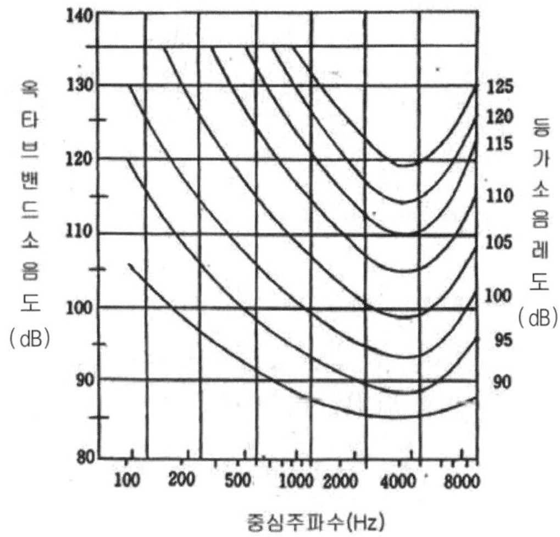

그림(1.1) 옥타브 음압레벨에 의한 평가(OSHA)

b. 소음도의 변동에 있어서 1초 이내의 간격에서 2개 이상의 최대값이 있을 때는 소음도의 변동을 연속적인 것으로 본다.

c. 소음도가 표(1.3)에 나타낸 값을 초과하는 경우에는 청력보존프로그램을 계속적으로 실시하여야 한다. 1일 중 소음도의 변동이 클 때는 표(1.3)에서 그 각각을 구해 가중합을 구하는 방법이 사용된다. 즉, 다음 식의 합이 1을 초과할 때, 그 노출정도는 표(1.3)의 한도를 초과하는 것으로 본다.

$$\frac{C_1}{T_1} + \frac{C_2}{T_2} + \ldots\ldots + \frac{C_n}{T_n} = D$$

여기서, C_n은 표(2.1)의 오른쪽 난에 표시한 각 소음도에 폭로시간의 합, T_n은 그 소음도에 대한 표(1.3)의 1일당 허용시간이다.

d. 충격소음 또는 타격소음의 한번 노출시 140dB(피이크 소음도)을 초과해서는 안 된다.

1.3 일본(산업위생학회의 권고)

가. 소음허용기준

상습적인 폭로에 대한 소음허용기준은 청력보호의 입장에서 다음과 같이 정하고 있다.

(1) 허용기준 : 그림(1.2) 및 표(1.4)에 나타낸 값을 허용기준이라 한다. 이 기준이하로 되면 1일 8시간 이내의 노출이 상습적으로 10년 이상 지속되는 경우에도 영구적 청력손실(PTS)은 1kHz이하의 주파수에서 10dB이하, 2kHz에서 15dB이하, 3kHz이상의 주파수에서 20dB이하로 유지된다.

(2) 적용하는 소음 : 광대역소음 및 협대역소음(대역폭이 1/3 옥타브 이하인 소음)에 적용한다. 여기서 순음은 협대역소음으로 보고 잠정적으로 이 기준을 적용한다. 그리고, 충격소음은 제외한다.

(3) 적용방법 : a. 1일간 노출이 연속적으로 행하여지는 경우에 각 노출시간에 대해 주어지는 것은 그림(1.2) 또는 표(1.4)의 수치를 사용한다.

b. 1일간 노출이 계속적으로 행하여지는 경우에는, 소음의 실효 정지시간을 제외한 노출시간의 합을 연속노출의 경우와 등가한 노출시간으로 보고 그림(1.2) 또는 표(1.4)의 수치를 사용한다. 단, 실효 휴지시간 소음도란 8시간 노출에 대해 허용기준이하로 유지되는 시간을 말한다.

c. 대상소음을 1/1 옥타브밴드 필터를 사용하여 분석하는 경우에는 그림(1.2)의 좌측종선 또는 표(1.4)의 수치로부터 5를 뺀 수치를 사용한다.(4) 소음도에 따른 허용기준 : 소음계의 A특성으로 측정한 90dB(A)가 8시간 노출에 대한 허용기준에 상당하지만 원칙적으로 소음의 주파수분석을 행할 필요가 있다.

그림(1.2) 소음의 허용기준(일본산업위생학회)

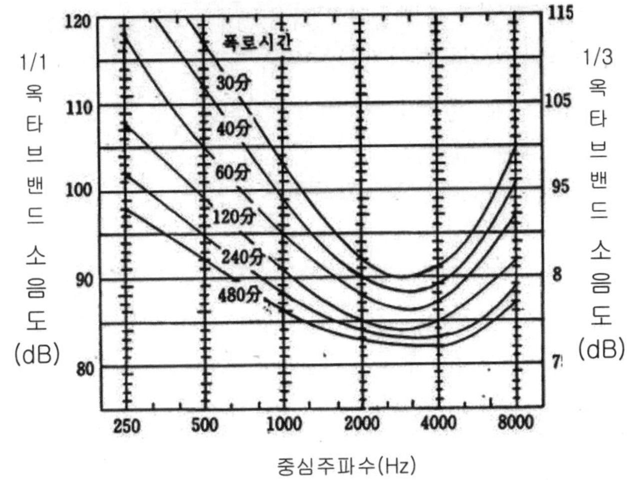

중심주파수 (Hz)	각 노출시간에 대한 허용 옥타브밴드소음도(dB)					
	480분	240분	120분	60분	40분	30분
250	98	102	108	118	120	120
500	92	95	99	105	112	117
1000	86	88	91	95	99	103
2000	83	84	85	88	90	92
3000	82	83	84	86	88	90
4000	82	83	85	87	89	91
8000	87	89	92	97	101	105

(5) 측정방법 : “JIS Z8731” 준용

a. 측정지점

단위작업장소의 소음원, 기계, 설비, 작업자 등을 기입하여 평가원을 작성하고 거기에 5m이내의 등간격으로 종과 횡선을 그어 그 교점을 측정지점으로 한다. 작업위치 및 통로가 입체적으로 되어 있는 경우는 그 곳에도 측정지점을 두어야 한다. 기계의 배치, 측정자의 위험 방지 등으로 측정이 곤란한 측정지점은 제외하는 것이 좋으며, 측정지점은 단위작업장소에 대해 3점 이상이 필요하다.

측정지점으로 추가하는 것이 바람직한 곳은 다음과 같다.

- 작업자의 귀 부근 위치(특히 소음원이 되는 기계가 작업자와 같이 이동하는 경우에 필요하다.)
- 특별히 문제되는 기계로부터 1m 위치
- 상시 사용하는 크레인 등의 중장비 운전석

b. 측정기

소음계는 일본공업규격 JIS C1502 "보통소음계"의 규격에 적합한 것 또는 이와 동등 이상의 성능을 갖는 것으로 한다. 이는 계량법에 정한 보통소음계와 정밀소음계가 해당되며, 일반적으로 보통소음계가 사용된다. 측정을 정확하고 신속하게 행하기 위해 기록계를 사용하여 소음도를 기록하는 방법이 바람직한데 이 경우에는 소음계와 동등한 정도의 지시 특성을 갖는 기록계를 쓰도록 한다.

c. 측정조건

- 소음계의 주파수보정회로는 A특성을 사용한다.
- 소음계 및 기록계의 동특성은 빠름(fast)을 사용한다.
- 마이크로폰의 위치는 1.2(~1.5)m로 한다.

d. 측정치

측정치는 다음과 같은 방법으로 평가한다.

- 소음계의 지시치가 변동하지 않는 경우에는 당해 지시치로 한다.
- 소음계의 지시치가 대략 규칙적으로 변동하는 경우에는 당해 지시치의 최대치로 한다.
- 소음계의 지시치가 불규칙하게 변동하는 경우에는 대략 5초 간격으로 최대치를 10회 이상 판독하여 산술평균한 값으로 한다.

나. 충격소음의 허용기준

작업장에서의 충격소음 허용기준은 잠정적으로 다음과 같이 정한다.

(1) 허용기준 : 1일 근로시간 중 충격소음의 총 노출회수가 100회 이하인 경우는 그림(1.3)에 표시한 충격소음지속시간에 대응하는 피이크소음도를 허용기준으로 한다. 1일 노동시간 중 충격소음의 총 노출회수가 100회를 초과하는 경우에는 그림(1.4)에 나

타낸 충격소음 폭로회수의 상위에 대한 보정치를 그림(1.3)으로부터 구한 피이크소음도에 가산한 것을 허용기준으로 한다. 이 기준 이하로 되면 노출이 10년 이상 상습적으로 지속되는 경우에도 영구적 청력손실(PTS)이 1kHz이하의 주파수에서 10dB이하, 2kHz에서 15dB이하, 3kHz이상의 주파수에서 20dB이하로 유지됨을 기대할 수 있다.

(2) 적용하는 소음 : 충격소음에 대해서만 적용하며 충격소음과 정상소음이 복합되는 경우에는 원칙적으로 제외한다.

(3) 측정방법 : 충격소음 측정은 오실로스코프를 사용하고 그 파형에 따라 그림(1.5)의 (A),(B)에 나타낸 것과 같이 2종류로 대별한다. 그림(1.5)(A)의 경우는 지속시간을 T_0부터 T_D까지의 시간으로 하며, 이를 A지속시간(A-duration)이라 한다.

그림(1.5)(B)의 경우 반사음이 없을 때는 T_0부터 T_D'까지의 시간을, 반사음이 있을 때는 T_0부터 T_D'까지의 시간과 T_0'부터 T_D''까지의 시간의 합을 지속시간이라 하며, 이를 B지

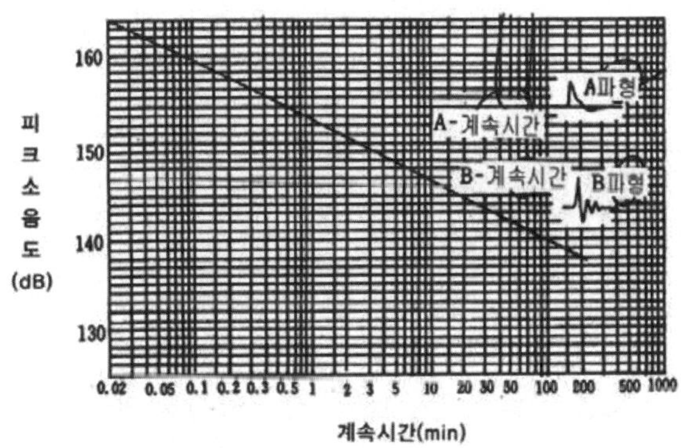

그림(1.3) 충격음의 허용기준(노출회수 100회 이하의 경우)

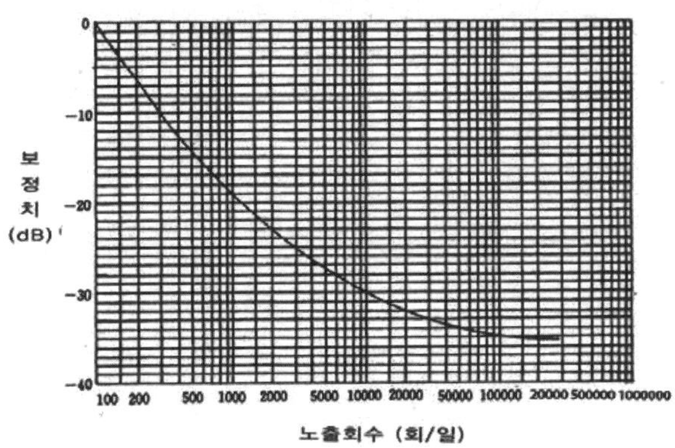

그림(1.4) 충격음의 노출회수에 대한 보정치

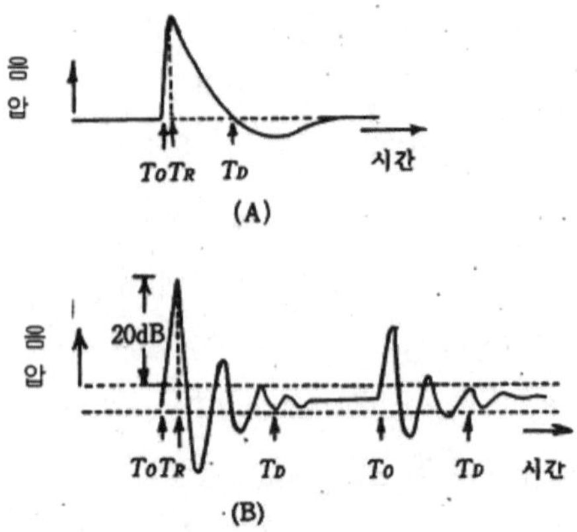

그림(1.5) 충격소음의 측정

속시간(B-duration)이라 한다. (B)의 경우에 음압의 변화를 나타내는 파형의 포물선이 피이크 소음도보다도 20dB 낮은 값을 나타내는 선과의 교점에서 T_D' 혹은 T_D''를 구한다. 반사음이 2개 이상인 경우에도 동일하게 취급한다.

1.4 ISO 권장규격(R 1999)

ISO 권장규격 R 1999는 청력보호에 관한 직업성소음폭로의 평가방법을 나타낸 것으로 이 규격은 직업성소음폭로와 청력장해의 추정발생율(위험율)과의 관계를 정한 것이다. 즉 소음레벨과 지속시간으로 타나내는 소음노출과 직업성소음노출에 따라 청력장해가 발생될 것으로 추정되는 예상율과의 관계를 구한다. 또 이 규격은 회화를 이해하기 위한 청력유지를 고려하고 있으며, 회화의 명료도에 관계하는 주파수별 청력레벨의 허용한계를 정하고 있다.

즉 500, 1,000 및 2,000Hz의 3개의 주파수에서 영구적 역치 이동의 산술평균이 25dB 및 그 이상의 경우에는 청력장해가 일어난다고 보고 있다.

가. 적용범위

이 규격은 정상음, 간헐음 또는 변동음에 적용한다. 1초보다 짧은 지속시간의 소음이나 폭발음과 같이 짧은 지속시간의 단일 고소음의 충격음에 대해서는 적용하지 않는다. 그러나 반복적으로 되풀이되는 해머나 리벳음과 같이 대략 동일 진폭이 연속하는 충격음에 대해서는 보정하여 근사적으로 적용한다.

나. 정의

이 규격에 사용되는 용어는 다음과 같이 정의한다.

(1) 부분 소음노출지수(Partial noise exposure index) : 1주간의 작업시간(40시간)을 5dB간격으로 구분하고 소음도와 그 지속시간에 따라 정한 지수

(2) 합성소음노출지수(Composite noise exposure index) : 1주간의 작업시간(40시간) 내의 소음도별 소음노출지수의 총 합계

(3) 등가소음도 : 1주간을 40시간으로 정하고 1주간 계속 측정한 여러 소음도로부터 이루어진 소음의 합성소음폭로지수에 상당하는 연속소음도(dB(A))를 말한다. 등가소음도는 등가연속소음도로서 L_{eq}의 기호를 사용한다.

(4) 회화성 청력손실 : 피험자의 청력을 500, 1,000 및 2,000Hz에 대해서 영구적 역치이동의 산술평균이 ISO R 389의 평균치와 비교해서 25dB 또는 그 이상 변화되면 청력손상이 있는 것으로 본다. ISO R 389는 순음 오디오미터의 교정에 사용되는 기준치를 정해 놓은 것이다.

(5) 청력위험율 : 소음에 노출된 집단과 노출되지 않은 집단을 고려하여 양 집단의 청력장해자 출현율(%)의 차로 나타낸 것이다.

(6) 회화역 청력위험율 : (4)의 회화역 청력장해가 일어나는 회화역의 청력위험율이다.

다. 소음측정

이 규격에 의한 측정과 평가의 순서는 그림(1.6)과 같다.

(1) 측정장소 : 대상으로 하는 작업자의 귀의 위치

(2) 측정기 : 소음계는 보통급 이상으로 하며 자동기록장치를 사용하는 것이 좋다. 소음도는 A특성으로 측정하고, 레벨을 5dB폭을 갖는 군으로 나누어 각 군별의 1주간 총 지속시간을 기록한다.

또 준충격음의 보정이 필요하지 않는 경우에는 80dB(A)이하의 소음레벨은 무시하는 것이좋으며, 만약 이 보정이 필요한 경우는 보정후의 소음레벨이 80dB(A)이하일 때는 무시하는 것이 좋다. 소음계의 동특성은 일반적으로 느림(slow)을 사용한다.

라. 간헐음 또는 변동음의 등가소음도 계산

(1) 표(1.3)으로부터 레벨별 소음노출지수를 구한다.

표(1.3)은 5dB간격으로 구분된 각 소음도의 1주간의 총 지속시간과 소음도별 소음노출지수를 나타낸 것으로, 소음도별 소음노출지수는 해당하는 소음도와 측정된 총 지속시간과의 교정을 판독하여 구한다. 여기서 총 지속시간이 10분 미만이면 10분의 최소치
를 사용한다.

(2) 각각에서 구한 소음도별 소음노출지수를 합하여 합성소음 노출지수를 구한다.

(3) 표(1.6)으로부터 합성소음 노출지수를 등가소음도로 환산한다.

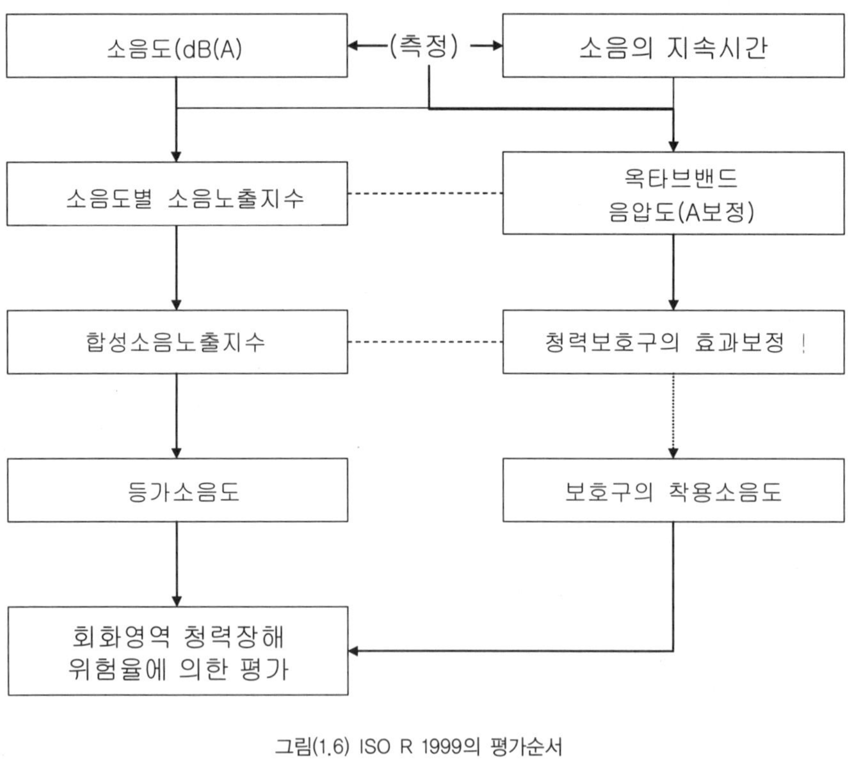

그림(1.6) ISO R 1999의 평가순서

표(1.5) 소음도별 소음노출지수(ISO R 1999)

1주간의 계속시간		소음도별 소음노출지수 소음도[dB(A)](레인지의 중앙값)								
(h)	(min)	80	85	90	95	100	105	110	115	120
	10					5	15	40	130,	415
	12					5	15	50	160	500
	14					5	20	60	185	585
	16					5	20	65	210	665
	18					10	25	75	235	750
	20					10	25	85	265	835
	25				5	10	35	105	330	1,040
	30				5	15	40	125	395	1,250
	40				5	15	55	165	525	1,670
	50				5	20	70	210	660	2,080
	60				10	25	80	250	790	2,500
	70				10	30	90	290	920	2,920
	80				10	35	105	330	1,050	3,330
	90				10	40	120	375	1,190	3,750
	100				15	40	130	415	1,320	4,170
2				5	15	50	160	500	1,580	5,000
2.5				5	20	65	200	625	1,980	6,250
3				10	25	75	235	750	2,370	7,500
3.5			5	10	30	90	275	875	2,770	8,750
4			5	10	30	100	315	1,000	3,160	10,000
5			5	15	40	125	395	1,260	3,950	12,500
6			5	15	45	150	475	1,500	4,740	15,000
7			5	20	55	175	555	1,750	5,530	17,500
8			5	20	65	200	630	2,000	6,320	20,000
9			5	25	70	225	710	2,250	7,110	22,500
10		5	10	25	80	250	2,500	7,910	25,000	790
12		5	10	30	95	300	3,000	9,490	30,000	950
14		5	10	35	110	350	3,500	11,100		1,110
16		5	15	40	125	400	4,000	12,600		1,260
18		5	15	45	140	450	4,500	14,200		1,420
20		5	15	50	160	500	1,580	5,000	15,800	
25		5	20	65	200	625	1,980	6,250	19,800	
30		10	25	75	235	750	2,870	7,800	23,700	
35		10	30	90	275	875	2,770	8,750	27,700	
40		10	30	100	315	1,000	3,160	10,000	31,600	

이 값은 다음 식으로 계산한다.

$$E_i = \frac{\triangle t_i}{40} 10^{0.1(L_i - 70)}$$

E_i : 소음도별 소음노출지수

L_i : 범위 i에 상당하는 소음도

$\triangle t_i$: 범위 i에 해당하는 소음도의 총 계속시간(시간/주)

표(1.6) 등가소음도의 환산(ISO R 1999)

합성소음폭로지수	등가소음레벨 dB(A)	합성소음폭로지수	등가소음레벨 dB(A)
10	80	1,250	101
15	82	1,600	102
20	83	2,000	103
25	84	2,500	104
30	85	3,150	105
40	86	4,000	106
50	87	5,000	107
60	88	6,300	108
80	89	8,000	109
100	90	10,000	110
125	91	12,500	111
160	92	16,000	112
200	93	20,000	113
250	94	25,000	114
315	95	31,500	115
400	96	이 값은 다음 식으로 계산한다. $L_{eq} = 70 + 10\log_{10}\sum E_i$ L_{eq} : 등가소음도(dB(A)) E_i : 소음도별 소음노출지수 (표 2.3)	
500	97		
630	98		
800	99		
1,000	100		

마. 준충격음의 등가소음도 계산

이 규격은 폭발음과 같은 충격음의 평가에는 적용하지 않지만 대략 동일 진폭이 연속하는 음, 예를 들면 반복하는 횟수가 되풀이되는 해머음이나 레벳음에 대해서는 보정을 하여 근사적으로 정한다. 준충격음의 경우는 측정된 소음도에 10dB을 가하고 그 소음도에 대한 소음도별 노출지수를 구한다.

바. 청력위험율의 평가

표(1.7)은 등가소음도와 회화역 청력위험율과의 관계를 보인 것이다.

표 중(a)열은 등가소음도와 폭로년수를 관계시켜 회화역 청력위험율을 나타내 것이다. 이 경우의 노출년수는 주 40시간으로 연 50주간 노출된 것으로 가정한 것이다.

표 중(b)열은 소음노출집단에서 청력이 손상된 사람의 율을 나타낸 것이다. 소음에 폭로되지 않은 집단에서 청력이 손상된 사람의 율은 $L_{eq} \leq 80dB(A)$의 (b)열의 값으로, 즉 80dB(A)이하의 등가소음도의 음에 노출된 집단의 율과 동일하다.

표(1.7) 회화영역의 청력장해위험율(ISO R 1999)

등가소음도 (dB(A))	위 험 율(%) 청력장해의 총계(%)		비 율(%) 노출년수									
			0	5	10	15	20	25	30	35	40	45
≤80	(a)	위 험 율(%)	0	0	0	0	0	0	0	0	0	0
	(b)	청력장해의 총계(%)	1	2	3	5	7	10	14	21	33	50
85	(a)	위 험 율(%)	0	1	3	5	6	7	8	9	10	7
	(b)	청력장해의 총계(%)	1	3	6	10	13	17	22	30	43	57
90	(a)	위 험 율(%)	0	4	10	14	16	16	18	20	21	15
	(b)	청력장해의 총계(%)	1	6	13	19	23	26	32	41	54	65
95	(a)	위 험 율(%)	0	7	17	24	28	29	31	32	29	23
	(b)	청력장해의 총계(%)	1	9	20	29	35	39	45	53	62	73
100	(a)	위 험 율(%)	0	12	29	37	42	43	44	44	41	33
	(b)	청력장해의 총계(%)	1	14	32	42	49	53	58	65	74	83
105	(a)	위 험 율(%)	0	18	42	53	58	60	62	61	54	41
	(b)	청력장해의 총계(%)	1	20	45	58	65	70	76	82	87	91
110	(a)	위 험 율(%)	0	26	55	71	78	78	77	72	62	45
	(b)	청력장해의 총계(%)	1	28	58	76	85	88	91	93	95	96
115	(a)	위 험 율(%)	0	36	71	83	87	84	81	75	64	47
	(b)	청력장해의 총계(%)	1	38	74	88	94	94	95	96	91	97

표(1.8) A특성 보정치

옥타브 중심주파수(Hz)	63	125	250	500	1000	2000	4000	8000
보 정 치(dB)	−26	−16	−9	−3	0	+1	+1	−1

사. 방음보호구를 사용하는 경우의 등가소음도 계산

방음보호구를 사용하는 경우의 평가는 다음 절차에 따른다.

(1) 측정 : 소음계와 1/1 또는 1/3옥타브밴드의 주파수분석기를 사용하여 A특성 보정의 밴드소음레벨을 구한다. 측정은 소음계의 A특성에 놓고 행하며, C특성이나 평탄특성으로 측정한 경우는 표(1.8)의 보정치를 밴드레벨에 가하여 A특성 보정 밴드레벨을 구하는 것이 좋다.

(2) 각 밴드의 등가소음도 계산 : "라"항에 기술한 등가소음도의 계산방법에 따르며, 5dB간격의 각 밴드레벨과 그 지속시간으로부터 레벨별 소음폭로지수에 해당하는 등가소음도를 계산한다. 여기서 소음의 스펙트럼이 작업시간중에 크게 변화하지 않는 경우에는 본항의 순서를 생략하는 것이 좋다.

(3) 보호구의 감음량 보정 : 각 밴드의 등가소음도로부터 주파수별로 표시된 보호구의 감음량을 뺀다. 이 값을 L_{63}, L_{125} …… L_{8000}이라 한다.

(4) 등가소음도 계산 : 전항에서 구한 각 밴드레벨 L_{63}, L_{125} …… L_{8000}을 다음 식이나 또는 dB 가산표를 이용하여 계산한다.

$$L_{eq} = 10\log\left(10^{L63/10} + 10^{L125/10} + \ldots\ldots + 10^{L8,000/10}\right)$$

(5) 청력위험율을 구한다 : 전항에서 계산된 등가소음도로부터 개인용 방음보호구를 착용하는 경우의 청력위험율을 표(1.7)로부터 구한다.

표(1.9) 세계 여러나라의 작업환경소음기준

국가명	최대허용 소음도 (dB(A))	노출시간 (시간)	감쇠율 (dB(A))	노출소음한도 (dB(A))	최대충격 소음도 (dB(A))	충격소음의 1일노출한도 횟수
독일	85	8/일	3	–	–	–
프랑스	85	40/주	3	–	–	–
벨기에	90	40/주	5	110	140	100
싱가포르	90	8/일	5	115	140	100
터키	95	–	–	–	–	–
인도	90	8/일	3	–	–	–
영국	90	8/일	3	115	140	–
아일랜드	90	–	–	135	150	–
이탈리아	90	8/일	3	–	–	–
덴마크	90	40/주	3	115	140	–
네덜란드	85	8/일	–	115	–	–
이스라엘	85	8/일	5	–	–	–
스웨덴	85	40/주	5	115	140	100
러시아	85	40/주	–	115	–	–
미국	90	8/일	3	–	–	–
캐나다	90	8/일	–	115	140	100
호주	90	8/일	5	115	140	–
중국	90	8/일	3	115	–	–
한국	90	8/일	5	115	140	100

(자료) S.P.Singal : Noise Pollution and Control, Narosa, 2000.

2. 여러 가지 물질의 음향특성

물질명	영률 E (Newtons/㎡)	포아송비 ν	밀 도 ρ (kg/㎥)	음 속 c (m/s)	특성임피던스 ρ_c (MKS rayls)
알루미늄	7.1×10^{10}	0.33	2,700	5,200	1.40×10^{7}
황동	10.4×10^{10}	0.37	8,500	3,500	2.98×10^{7}
블록	2.5×10^{10}	–	1,800	3,700	6.66×10^{6}
인청동	12.0×10^{10}	0.33	8,800	3,700	3.26×10^{7}
콘크리트	2.5×10^{10}	–	2,600	3,100	8.06×10^{6}
구리	12.2×10^{10}	0.35	8,900	3,500	3.12×10^{7}

(계속)

물질명	영률 E (Newtons/㎡)	포아송비 ν	밀 도 ρ (kg/㎥)	음 속 c (m/s)	특성임피던스 ρ_c (MKS rayls)
듀랄루민	7.0×10^{10}	0.33	2,800	5,000	1.40×10^{7}
유리(hard)	8.7×10^{10}	–	2,400	6,000	1.44×10^{7}
유리(soft)	6.0×10^{10}	–	2,400	5,000	1.20×10^{7}
유리(Purex)	6.2×10^{10}	0.24	2,300	5,200	1.20×10^{7}
화강암	9.8×10^{10}	–	2,700	6,000	1.62×10^{7}
얼음	9.4×10^{10}	–	920	3,200	2.94×10^{6}
납	1.7×10^{10}	0.43	11,300	1,200	1.36×10^{7}
석회석	2.9×10^{10}	–	2,600	3,300	8.58×10^{6}
투명합성수지	0.4×10^{10}	0.40	1,200	1,800	2.16×10^{6}
마그네슘	4.0×10^{10}	0.33	1,700	4,800	8.16×10^{6}
대리석	3.8×10^{10}	–	2,600	3,800	9.88×10^{6}
니켈	21.0×10^{10}	0.31	8,800	4,900	4.31×10^{7}
참나무	–	–	720	4,000	2.88×10^{6}
소나무	–	–	450	3,500	1.58×10^{6}
플라스틱	3.0×10^{9}	–	1,200	1,500	1.80×10^{6}
석영(X–cut)	7.9×10^{10}	0.33	2,650	5,450	1.44×10^{7}
고무(hard)	2.3×10^{9}	–	1,100	1,400	1.54×10^{6}
고무(soft)	5.0×10^{6}	–	950	1,050	9.98×10^{5}
고무(rho–c)	–	–	1,000	1,550	1.55×10^{6}
은	7.8×10^{10}	0.37	10,500	2,700	2.84×10^{7}
슬레이트	5.8×10^{10}	–	2,900	4,500	1.31×10^{7}
강철(C.08)	19.0×10^{10}	0.27	7,700	5,000	3.85×10^{7}
강철(C.38)	20.0×10^{10}	0.29	7,700	5,100	3.93×10^{7}
주석	4.5×10^{10}	0.33	7,300	2,500	1.83×10^{7}
텅스텐	35.0×10^{10}	0.17	19,000	4,300	8.17×10^{7}
나무	1.2×10^{10}	–	650	4,300	2.80×10^{6}
아연	8.2×10^{10}	0.17	7,100	3,400	2.41×10^{7}
에틸알콜(20℃)			790	1,150	9.09×10^{5}
피마자유(20℃)			950	1,540	1.46×10^{6}
가솔린			680	1,390	9.45×10^{5}
글리세린(20℃)			1,260	1,980	2.49×10^{6}
수은(20℃)			13,600	1,450	1.97×10^{7}
테레빈유(20℃)			870	1,250	1.09×10^{6}
물(20℃)			998	1,481	1.48×10^{6}
물(30℃)			1,000	1,441	1.44×10^{6}

물질명	밀 도 ρ (kg/㎥)	음 속 c (m/s)	특성임피던스 ρ_c (MKS rayls)
해수(13℃)	1.026	1,500	1.54×10^6
공기(0℃)	1.293	331	428
공기(20℃)	1.21	337	415
일산화탄소	1.25	337	421
이산화탄소(low freq., 0℃)	1.98	258	511
이산화탄소(high freq., 0℃)	1.98	269	533
염소	3.17	205	650
수소(0℃)	0.09	1,270	114
메탄	0.72	432	311
질소	1.25	336	420
산소(0℃)	1.43	317	453
수증기(100℃)	0.60	405	243

3. ISO 기준(음향, 진동 및 충격)

가. 음향측정

(1) 일반사항

16-1975	Standard tuning frequency(Standard musical pitch)
31/7 - 1978	Quantities and units of acoustics
131 - 1979	Expression of physical and subjective magnitudes of sound or noise in air
R226 - 1961	Normal equal-loudness contours for pure tones and normal threshold of hearing under free field listening conditions
266 - 1975	Preferred freqencies for measurements
454 - 1975	Relation between sound pressure levels of narrow bands of noise in a diffuse field and in a frontally-incident free field for equal loudness
532 - 1975	Method for calculating loudness level
2204 - 1979	Guide to International Standards on the measurement of airborne acoustical noise and evaluation of its effects on human beings
2249 - 1973	Description and measurement of physical properties of sonic booms

TR3352 - 1974	Assessment of noise with respect to its effect on the intellingibility of speech
	Draft proposals & Draft International Standards
DIS 1683.2	Preferred reference quantities for acoustic levels
DP 4870	Measurement of speech intelligibility
DP 7029	Normal threshold of hearing by air conduction as a function of age and sex
DP 7196	Methods of describing infrasound with respect to its effects on humans

(2) 소음평가

R 1996 - 1971	Assessment of noise with respect to community response
1999 - 1975	Assessment of occupational noise exposure for hearing conservation purposes
	Draft Proposals & Draft International Standards
DP 1996/1	Revision of R 1996 - 1971. Assessment of noise with respect to community response
DP 1996/2	Part 2 : Land Use Planning
DIS 4871	Noise classification and labelling of equipment and machinery
DP 5137	Code for noise classification of pneumatic equipment for construction sites

(3) 소음측정장비

R 495 - 1966	General requirements for the preparation of test codes for measuring the noise emitted by machines
R 1680 - 1970	Test code for the measurement of the airborne noise emitted by rotating electrical machinery
3740 - 1980	Determination of sound power levels of noise sources – Guidelines for the use of basic standards and for the use of basic standards and for the preparation of noise test codes
3741 - 1975	Determination of sound power levels of noise sources – Precision methods for broadband sources in reverberation rooms

(계속)

3743 – 1976	Determination of sound power levels of noise sources – Engineering methods for special reverberation test rooms
3745 – 1977	Determination of sound power levels of noise sources – Precision methods for anechoic and semi – anechoic rooms
3746 – 1979	Determination of sound power levels of noise sources – Survey method
3822/1 – 1977	Laboratory tests on noise emission by appliances and equipment used in water supply installations – Part 1 : Method of measurement
4872 – 1978	Measurement of airborne noise emitted by consturction equipment intended for outdoor use – Method for checking compliance with noise limits
	Draft Proposals & Draft International Standards
DIS 1680/1	Revision of R 1680 – 1970. Test code for the measurement of airborne noise emitted by rotating electrical machinery – Part 1 : Engineering method for free – field conditions over a reflection place
DP 1680/2	Revision of R 1680 – 1970. Test code for the measurement of airborne noise emitted by rotating electrical machinery – Part 2 : Survey method
DIS 3481	Measurement of airborne noise emitted by pneumatic tools and machines – Engineering method for determination of sound power levels
DIS 3744.2	Determination of sound power levels of noise sources – Engineering method for free – field conditions over a refecting plane
DIS 3747	Determination of sound power levels of noise sources – Survey method using a reference sound source
DP 3748	Determination of sound power levels of noise sources – Simplified engineering method for protable sources and essentially free–field conditions over a reflection plane
DP 3822/2	Laboratory tests on noise emission by appliances and equipment in water supply installations–Part Ⅱ: Mounting and operating conditions of in line valves and appliances
DP 3822/3	Laboratory tests on noise emission by appliances and equipment in water supply installations–Part Ⅲ : Mounting and operating conditions of in line valves and appliances
DIS 3989	Measurement of airborne noise emitted by compressor units including primemovers – Engineering method for determination of sound power levels
DIS 5131.2	Measurement of noise at the operator's workplace in agricultural tractros and field machinery
DIS 5132	Noise from earth moving machinery – Measurement at operator's workplace

(계속)

DIS 5133	Determination of airborne noise emitted by earthmoving machinery to the surroundings – Survey method
DP 5135	Determination of sound power levels of noise from air terminal devices, highflow velocity assemblies, dampers and valves by measurement in a reverberation room
DIS 5136	Determination of sound power levels of noise sources – In-duct Method
DP 5795/5	Test Code for the measurement of airborne noise emitted by powered grass cutting machines – Method for determining compliance with noise limits
DIS 6081	Noise emitted by machinery and equipment – Guidelines for the preparation of test codes of engineering grade requiring noise measurements at the operator's position
DIS 6190	Method of specification and measurement of airborne noise emitted by gas turbine installations Survey method
DP 6393	Measurement of airborne noise emitted by earth moving machinery – Method for checking compliance with noise limits – Exterior sound pressure level under stationary test condition
DP 6394	Measurement of airborne noise emitted by earthmoving machinery – Method for checking compliance with noise limits – Operator's workplace sound pressure level under stationary test condition
DP 6395	Measurement of airborne noise emitted by earthmoving machinery – Method determininig compliance with limits for exterior noise – Simulated work cycle test conditions
DP 6396	Measurement of airborne noise emitted by earthmoving machinery – Operator's opsition – Simulated work cycle test conditions
DP 6798	Measurement of airborne noise emitted by reciprocating Interal engines – Survey method
DIS 6926	Determination of sound power levels of noise sources – Characterization and chlibration of reference sound sources
DP 7182	Measurement at the operator's.. position of airborne noise from chain saws
DP 7217	Agricultural and forestry wheeled tractors and self propelled machines – Measurement of noise emitted when stationary
DP 7235	Measurement procedures for ducted silencers

(4) 투과손실 측정 및 건축음향

140	Measurement of sound insulation in buildings and of building elements Part Ⅰ(1978) : Requirements for laboratories Part Ⅱ(1978) : Statement of precision requirements Part Ⅲ(1978) : Laboratory measurements of airborne sound insulation of building elements Part Ⅳ(1978) : Field measurements of airborne sound insulation between rooms Part Ⅴ(1978) : Field measurements of airborne sound insulation of facade elements and facades Part Ⅵ(1978) : Laboratory measurements of impact sound insulation of floors Part Ⅶ(1978) : Field measurements of impact sound insulation of floors Part Ⅷ(1978) : Laboratory measurements of the reduction of transmitted impact noise by floor coverings on s standard floor
R 354 - 1963	Measurement of absorption coefficients in a reverberation room
R 717 - 1968	Rating of sound insulation for dwellings
3382 - 1975	Measurement of reverberation time in auditoria
	Draft Proposals & Draft International Standards
DP 140/9	Measurement of sound insulation in buildings and of building elements Part 9 : Laboratory measurements of the room-to-room airborne sound insulation of suspended ceiling with a plenum above it
DP 354	Revision of R 354 - 1963 Measurement of absorption coefficients in a reverberation room
DP 717/1	Revision of R 717 - 1968 Rating of sound insulation for dwellings - Part 1 : Airborne sound insulation in buildings and of interior building elements
DP 717/2	Revision of R 717 - 1968. Rating of sound insulation for dwellings - Part 2 : Impact sound insulation
DP 717/3	Revision of R 717 - 1968. Rating of sound insulation for dwellings - Part 3 : Airborne sound insulation of facade elements and facades

(5) 차량 및 교통소음의 측정

R 362 - 1964	Measurement of noise emitted by vehicles
2922 - 1975	Measurement of noise emitted by vessels in inland water - ways and harbours
2923 - 1975	Measurement of noise on board vessels
3095 - 1975	Measurement of noise emitted by railbound vehicles
3381 - 1976	Measurement of noise inside railbound vehicles
5128 - 1980	Measurement of noise inside motor vehicles
	Draft Proposals & Draft International Standards
DIS 362.2	Revision of R 362 - 1964 Measurement of noise emitted by accelerating road vehicles - Engineering method
DIS 5130.2	Measurement of noise emitted by stationary road vehicles - Survey method
DP 7188	Measurement of noise emitted by passenger cars under conditions representative of urban driving
DP 7217	Agricultural and forestry wheeled tractors and self-propelled machines - Measurement of noise emitted when stationary

(6) 특수음향장비

389 - 1975	Standard reference zero for the calibration of pure-tone audiometers
	Draft Proposals & Draft International Standards
DIS 4869	Measurement of sound attenuation of hearing protectros - Subjective method
DIS 6189	Pure tone air - conduction threshold audiometry for hearing conservation purposes
DP 6290	Simplified method for measurement of insertion loss of hearing protectors of ear - muff thpe quality control purposes

(7) 항공기 소음의 측정

2249 – 1973	Description and measurement of physical properties of sonic booms
3891 – 1978	Procedure for describing aircraft noise on the ground
	Draft Proposals & Draft International Standards
DIS 5129	Measurement of noise inside aircraft
DAD 3891	Procedure for describing aircraft noise on the ground – Measurement of noise from helicopters for certification purposes

나. 진동 및 충격측정

(1) 일반사항

1925 – 1974	Balancing – Vocabulary
2041 – 1975	Vibration and shock – Vocabulary
	Draft Proposals & Draft International Standards
DP 4863	Flexible couplings – Guide for specifications, selection and application
DP 4865	Analog analysis and presentation of vibration and shock data
DP 4866	Evaluation and measurement of vibration in buildings
DP 5345	Definitions relating to rotating rigid bodies
DIS 5805	Vocabulary of mechanical Vibration and shock affecting man, Supplement to ISO 2041 1975
DIS 5982	Vibration and shock – Mechanical driving point impedance of the human body

(2) 진동평가

1940 – 1973	Balance quality of rotating rigid bodies
2372 – 1974	Mechanical vibration of machines with operating speeds from 10 to 200 rev/s – Basis for specifying evaluation standards
2373 – 1974	Mechanical vibration of certain rotating electrical machinery with shaft heights between 80 and 400mm – Measurement and evaluation of the vibration severity
2631 – 1974	Guide for the evalution of human exposure to whole – body vibration
	Draft Proposals & Draft International Standards
DP 4867	Code for the measurement for reporting of shipboard – Vibration data
DP 4868	Code for shipboard–Local vibration measurements shipboard – Vibration measurements
DP 5343	Criteria for flexible rotor balance
DIS 5349	Principles for the measurement and the evaluation of human exposure to vibration transmitted to the hand
DP 6897	Guide to the evaluation of the response of occupants of fixed structures, especially buildings, and off – shore sturctures to low frequency horizontal motion(0.063Hz to 1Hz)

(3) 진동측정장비

2371 – 1974	Field balancing equipment – description and evaluation
2953 – 1975	Balancing machines – description and evalution
2954 – 1975	Mechanical vibration of rotating and reciprocating machinery – Requirements for instruments for measuring vibration severity
5344 – 1980	Electodynamic test equipment for generating vibration. Methods of describing equipment characteristics
	Draft Proposals & Draft International Standards
DIS 3719.2	Balancing machines – Symbols for front panels
DP 5347	Standard methods for the calibration of vibration and shock pickup
DP 5348	Mechanical mounting of vibration transducers (pickups)
DIS 6070	Characteristics of auxiliary tables for vibration generators

(4) 기계류 진동의 측정

1940 – 1973	Balance quality of rotating rigid bodies
2372 – 1974	Mechanical vibration of machines with operating speeds from 10 to 200rev/s – Basis for specifying evaluation standards
2373 – 1974	Mechanical vibration of certain rotating electrical machinery with shaft heights between 80 and 400mm – Measurement and evaluation of the vibration severity
3080 – 1974	Guide for the mechanical balancing of marine main steam turbine machinery for merchant service
3945 – 1977	Mechanical vibration of large rotating machines with speed range from 10 to 200rev/s – Measurement and evaluation of vibration severity in situ
	Draft Proposals & Draft International Standards
DIS 5406	The mechanical balancing of flecible rotors

(5) 진동시험

2017 – 1972	Vibration and Shock – Isolators – Specifying characterisitcs for mechanical isolation(Guide for selecting and applying resilient devices)
	Draft Proposals & Draft International Standards
DP 5405	Nomencloturo for specifying damping properties of materials

4. 단위 환산표

(1) 길이

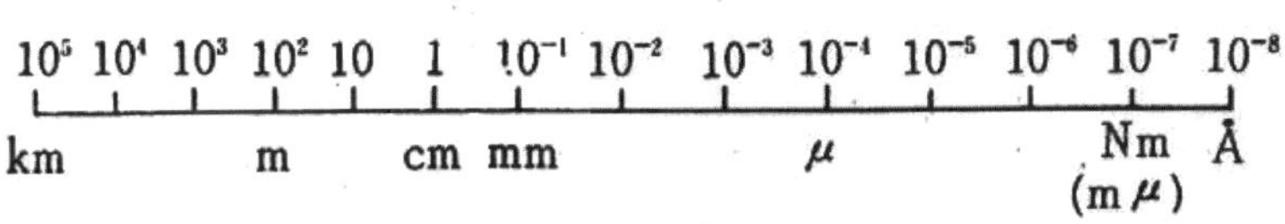

m	in	ft
1	39.37	3.281
0.02540	1	0.08333
0.3048	12.00	1

(2) 중량

kg	g	lb
1	1000	2.2046
0.001	1	0.0022046
0.45359	453.59	1

(3) 면적

㎡	㎠	in^2	ft^2
1	1×10^{-4}	1550	10.764
1×10^{-4}	1	0.1550	0.001076
6.452×10^{-4}	6.452	1	0.006944
0.0929	929.0	144.0	1

(4) 체적

cc	l	㎥	ft^3
1	1×10^{-3}	1×10^{-6}	0.0003531
1×10^{3}	1	1×10^{-3}	0.03531
1×10^{6}	1×10^{3}	1	35.31
28320	28.32	0.02832	1

(5) 밀도

g/㎤	kg/㎥ 또는 g/l	lb/in^3	lb/ft^3
1	1000	0.03613	62.43
0.001	1	3.613×10^{-5}	0.06243
27.68	27680	1	1728
0.016018	16.018	5.787×10^{-4}	1

(6) 점도

poise=g/㎝ · s	centipoise (cp)	㎏/m · sec	lb/ft · sec
1	100	0.1	0.06720
0.01	1	0.001	6.720×10^{-4}
10	1000	1	0.6720
14.881	1488.1	1.4881	1

(7) 동점도

stokes=㎠/sec	㎡/hr
1	0.360
2.778	1

(8) 압력

bar (megadyne/㎠)	㎏/㎠	lb/in^2	atm	수은주(0℃)		수주(15℃)	
				m	in	m	in
1	1.0204	14.514	0.9869	0.7500	29.53	10.213	401.8
0.9807	1	14.223	0.9678	0.7355	28.96	10.009	394.0
0.06895	0.07031	1	0.06804	0.05171	2.036	0.7037	27.70
1.0133	1.0332	14.706	1	0.760	29.92	10.349	407.2
1.333	1.3595	19.34	1.316	1	39.87	13.607	535.8
0.3386	0.03453	0.03453	0.03342	0.02540	1	0.3456	13.607
0.09798	0.09991	0.09991	0.09670	0.07349	2.893	1	39.37
0.002489	0.002538	0.002538	0.002456	0.001867	0.07349	0.2540	1

(9) 속도

m/sec	m/hr	km/hr	ft/sec	ft/min
1	3600	3.600	3.281	196.85
2.778×10^{-4}	1	0.001	9.114×10^{-4}	0.05468
0.2778	1000	1	0.9114	54.68
0.3048	1097.3	1.0973	1	60
0.005180	18.288	0.018288	0.01667	1

(10) 유량

l/sec	㎥/hr	㎥/sec	ft^3/hr	ft^3/sec
1	3.6	0.001	127.13	0.03531
0.2778	1	2.77×10^{-4}	35.31	9.80×10^{-3}
1000	3600	1	1.2713×10^{-5}	35.31
7.866×10^{-3}	0.02832	7.866×10^{-6}	1	2.778×10^{-4}
28.32	101.94	0.02832	3600	1

(11) 동력

kW	kg · m/sec	lb · ft/sec	PS	HP	㎉/sec
1	102.4	737.6	1.3596	1.341	0.2389
9.807×10^{-3}	1	7.233	0.01333	0.01315	2.341×10^{-3}
1.35×10^{-3}	0.13826	1	1.8422×10^{-3}	1.8169×10^{-3}	3.237×10^{-4}
0.7355	75.05	542.5	1	0.9863	0.17570
0.7457	76.04	550.4	1.0138	1	0.17814
4.184	426.9	3.086×10^{3}	5.689	5.611	1

(12) 일의 양, 에너지 및 열량

joule=$10^7 erg$	kg · m	ft · lb	kW · hr	kcal
1	0.10204	0.7381	2.778×10^{-7}	2.389×10^{-4}
9.807	1	7.233	2.722×10^{-6}	2.341×10^{-3}
1.3549	0.13826	1	3.764×10^{-7}	3.237×10^{-4}
3.6×10^6	$3{,}671 \times 10^5$	2.657×10^6	1	860.5
4183	426.9	3068	1.1622×10^{-3}	1

(13) 온도

절대온도

$$T(^\circ K) = t(℃) + 273 (K : Kelvin)$$

$$T(^\circ R) = t(°F) + 460 (R : Rankine)$$

온도의환산

$$t(℃) = [t(°F) - 32] \times \frac{5}{9} (C : ℃)$$

$$t(°F) = \left[t(℃) \times \frac{5}{9} \right] \times 32 (F : °F)$$

°K	℃	°F	°K	℃	°F
100	−173	−280	450	177	350
150	123	−190	500	227	440
200	−73	−100	550	277	530
250	−23	−10	600	327	620
273	0	32	650	377	170
300	27	80	700	427	800
350	77	170	750	477	890
400	127	260	800	527	980

참 고 문 헌

Ⅰ. 국내문헌

1. 국립환경연구소, "소음방지시설의 성능과 구조 기준에 관한 조사연구(Ⅲ)", (1986)
2. 권숙표外, 환경공해와 대책, 연대공해 연구소, (1979)
3. 김상한, 응용음향학 태화출판사, (1981)
4. 김희강外, 최신소음진동학, 동화기술교역, (1991)
5. K대학병원, 특수건강진단결과, pp.27-33, (1986)
6. 노동부, 산업안전 건강진단 분석결과, (1985)
7. 문영한外, "석탄광산 착암기 사용자의 진동장해", 중앙의학, Vol.42, No.3, pp.185-192, (1982.3)
8. 윤장섭, 건축음향계획론, 동명사, (1983)
9. 장세교, 산업안전법규, 산문사, (1986)
10. 정일록, 소음진동학, 신광출판사, (1984)
11. 차일환, 소음 · 진동, 세림사, (1983)
12. 차일환, 음향공학개론, 한신문화사, (1980)
13. 한국화공개발상사, 작업환경측정지도서, (1983)

Ⅱ. 외국문헌

1. American Indstrial Hygiene Association, Industrial Noise Manual, (1976)
2. Andrew D. Hosey et al, Industrial Noise-A Guide to and Control, NTIS PB-216 929,(May 1967)
3. Andrew P. Stewart, "Protecting Workers from Nosie-Induced Hearing Problem", PIMA pp.32-35, (Nov. 1985)
4. B.Huang and E.I.Rivin, "Noise and Air Consumption of Blow-off Nozzles", Sound and Vibration, pp.26-33, (July 1985)
5. B.I.Smith et al, Acoustics and Noise Control, Longman Inc., (1982)
6. Bruce Fader, Industrial Noise Control, John Wiley & Sons, (1981)

7. Chooljae Rhee, "Acoustic Enclosure for Corrugator", Inter-Noise 87, pp.407-410, (1987)

8. C.J.Hemond, Engineering Acoustics and Noise Control, Prentice-Hall, (1983)

9. C.M.Harris, Handbook of Noise Control, McGraw-Hill, (1980)

10. C.M.Harris, Shock and Vibration Handbook, McGraw-Hill, (1980)

11. C.W.Sherry, "Noise Exposures of Corrugator Operators", Pulp PapeCanada, Vol.87,No.6, pp.203-205, (1986)

12. D.D.Reynolds, Engineering Principles of Acoustics, Allyn and Bacon., (1981)

13. D.J.Jardine, "Noise Contol Solution for a Bale Press", Pulp & Paper Canada, Vol.88, No.1, pp.48-50, (1987)

14. D.R.Romaninc, "The Control of neighbourhood noise", Noise & Vibration Control Worl- dwide, pp.99-103, (May 1983)

15. Eric E. Unger et al, "Vibration Criteria for Microelectronics Machinary",Inter-Noise 83, pp.487-490, (1983)

16. E.I.Rivin, "Principles and Criteria of Vibration Isolation of Machinary". Journa of Mecha-nical Design, Vol.101, pp.682 692, (Oct. 1979)

17. F.Fahy, Sound and Structural Vibration-Radiation, Transmission and Response, Academic,(1985)

18. Gasaway, D.C., "Motivation Employees to comply with Hearing Conse rvative Policy", Occupational Health and Safety, Vol.53, No.6, pp.62-66,(1984)

19. Harold Lord, Noise Control for Engineers, McGraw-Hill, (1980)

20. H.Lofgreen and D.Weeks, "Bilsom's Hearing Conservation Program : Educational Material and Different Types of Hearing Protetors", Pulp & Paper Canada, Vol.87, No.9, pp.329- 331, (1986)

21. "Hearing Impairment Formula" Sound and Vibration, News Section, Vol.13, No.6, (July 1978)

22. Henning E. Von Gierke, "On Noise and Vibration Exposure Criteria", Arch Environ Health, Vol.11, pp.327-339, (Sep. 1965)

23. Industrial Pollution Control Association of Japan, Industrial Noise Pollution Control, (1982)

24. J.D.Irwin, Industrial Noise Vibration Control, Prentice-Hall, (1979)

25. J.D.Royster, "Audiometric Evaluations for Industrial Hearing Conservation", Sound and Vibration, pp.24-29, (May 1985)
26. J.D Webb, Noise Control in Industry, SRL, (1978)
27. J.W.Crouse, "Silent Dryer Drives-a major breakthrough toward less noise in paper machines", Tappi Journal, pp.73-75, (July 1989)
28. Kyoji Fujiware and Naotuki Furuta, "Sound Shielding Efficiency of a Barrier with a Cylinder at the Edge", Noise Control Engineering Journal, Vol.37, No.1, pp5-11, (July/Aug. 1991)
29. L.Cremer and H.A Mueller, Principals and Applications of Room Acoustics, Vol. I / II, Ap-plied Science, (1982)
30. L.E.Kinsler, Fundamental of Acoustics(3rd Ed.), John Wiley & Sons, (1982)
31. L.H.Royster et al, "An Overview of Effective Hearing Conservation Programs", Sound and Vibration, pp.20-23, (Feb. 1985)
32. L.L. "Beranek, Noise Vibration Control, McGraw-Hill, (1988)
33. L.L.Beranek, Acoustical Measurements, ASA. (1988)
34. L.L.Doelle, Environmental Acoustics, McGraw-Hill, (1972)
35. Michael A, Staiano, "OSHA Noise Exposure due to Intermittent Noise Source", Sound and Vibration, pp.18-21, (May 1986)
36. J.J.Crocker, Noise Control, Van Nostrand Reinhold, (1984)
37. M.P.Blake and W.S.Mitchell, Vibration and Acoustic Measurement Handbook, Spartan Books.(1972)
38. OSHA, "Occupational Noise Exposure : Hearing Conservation Amendment", Federal Register, Vol.46, No.11, pp.4078-4181, (1981)
39. Paul D.Emerson et al, Manual of Textile Industry Noise Control, North Carolina State Univ., (1978)
40. P.Moss, "The resilient mounting of structures on difficult sites", Noise & Vibration Control Worldwide, pp.288-291, (Oct. 1982)
41. P.R.Dunvavin, "A Practical Approach to Noise Control in the Wire Industry", Noise & Vibra-tion Control Worldwide, pp.159-161, (July 1983)
42. P.Srinivasulu at al, Handbook of Machine Foundation, McGraw-Hill, (1977)
43. Peter W.Alberti, "Hearing Conservation-Past, Present, and Future?" ,Sound and Vibration, pp.46-49, (Jan. 1987)
44. Rayleigh, The Theory of Sound, Dover Publication, (1984)

45. R.E.Gosztonyi Jr. "The Effectiveness of Hearing Protective Devices", Journal of Occupational Medicine, Vol.17, No.9, pp.569-580, (Sep.1975)
46. Richard G. Edwards et al, "Effect of an improved Hearing Conservation Program on Earplug Performance in the Workplace", Noise Control Engineering Journal, Vol.28, No.2, pp .55-65, (March/April 1987)
47. Richard H. Lyon, Machinery Noise and Diagnostics, Butterworths, (1987)
48. Richard K. Miller, Handbook of Industrial Noise Management, The Fairmont Pree, (1976)
49. Richard K. Miller et al, Handbook of Acoustical Enclosure and Barriers, The Fairmont Pree, (1978)
50. R.P.Gannon, "Hearing Mechano는, Noise and Hearing Conservation",Pulp & da Vol.87, No.6, pp.206-207, (1986)
51. R.S.Jones, Noise and Vibration Control in Builings, McGraw-Hill, (1984)
52. Rupert Taylor, Noise, Pelican Books, (1979)
53. S.I.Hayek, "Attenuation by Cylindrical Topped Wedge Noise Barrier",Inter-Noise 87, pp.387-390, (1987)
54. S.J.Yang et al, Machinery Noise Measurement, Clarendon Press, (1985)
55. Siegfried Riemens, "Gas-turbine Exhaust Noise Reduction by Control of the Flow Turbu-lence in the Exhaust", Inter-Noise 82, pp.143-146,(1982)
56. Sound Research Lab, Practical Building Acoustics, E & F.N.Spon Ltd, (1976)
57. T.A Dear, "Industrial Noise Regulation and Worker Protection", FASE Symposium, (Nov.1977)
58. T.A Dear, "Providing an Effective Programme to Protect Worker's Hearing", 29th NationalPlant Engineering and Maintenance Conference, (April, 1978)
59. T.A Dear et al, "Practical Hearing Conservation Programme Prevents Industrial Noise-In-duced Hearing Impairment", Noise Control Vibration Isolation, pp.185-190 (May 1979)
60. Takeo Yamamoto et al, Critical Band with Respect to Temporary Threshold Shift, Journal of ASA, Vol.48, No.4,(Part 2), pp.978-987, (Oct.1970) 61. US Dept. of Commerce, The Noise Around Us, (1970)
62. US Dept. of Commerce, Machinery Noise and Exposed Machine Operators in the Eabricated Metal Products Industry (SIC 34), NTIS PB-272 030, (July 1975)
63. US Dept. of Commerce, Quieting : A Practical Guide to Noise Control, (1976)

64. US EPA. Noise Facts Digest, Contract 98-01-0512, (June 1972)
65. US EPA. Federal Machinery Noise Rsearch, Development, and Demonstraion : FY73-FY75 NTIS PB-243 523, (May 1975)
66. US EPA, “Federal Noise Research, EPA Summary and Assessment", EPA Document No.550/9-78-308, pp.11-27, (June 1978)
67. US Dept. of Health, Education and Welfare, The Industrial Environment -It's Evaluation andControl : Sound and Vibration, (1972)
68. U.T.Kurze et al, "Sound Attenuation by Barriers", Applied Acoustics, Vol.4, p.35,(1971)
69. W.A.Utley and A.C.Salvidge, "Learning from Case Histories", Noise control Vibration Isola- tion, pp.377-379, (Dec. 1979)
70. William E.Biker, "Advances in Induced-Draft Fan Mufflers since 1970", Inter-Noise 82, pp.369-372, (1982)
71. W.Tempest, The Noise Handbook, Academic Press Inc, (1985)
72. William T. Thomson, The Theory of Vibration with Applications, Prentice-Hall Inc, (1981)
73. 公害試験問題研究會, 公害試験問題の 傾向と對策, オーム社, (1978).
74. 金泉昭“道路用遮音壁の現場實驗結果について”, 日本音響學會誌, Vol.30, No.11,(Nov.1974).
75. 大態 恒靖, “最近の 環境震動の 計測技術”, リオン(株) 技術資料 410, pp.1–8, (1984. 10).
76. 藤田 隆史, “超 LSI 工場の 振動問題–微振動 防振技術ど 免震技術”, 日本機械學會誌, Vol.89, No.809, pp. 99–104, (1986. 4).
77. 飯野 香, 防音装置の 設計, 理工圖書, (1979).
78. 福田 基一 外. 器械の 騒音と その對策, 公立出版, (1971).
79. 福田 基一, 騒音對策と 消音設計, 共立出版, (1976).
80. 福田 基一, 振動防止工學, 日刊工業, (1978).
81. 松井 昌幸, 工場騒音の 對策と 換氣について, リオン(株), (1979).
82. 守田 榮, 騒音と 騒音防止, オーム社, (1982).
83. 時田 保夫, “公害振動制御の 展望”, 日本音響學會誌, Vol.30, No.2, pp.105–113, (1974. 2)
93. 子安 勝, 騒音の防止, 小林理學研究所, · (1972).
94. 子安 勝, 建築用 吸音材料, 技術書院, (1972).
95. 田中明・高山 桂一, “精密機器の 除振對策”, ポリマーダイジェスト, pp.27–36, (1986. 2).
96. 前川 純一, 建築音響, 共立出版, (1978).
97. 前川 仁・清水 一弥, “精密機器の 除振對策”, 防振製品 特集論文, Vol.32,No.2, pp.21–30, (1982).

98. 井料 政吉, 騷音振動便覽, (株)オートプレス, (1978).
99. 早坂 寿雄, 音響工學, 日刊工業, (1957).
100. 中島 威夫, "工場・建設作業騷音對策 15年の 足跡", 公害と對策, Vol.19, No.13, (1983.12).
101. 中央勞動災害防止協會, 製造業における作業環境騷音の管理, (1983).
102. 中野 有朋, 入門公害振動工學, 技術書院, (1981).
103. 中野 有朋, "工場騷音振動 防止技術 15年の 進展", 公害と對策, Vol.19, No.13, (1983. 12).

93. 子安 勝, 騷音の防止, 小林理學研究所, ·(1972).
94. 子安 勝, 建築用 吸音材料, 技術書院, (1972).
95. 田中明・高山 桂一, "精密機器の 除振對策", ポリマーダイジェスト, pp.27−36, (1986. 2).
96. 前川 純一, 建築音響, 共立出版, (1978).
97. 前川 仁・清水 一弥, "精密機器の 除振對策", 防振製品 特集論文, Vol.32,No.2, pp.21−30, (1982).
98. 井料 政吉, 騷音振動便覽, (株)オートプレス, (1978).
99. 早坂 寿雄, 音響工學, 日刊工業, (1957).
100. 中島 威夫, "工場・建設作業騷音對策 15年の 足跡", 公害と對策, Vol.19, No.13, (1983.12).
101. 中央勞動災害防止協會, 製造業における作業環境騷音の管理, (1983).
102. 中野 有朋, 入門公害振動工學, 技術書院, (1981).
103. 中野 有朋, "工場騷音振動 防止技術 15年の 進展", 公害と對策, Vol.19, No.13, (1983. 12).
104. 湯沢 睦茂 外, "多重障壁の 減音効果", 日本音響學會誌, Vol.31, No.9, pp.538-547,(1975.9).
105. 通産省, 公害と 防止對策(騷音·振動), 白亞書房, (1975).
106. 坂場 晃三, "振動公害と 防振装置", 三菱製鋼技報 Vol. Ⅱ. No.12, pp.44-51,(1977).
107. 荒井正敏, "精密計測機器のための 防振技術", 計量管理, Vol.33. No.12, pp.700-705, (1984).

찾 아 보 기

작업환경 소음진동학

2013년 02월 25일 인쇄
2013년 02월 25일 발행

지은이 | 아시아소음진동연구소
발행인 | 신영란
발행처 | 도서출판 와이북
주 소 | 서울특별시 영등포구 신길7동 2300번지
전 화 | (02) 841-2887
이메일 | dsgdo@hanmail.net
등록번호 | 제108-91-87783호

ISBN | 978-89-967735-7-3
정 가 18,000원

www.anvi.co.kr

(주)아시아소음진동연구소

(Asia Noise & Vibration Institute Co.Ltd)

주 소 (110-053) 서울시 종로구 내자동 198 서리벌빌딩 302호

연락처 Tel : (02)719-7452

Fax : (02)719-7454

E-mail: goanvi100@naver.com